新农村快速致富宝典丛书

肉羊安全养殖
新技术宝典

田树军 主编

U0381694

化学工业出版社
·北京·

《肉羊安全养殖新技术宝典》以肉羊安全养殖为主题进行介绍，全书共十章，包括肉羊安全养殖概述、品种选择及利用、羊场环境控制技术、饲料质量控制技术、健康养殖技术、高效繁殖技术、疫病防控技术、粪污无害化处理技术、羊场管理技术、肉羊标准化示范场验收，系统地介绍了当前肉羊标准化养殖所需要的系列关键技术。

《肉羊安全养殖新技术宝典》可作为农林院校动物医学、动物科学等相关专业师生参考用书，也可作为畜牧、兽医、羊养殖相关技术人员参考用书。

图书在版编目（CIP）数据

肉羊安全养殖新技术宝典/田树军主编. —北京：
化学工业出版社，2019.10
（新农村快速致富宝典丛书）
ISBN 978-7-122-34965-1

Ⅰ.①肉… Ⅱ.①田… Ⅲ.①肉用羊-饲养管理
Ⅳ.①S826.9

中国版本图书馆 CIP 数据核字（2019）第 164413 号

责任编辑：尤彩霞　　　　　　　　装帧设计：张　辉
责任校对：宋　玮

出版发行：化学工业出版社（北京市东城区青年湖南街 13 号　邮政编码 100011）
印　　刷：北京京华铭诚工贸有限公司
装　　订：三河市振勇印装有限公司
850mm×1168mm　1/32　印张 9¾　字数 277 千字
2020 年 6 月北京第 1 版第 1 次印刷

购书咨询：010-64518888　　售后服务：010-64518899
网　　址：http://www.cip.com.cn
凡购买本书，如有缺损质量问题，本社销售中心负责调换。

定　　价：45.00 元

《肉羊安全养殖新技术宝典》

编写人员名单

主　编　田树军　河北农业大学

副主编　闫振富　河北省畜牧良种工作站

　　　　陈晓勇　河北农业大学

　　　　刘艳敏　廊坊市农业局

参　编　（按汉语拼音排序）

　　　　郭凤芹　唐山市丰润区农业畜牧水产局

　　　　金东航　河北农业大学

　　　　刘若岩　河北农业大学

　　　　宁秀云　廊坊市农业局

　　　　许银梅　涿鹿县畜牧水产管理办公室

　　　　闫会章　饶阳县畜牧局

　　　　闫志刚　河北省畜牧良种工作站

丛书序

多年来，养殖业一直都是作为我国广大农村的支柱产业，在增加农民收入、促进农村脱贫致富方面发挥了积极作用。随着我国城镇化进程加快和人们生活水平的提高，对肉、蛋、奶消费需求会越来越高，对肉、蛋、奶的质量安全水平要求也越来越高。如何指导养殖场（户）生产出高产、优质、安全、高效的畜产品的问题就摆在了畜牧科技工作者的面前。

近两年，部分畜产品行情不是很乐观，养殖效益偏低或是亏损，除了市场波动外，主要原因还是供给结构问题，大路产品多，优质产品少，不能满足消费者对优质安全的需要。药物残留、动物疫病、违禁投入品、二次污染等，已经成为我们不得不面对、不得不解决的问题。

养殖业要想生存就必须实行标准化健康养殖，走生态循环和可持续发展之路。生态养殖是在我国农村大力提倡的一种生产模式，其最大的特点就是在有限的空间范围内，利用无污染的天然饵料为纽带，或者运用生态技术措施，改善养殖方式和生态环境，形成一个循环链，目的是最大限度地利用资源，减少浪费，降低成本。按照特定的养殖模式进行增殖、养殖，投放无公害饲料，目标是生产出无公害食品、绿色食品和有机食品。生态养殖的畜禽产品因其品质高、口感好而备受消费者欢迎。

　　基于这一消费需求，生态养殖、工厂化养殖逐渐被引入主流农业生产当中。同时，基于肉、蛋、奶等农产品的消费需求及国家对农业养殖的重视、补贴政策，化学工业出版社与河北农业大学动物科技学院、河北农业大学动物医学院（中兽医学院）等相关专业老师合作组织了《新农村快速致富宝典丛书》。每本书作者均为科研、教学一线的专业老师，长期深入到养殖场、养殖户进行技术指导，开展科技推广和培训，理论和实践经验较为丰富。每本书的编写都非常注重实用性、针对性和先进性相结合，突出问题导向性和可操作性，根据养殖场（户）的需要展开编写，争取每一个知识点都能解决生产中的一个关键问题，注重养殖细节。本套丛书采取滚动出版的方式，逐年增加新的分册，相信本套丛书的出版会为我国的畜牧养殖业做出应有的贡献。

丛书编委会主任：

河北农业大学动物科技学院　教授

2017 年 7 月

《肉羊安全养殖新技术宝典》

前　言

　　近年来我国肉羊养殖业发展迅猛，舍饲养殖已成为现代养羊业的发展趋势。我国2015年出栏千只肉羊规模的羊场数量达到13000户，较2002年的1518户，增加了7.56倍。然而，在养殖设施、肉羊良种、饲养管理、防疫制度、粪污处理等方面，各养殖场间的差异很大，大多数养殖企业仍然处于"高消耗、高污染、低产出"的发展阶段，亟待通过肉羊标准化示范场的建设加以引导，向"安全、生态、高效"的现代产业转型升级。

　　肉羊安全养殖是指在整个肉羊养殖生产过程中，必须要按照国家制定的相关标准，进行安全科学的用药及饲喂，排除可控的养殖隐患和危害，实行"全封闭、自动化、智能化、信息化"养殖，显著提高肉羊的健康水平和养殖收益。

　　为满足广大养殖者对肉羊安全养殖新技术的迫切需求，编者结合近年来国内外肉羊产业的最新技术成果，以及编者长期从事养羊业的科研、生产及教学的实践经验，同时借鉴国内外相关的技术和文献资料，从肉羊安全养殖概述、品种选择及利用、羊场环境控制技术、饲料质量控制技术、健康养殖技术、高效繁殖技术、疫病防控技术、粪污无害化处理技术、羊场管理技术、肉羊标准化示范场验收十个方面介绍了当前肉羊标准化养殖所需要的系列关键技术。《肉羊安全养殖新技术宝典》内容新颖，针对性和实用性强，适合从事规模化羊场经营与管理的人员，以及从事畜牧技术推广的人员参考使用。

由于编者水平有限，疏漏之处在所难免，敬请广大读者批评指正。

编者

2019 年 5 月

附本书中单位符号对照表：

单位名称	吨	千克	克	毫克	微克	米	厘米	毫米	微米	纳米	转/每分	公顷	平方米
单位符号	t	kg	g	mg	μg	m	cm	mm	μm	nm	r/min	hm^2	m^2
单位名称	平方厘米	立方米	升	毫升	天	小时	分钟	秒	摄氏度	千焦	兆焦	国际单位	瓦	勒克斯
单位符号	cm^2	m^3	L	mL	d	h	min	s	℃	kJ	MJ	IU	W	lx

《肉羊安全养殖新技术宝典》

目 录

第一章　肉羊安全养殖概述

第一节　安全养殖的概念

畜禽养殖产业是我国农业的支柱产业，其产值占全国农林牧渔业总产值的近三分之一，是关系食品供给与安全、解决 2 亿多人就业、带动食品加工等多个相关产业发展的大产业。当前，我国畜禽养殖产业正处于从"高消耗、高污染、低产出"的传统产业，向"安全、生态、高效"的现代产业转型升级发展的关键时期，"养殖效益低下、疫病问题突出、环境污染严重、设施设备落后"是亟待解决的四大瓶颈问题。

解决这些问题的根本出路在于大力推进我国畜禽重大疫病防控与高效安全养殖的科技创新，重点聚焦畜禽重大疫病防控、养殖废弃物无害化处理与资源化利用、养殖设施设备研发 3 大领域，实现示范场重大疫病的有效控制与净化，在原有基础上畜禽病死率下降 8%～10%，常规污染物排放消减 60%，粪污及病死动物资源化利用率达 80%以上，实行"全封闭、自动化、智能化、信息化"养殖。

由此可见，安全养殖是一个综合性系统理念，它包括了养殖场环境隔离、防疫、消毒、饲养管理、粪污处理等所应采取的一切措施。

肉羊安全养殖就是在整个肉羊养殖生产过程中，必须要按照国家

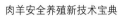

制定的相关标准，进行安全科学的用药及饲喂，排除可控的养殖隐患和危害，进而提高肉羊的健康水平和养殖收益。

第二节　安全养殖的必要性

近年来养羊业迅猛发展，舍饲养羊已成为现代养羊业的发展趋势，存栏羊数量达到千只或万只的舍饲羊场数量急剧增加。然而，在养殖设施、肉羊良种、饲养管理、防疫制度、粪污处理方面，各养殖场间的差异很大，亟待通过肉羊标准化示范场的建设加以引导。

因此，国家根据世界畜牧业发展趋势，结合我国畜牧业发展的现状，提出了肉羊安全养殖示范场建设的新要求。其核心是以现代装备来武装养羊业，以现代的科学技术改造养羊业，以现代的经营理念管理养羊业，实现肉羊养殖场的安全高效生产。

肉羊安全养殖代表了我国传统养羊业向标准化生产改革的前进方向，其重要意义在于：

一、推动肉羊养殖的规模化经营

近年来羊肉价格持续上涨，肉羊养殖效益逐年上升，激励了农民的养羊积极性，很多地区把养羊业作为农民脱贫致富的主要措施，积极加以扶持，使我国肉羊养殖进入快速发展期。随着各项支农惠农政策的进一步落实以及科技进步的步伐加快，肉羊养殖今后仍将保持较高的增长速度。

但肉羊良种覆盖率低、专用饲料供应不足、养殖方式落后及加工流通企业规模偏小等因素严重制约了肉羊产业的快速发展。因此，以现代畜牧业的基本理念为指导，加速改造传统粗放肉羊养殖模式为标准化肉羊养殖模式，逐步实现肉羊安全养殖，才能很好地提高市场竞争力和肉羊养殖效益，保障市场供给，促进肉羊产业又好又快发展。

二、肉羊养殖与环境保护协调发展

由于多年来单纯注重养羊业数量增长，导致草畜矛盾日益激化。要让植被较快地恢复，从根本上治理超载过牧，使草原得到休养生息的机会，必须实施禁牧舍饲。肉羊舍饲养殖，可充分利用人工牧草、农作物秸秆等资源，减少放牧，防止水土过度流失和沙化，从而加快我国牧区生态环境治理的进程。

　　然而，随着肉羊养殖业生产的规模化、集约化、标准化的快速发展，一方面为市场提供了量多质优的羊肉，另一方面养羊业产生了大量的粪、尿、污水等废弃物。如果控制与处理不当，将造成对环境及产品的污染。为此，肉羊安全养殖必须要注意粪污及废弃物的处理，确保肉羊养殖与环境保护协调发展。

第三节　所涉及生产环节

一、品种选择及利用

　　舍饲养殖肉羊成本远远高于放牧，因此在品种选择上一定要选生产性能高的品种。一般选用产羔性能好的多胎地方品种做基础母羊，如小尾寒羊、湖羊、奶山羊等，选用生长速度和产肉性能突出的专门化肉羊品种羊做父本，如杜泊、道塞特、萨福克、波尔山羊等，父母本间进行杂交生产羔肉羊。

　　此外，加强地方品种选育，建立不同地区主推品种，开展优质资源发掘利用研究，培育适合我国国情的肉羊新品种、新品系，制定肉羊选育及育种工作技术规范，实施品种登记与性能测定，建立肉羊良种个体档案，也是肉羊安全养殖的重要环节。

二、羊场环境控制

　　肉羊安全养殖需要将养殖场选址布局、圈舍建设、环境调控等常规实用技术组合配套，为集约化肉羊养殖提供一个健康的养殖环境，为提高肉羊养殖生产效率保驾护航。重点内容包括羊场选址与布局、羊场建设、设施与设备等。

三、饲料原料质量控制

　　在农区专业养羊户和大型养羊场建立标准化生产体系，突出抓好肉羊营养、饲料原料及添加剂等方面的标准化工作，促进安全优质羊肉产品的生产。肉羊营养健康控制技术的重点内容有：肉羊营养需要标准化，饲料原料、添加剂及饮用水使用规范化。

四、健康养殖

引导养殖户转变养殖观念，逐步实现肉羊饲养标准化，积极发展健康肉羊养殖业。逐步建立肉羊不同饲养阶段、不同饲养环境和模式下的高效安全养殖的标准化技术体系，带动我国肉羊产业提质增效、转型升级。肉羊高效养殖的重点对象有：种公羊、繁殖母羊、哺乳羔羊、后备羊及育肥羊等。

五、高效繁殖

羊的世代间隔长、胎产羔数少等特点，导致肉羊舍饲规模养殖的繁殖成本很高，严重制约了养殖效益的提高。因此，采用发情调控、定时输精、人工诱导双（多）羔、早期妊娠诊断等繁殖调控技术，提高窝产羔数和年产窝数，示范推广人工授精、胚胎移植等快繁技术，提高规模舍饲肉羊的繁殖效率，将成为肉羊安全高效养殖的重要技术支撑。

六、疫病防控

规模化肉羊养殖密度高，容易造成疫病的传播蔓延。因此，做好传染病、寄生虫病及其他各类疾病的防控工作，不仅可保证肉羊生产的顺利进行，还可以维护人体的健康。防疫保健技术的重点内容有：清洁卫生、环境消毒、疫苗注射、药物驱虫、常见病防治等。

七、粪污无害化处理

近年来，我国养殖业发展呈现两大趋势：一是在农业总产值中占的比重增大，二是向规模化养殖发展。作为世界第一的畜禽养殖大国，我国养殖污染问题十分严重。据统计，目前我国畜禽养殖业每年产生约 30 亿吨粪污。由于畜禽养殖业大多分散于我国广大农村和城镇周围，环境污染十分严重。随着养殖行业集约化程度的提高，下一阶段我国畜禽养殖污染将主要来自于集约化养殖场和养殖小区。规模化畜禽养殖场污染物的排放具有集中度强、排放数量大、污染物浓度高等特点，带来了不容忽视的环境污染问题，并成为阻碍畜禽养殖业持续稳定发展的重要因素。

循环经济的主要特征是废物的减量化、资源化和无害化。筛选和评估对污染物减排和治理技术，对实现畜禽养殖行业可持续发展、加快循环经济发展、实现总量控制目标和污染物消减目标、消除和减轻环境污染都具有重要意义。可见，粪污无害化建设是十分必要的，其意义在于：一是保障规模化肉羊养殖行业的可持续发展；二是促进行业先进污染防治技术的推广应用和发展。

肉羊粪污无害化建设的重点内容有：粪便和污水的资源化利用、尸体的处置、废弃物处理、养殖场排放污物的监测等。

第二章　品种选择及利用

　　肉羊品种很多，每个品种都有其自己的标准，要实现高效益标准化羊肉生产，只有了解每个品种的外貌特征和生产性能，养殖者才能根据资金、当地资源、气候和市场销售状况，选择饲养适合当地自然条件、饲养管理条件的高生产性能肉羊品种。

　　一般来说，专用肉羊品种要求体格大，整个躯体长、宽、深，皮肤薄而宽松，为疏松细致型体质，颈短粗而呈圆形，鬐甲部宽平，背部和腰部长、平且宽，胸部宽、深而浑圆，肋骨发达且开张良好，臀部丰满、厚实，四肢细短，但端正有力，两后腿之间（裆部）呈明显的倒"U"字形；肉用品种的母羊应具备早熟性、四季发情、产羔率高、泌乳力强等特点；肉用品种的羔羊应具有生长速度快、饲料报酬高、早熟、屠宰率高等特点。

第一节　肉羊品种

一、引进肉羊品种

1. 杜泊绵羊

　　杜泊绵羊（Doper）原产于南非，由有角陶赛特和黑头波斯羊杂交培育而成。杜泊羊属于粗毛羊，有黑头和白头两种，大部分无角，被毛白色，可季节性脱毛，短瘦尾。体形大，外观圆筒形，胸深宽，后躯丰满，四肢粗壮结实。分长毛型和短毛型，长毛型羊生产地毯毛，较适应寒冷的气候条件；短毛型羊毛短，被毛没有纺织价值，但能较好地抗炎热和雨淋（图2-1）。

(a) 白头杜泊羊　　　　　　　　　　(b) 黑头杜泊羊

图 2-1　杜泊羊

初生公羔体重约 5.20kg，母羔体重约 4.40kg；3 月龄公羔体重约 33.40kg，母羔体重约 29.30kg；6 月龄公羔体重约 59.40kg，母羔体重约 51.40kg；12 月龄公羊体重约 82.10kg，母羊体重约 71.30kg；18 月龄公羊体重约 106.20kg，母羊体重约 80.20kg；24 月龄公羊体重约 120.00kg，母羊体重约 85.00kg。3 月龄日增重公羔约为 300g，母羔约为 250g；3～6 月龄日增重公羔约为 290g，母羔约为 250g。杜泊公羊性成熟一般在 5～6 月龄，母羊初情期在 5 月龄。母羊发情期多集中在 8 月份至翌年 4 月份；母羊的繁殖表现主要取决于营养和管理水平，因此，在年度间、种群间和地区之间差异较大。正常情况下，母羊胎产羔率平均为 140%，1 年产 1 胎，但在良好的饲养管理条件下，可 2 年产 3 胎。母羊泌乳力强，护羔性好。

2. 萨福克羊

萨福克羊（Suffolk）原产于英国英格兰东南的萨福克、诺福克、剑桥和艾塞克等地。该羊以南丘羊为父本，当地体格大、瘦肉率高的黑脸有角诺福克羊（Norflk Horn）为母本杂交培育而成，是 19 世纪初期培育出来的品种，在英国、美国是用作终端杂交父本的主要公羊。该品种性早熟，生长发育快，产肉性能好，母羊母性好，产羔率中等。公、母羊无角，颈粗短，胸宽深，背腰平直，后躯发育丰满；四肢粗壮结实。有黑头和白头两种（图2-2）。

(a) 黑头萨福克羊　　　　　　　　　(b) 白头萨福克羊

图2-2　萨福克羊

体重：成年公羊100～110kg，母羊60～80kg；3月龄羔羊胴体重达17kg，肉嫩脂少；剪毛量3～4kg，毛长7～8cm，毛细56～58支，净毛率60%；产羔率130%～140%。我国从20世纪80年代起先后从澳大利亚引进，主要分布在内蒙古和新疆自治区，除进行纯种繁殖外，还同当地粗毛羊、细毛羊的低代杂种羊进行杂交生产肉羔。萨福克羊在澳大利亚同细毛羊杂交培育的南萨福克羊，因早熟、产肉性能好，在美国用作肥羔生产的终端品种。

3. 无角陶赛特羊

无角陶赛特羊（Polled Dorset）产于大洋洲的澳大利亚和新西兰。该品种是以雷兰羊和有角陶赛特羊为母本，考力代羊为父本，然后再用有角陶赛特公羊回交，选择所生无角后代培育而成。具有早熟、生长发育快、全年发情和耐热及适应干燥气候的特点。公、母羊无角，颈粗短，胸宽深，背腰平直，躯体呈圆桶状，四肢粗短；后躯丰满、面部、四肢及蹄白色，被毛白色（图2-3）。

体重：公羊90～110kg，母羊60～70kg；剪毛量4～5kg，毛长7.5～10cm，毛细48～58支；胴体品质和产肉性能好；产羔率130%～150%。我国新疆维吾尔自治区和内蒙古自治区及中国农业科学院畜牧研究所在20世纪80年代末和90年代初从澳大利亚引入无角陶赛特羊，除进行纯种繁殖外，还用于同新疆、内蒙古自治区的地方绵羊和山东省的小尾寒羊杂交，生产羔羊肉。据中国农业科学院畜

图 2-3 无角陶赛特羊

牧研究所和兰州畜牧研究所分别在山东省嘉祥种羊场和郓城种羊场的试验结果表明，杂交一代公羊均表现了较好的产肉性能。6 月龄的胴体重约为 24.2kg，屠宰率约 54.5％，净肉重约 19.14kg，净肉率约 43.1％，后腿、腰肉重约 11.15kg，约占胴体重的 46.07％。在澳大利亚该品种羊经常被作为培育大型羔羊肉的父系。

4. 特克赛尔羊

特克赛尔羊（Texel）原产于荷兰。该品种是用林肯羊和来斯特羊与当地马尔盛夫羊杂交选育而成，为同质强毛型肉用品种羊，具有生长快、体格大、产肉和产毛性能好等特性。羊头大小适中，颈中等长、粗、胸圆，鬐甲平，背腰平直、宽，肌肉丰满，后躯发育良好（图 2-4）。

成年公羊体重 110～140kg，母羊 80～90kg；剪毛量 5～6kg，毛长 10～15cm，净毛率约 60％，毛细 48～50 支；性早熟，母羔 7～8 月龄便可配种繁殖，而且母羊发情的时间较长；80％的母羊产双羔，产羔率约为 200％；4～5 月龄体重达 40～50kg，可出栏屠宰，平均屠宰率 55％～60％。该品种羊已被引入到德国、法国、英国、比利时、美国、捷克、印度尼西亚和秘鲁等国，并且已经成为这些国家推荐的优良品种和用作经济杂交生产肉羔的父本。黑龙江省大山种羊场 1995 年引进此品种羊，其中，14 月龄公羊平均体重约为 100.2kg，

图 2-4　特克赛尔羊

母羊约 73.28kg，20 多只母羊产羔率平均为 200％，30～70 日龄羔羊日增重为 330～425g。母羊平均剪毛量约为 5.5kg。

5. 夏洛来羊

夏洛来羊（Charolais）原产于法国中部的夏洛来丘陵和谷地，1974 年被法国农业部正式批准为肉羊新品种。该羊无角，头部无毛，脸部呈粉红色或灰色；额宽，耳大，体躯长，胸深宽，背腰平直，后躯宽大，肌肉丰满；两后肢距离大，肌肉发达，四肢较短。被毛同质，白色（图 2-5）。夏洛来羊早熟，耐粗饲，采食能力强，对寒冷潮湿或干燥气候适应性强。

图 2-5　夏洛来羊

成年公羊体重 110～140kg，母羊 65～80kg；周岁公羊体重 70～90kg，母羊 50～70kg；4 月龄肥育羔羊体重 35～45kg。屠宰率约 50％。4～6 月龄羔羊胴体重 20～23kg，胴体质量好，瘦肉多，脂肪少。羊毛长度 7cm 以上，细度 56～60 支，剪毛量 3～4kg。产羔率高，经产母羊约为 180％，初产母羊约为 135％。中国于 20 世纪 80 年代引入夏洛来羊，除进行纯种繁殖外，也同当地粗毛羊杂交生产肉羊。

6. 澳洲白绵羊

澳洲白绵羊（Australian White）是澳大利亚第一个利用现代基因测定手段培育的品种。该品种集成了白杜泊绵羊、万瑞绵羊、无角陶赛特羊和特克赛尔羊等品种基因，通过对多个品种羊特定肌肉生长基因标记和抗寄生虫基因标记的选择（MyoMAX，LoinMAX，Worm-STAR），培育而成的专门用于与杜泊绵羊配套的、粗毛型的中、大型肉羊品种，2009 年 10 月在澳大利亚注册。头略短小，软质型（soft head，颌下、脑后、颈脂肪多），鼻宽，鼻孔大；皮肤及其附属物色素沉积（嘴唇、鼻镜、眼角无毛处，外阴，肛门，蹄甲）；体高，躯深呈长筒形、腰背平直；皮厚、被毛为粗毛粗发。公母羊均无角，头部宽度适中，额平，下颌宽大，鼻梁宽大、略微隆起，耳朵中等大小、半下垂（图 2-6）。

图 2-6　澳洲白绵羊

其特点是体型大、生长快、成熟早、全年发情，有很好的自动换毛能力。在放牧条件下 5～6 月龄可达到 23kg 胴体，舍饲条件下，该品种 6 月龄胴体重可达 26kg，且脂肪覆盖均匀，板皮质量佳。此品种是养殖者能够在各种养殖条件下用作三元配套的终端父本，可以产出在生长速率、个体重量、出肉率和出栏周期短等方面皆理想的商品羔羊。2011 年我国从澳大利亚 HVD 育种公司引进。

7. 德国肉用美利奴羊

德国肉用美利奴羊（German Mutton Merino）原产于德国，主要分布在萨克森州农区，是用泊力考斯和英国来斯特公羊同德国原产地的美利奴母羊杂交培育而成。该品种早熟，羔羊生长发育快，产肉力强，繁殖力强，被毛品质好。公、母羊均无角，颈部及体躯皆无皱褶；体格大，胸深宽，背腰平直，肌肉丰满，后躯发育良好；被毛白色，密而长，弯曲明显（图 2-7）。

图 2-7　德国肉用美利奴羊

成年公羊体重 100～140kg，母羊 70～80kg；羔羊生长发育快，日增重 300～350g，130 天可屠宰，活重可达 38～45kg，胴体重 18～22kg，屠宰率 47%～49%。毛密而长，弯曲明显；公羊毛长 8～10cm，母羊毛长 6～8cm；毛细度母羊为 22～24μm（64 支），公羊为 22～26μm（64～60 支）；剪毛量公羊为 7～10kg，母羊为 4～5kg；净毛率 50% 以上。德国肉用美利奴羊具有较高的繁殖能力，性早熟，

12月龄前就可第一次配种，产羔率150%～250%；泌乳能力好，羔羊生长发育快，母羊母性好，羔羊死亡率低。

8. 波尔山羊

波尔山羊（Boer）原产于南非的干旱亚热带地区，是专用的肉用型山羊品种。波尔山羊以其体型大、成熟早、生长快、繁殖率高、产肉多和抗寄生虫侵袭能力强等为特征（图2-8）。

图2-8　波尔山羊

成年公羊体重为95～105kg，母羊为65～75kg；9月龄公羊体重50～70kg，母羊体重50～60kg；3个半月龄的公羔羊体重22.1～36.5kg，母羔羊19～29kg。羊肉脂肪含量适中，胴体品质好；体重约41kg的羊，屠宰率约为52.4%（未去势的公羊可达56.2%）；羔羊胴体重平均为15.6kg。波尔山羊常年发情，尤以春秋两季发情最为明显，产羔率190%～210%，选择多产的个体结合优良的饲养，每胎产羔可达2.25只以上；繁殖成活率123%～184%。

二、我国地方良种

1. 小尾寒羊

小尾寒羊主要产于山东省西南部地区及河北省东部。该羊具有成熟早、早期生长发育快、体格大、肉质好、四季发情、繁殖力强、遗传性能稳定等特点，适合舍饲饲养。山东小尾寒羊的公羊有大的螺旋形角，母羊有小角或姜形角，鼻梁隆起，耳大下垂；公羊前胸较深，鬐甲高，背腰平直，体躯高大，前后躯发育匀称，四肢粗壮，蹄质坚实；母羊体躯略呈扁形，乳房发达；短脂尾，呈椭圆形，被毛白色（图2-9）。

图2-9　小尾寒羊

体重：周岁公羊平均为65kg，周岁母羊为46kg；成年公羊体重为95kg，母羊体重为49kg；剪毛量：公羊平均为3.5kg，母羊为2.0kg，净毛率约为63%；产肉性能，周岁前生长发育快，具有较大产肉潜力，在正常放牧条件下，公羔日增重约为160g，母羔日增重约为115g，改善饲养条件情况下，日增重可达200g以上；周岁育肥公羊宰前活重平均为72.8kg，胴体重平均为40.48kg，屠宰率约55.6%，净肉重平均为33.41kg，净肉率约为45.89%；公、母羊性成熟早，5～6月龄就可发情，当年可产羔，母羊常年发情，多集中在春秋两季，有部分母羊一年可两产或两年3产，产羔率依胎次增加而提高，产羔率为260%～270%。可利用该品种的多胎特性，将其作为母本生产杂交肉用羔羊。

2. 湖羊

湖羊主要产于浙江省北部、江苏省南部的太湖流域地区，该羊具有繁殖力强、性成熟早、四季发情、早期生长发育快的特点，并以初生羔皮的水波状美观花纹而著称于世，为优良的羔皮羊品种。湖羊头型狭长，耳大下垂，眼微突，鼻梁隆起，公、母羊无角；体躯长，胸部较窄，四肢结实，母羊乳房发达；小脂尾呈扁圆形，尾尖上翘；被毛白色；成年羊腹部无覆盖毛（图2-10）。

图2-10 湖羊

平均体重周岁公羊为35kg，周岁母羊为26kg，成年公羊为52kg，成年母羊为39kg；剪毛量公羊约为1.5kg，母羊约为1.0kg，毛长约12cm，净毛率约55%；产肉性能，公羊宰前活重约为38.84kg，胴体重约16.9kg，屠宰率约48.51%，母羊分别约为40.68kg、20.68kg和49.41%；在正常情况下，母羊5个月龄性成熟，成年母羊四季发情，大多数集中在春末初秋时节，部分母羊一年两产或两年3产，产羔率随胎次而增加，一般每胎产羔2只以上，产羔率在245%以上。

3.南江黄羊

南江黄羊产于四川省南江县。自1954年起，用四川铜羊和含努比羊基因的杂种公羊，与当地母山羊及引入的金堂黑母羊进行多品种杂交，并采用性状对比观测、限值留种继代、综合指数法、结合分段选择培育及品系繁育等育种手段于1995年育成（图2-11）。

羊头大小适中，耳大且长，鼻梁微拱；公、母羊分为有角与无角两种类型，其中有角者占61.5%，无角者占38.5%；公羊颈粗短，母羊颈细长，颈肩结合良好；背腰平直，前胸深广，尻部略斜；四肢粗长，蹄质结实，呈黑黄色，整个体躯略呈椭圆形；被毛呈黄褐色，

图 2-11　南江黄羊

但颜面毛色黄黑，鼻梁两侧有一对黄白色条纹，从头顶沿背脊至尾根有一条宽窄不等的黑色毛带，公羊前胸、颈下毛黑黄色较长，四肢上端着生黑色较长粗毛。体重：6 月龄公羔 16.18 ～ 21.07kg，母羔 14.96 ～ 19.13kg；周岁公羊 32.2 ～ 38.4kg，母羊 27.78 ～ 27.95kg；成年公羊 57.3 ～ 58.5kg，母羊 28.25 ～ 45.1kg。产肉性能：6 月龄屠宰前体重约 21.3kg，胴体重约为 9.6kg，屠宰率约 45.12%，净肉率约 29.63%；8 月龄屠宰前体重约 23.78kg，胴体重约为 11.39kg，屠宰率约 47.89%，净肉率约 35.72%；10 月龄时体重平均可达 27.53kg，以 10 月龄时屠宰最好；肉质好，肌肉中粗蛋白质含量为 19.64% ～ 20.56%。性成熟早，3 月龄就有初情期表现，但母羊以 6 ～ 8 月龄、公羊以 12 ～ 18 月龄配种为最佳时期；大群平均产羔率约为 194.62%，其中经产母羊产羔率约为 205.2%。

4. 简阳大耳羊

简阳大耳羊是采用进口努比亚山羊与简阳本地山羊，经过六十多年的杂交和横向固定，形成的一个优良种群。简阳大耳羊具有体型大、生长速度快、耐粗饲、繁殖能力高、抗病能力强等特点（图 2-12）。

头呈三角形，鼻梁微拱，有角或无角，头颈相连处呈锥形，颈呈长方形，结构匀称，体形高大，胸宽而深，背腰平直，臀部短而斜，四肢粗壮，蹄质坚硬，耳长（15 ～ 20cm）下垂，母羊角较小，呈镰刀状；公羊下颚有毛髯。毛色以棕黄色为主，部分为黑色，富有光

图 2-12 简阳大耳羊

泽，冬季毛被内层着生短而细的绒毛。公羊成年体高约 97cm，母羊约 62cm；公羊成年体重约 98.61kg，母羊约 43.53kg。大耳羊 2 月龄断奶体重，公羊约 19.16kg，母羊约 17.20kg。公羊初配种时间 8～9 月龄，母羊配种时间 6～7 月龄。年均产羔 1.85 胎，平均产羔率 212.01％。

第二节　良种繁育与利用

一、纯种繁育

纯种繁育是指在品种内进行繁殖和选育，其目的在于获得品质好和生产性能高的纯种。纯种繁育过程中，为了提高品种的生产性能，但又不改变品种的生产方向，可以采用品系繁育、血液更新等方法。

1. 品系繁育

品系是由品种内具有共同特点且彼此有亲缘关系的个体组成的遗传性能稳定的群体。一个绵羊或山羊品种，常有几个性状需要提高，如生长速度、体重、繁殖力等。在选育中考虑的性状越多，各性状的遗传进展越慢。如果能建立几个不同性状的品系，然后通过品系间杂交，把几个性状结合起来，提高整个品种的性状并建立新品系，选育效果就越好。因此在现代羊的育种中，常把品种分成互相没有血缘关系的品系，品系成为品种的结构单位，品系繁育一般分为 3 个阶段。

（1）建立基础群　建立基础群的方法有两种：一是按血缘关系组群，二是按性状组群。前者是将羊群进行系谱分析，查清羊群中各公羊后裔特点，选留优秀公羊后裔建立基础群，但其后裔中那些不具备该系特点的个体不应选留于基础群。后者是根据性状表现来建立基础群，这种方法不按血缘而按个体表型分群，如根据体格大小、净毛量、毛长等。这两种方法比较起来，前者适宜于遗传力低的性状，后者适宜于遗传力高的性状。

（2）建立品系　建立基础群后，一般把基础群封闭起来，不得从群外引入公羊，只在基础群内选择公母羊进行繁育，逐代把不符合品系标准的个体淘汰掉，每代都要按品系特点进行选择。最优秀的公羊应尽量扩大利用率，质量较差的少配。亲缘交配在品系形成过程中是不可缺少的，一般只作几代近交，以后即采用远交，直到羊群特点突出且遗传性能稳定后，才算育成了品系。

（3）品系间杂交　结合两个品系特点的品系间杂交，一般容易达到目的。如毛密和长毛的品系杂交，就会出现一部分毛密而长的后代，这不但可以再用选种选配的方法建立新品系，而且整个品种特性也可以不断提高。

2. 血液更新

在羊的繁育中，血液更新是指把具有一致遗传性和生产性能，但来源不相接近的同品种羊引入另外的羊群。由于参与交配的公、母羊同属一个品种，故仍为纯种繁育。

在养羊中，遇到下列情况可考虑采用血液更新：一是一个羊群或羊场中，由于羊群数量较少，长期封闭育种下使群体个体都和某头公羊存在亲缘关系而产生近交不良影响时；二是某一品种被引入新环境后，由于风土驯化能力较差，表现退化现象，生产性能和羊毛品质降低时；三是羊群质量达到一定水平，改良呈现停滞状态再难提高时。遇到上述情况，则有必要向本群引入生产性能更高和育种品质更好的同品质优良公羊。血液更新适用于高产品种的育种群，被引入的种羊在体质、种质、生产性能和其他方面应该是没有缺陷的。

二、杂交利用

1. 经济杂交

国外在进行育肥羔羊生产中，主要利用经济杂交方式。在同样的饲养管理条件下，杂种羔羊的经济效益比纯种高，用早熟肉用品种公羊与毛用母羊杂交，除提高生长速度、体重等生产性能外，还可以改善羔羊肉的品质、提高繁殖率和羔羊成活率。

据美国的研究表明，用汉普夏、雪洛普夏、南丘和美利奴杂交，杂种的受胎率、多胎性、羔羊成活率、总繁殖能力等繁殖性能均有提高，并随所用品种数增多而有上升的趋势。与纯种双亲的平均值比较，2个品种杂种提高2.1%，三品种杂种提高14.9%，四品种杂种提高27.1%。对初生重、断奶重等生长发育研究表明，杂种羔羊较纯种羔羊初生重提高约2.86g，断奶重提高约3.2kg，并随着所用品种数量增多，断奶重提高幅度越大。

中国农业科学院畜牧研究所利用引进的无角陶赛特与小尾寒羊的杂交结果表明，杂交羔羊在产肉性能方面具有明显优势，3月龄断奶重达29kg，6月龄体重达40.5kg，显著高于小尾寒羊的24kg和34kg。6月龄屠宰时，杂交后代的胴体重、屠宰率、净肉率分别约为24.2kg、54.49%、43.13%，而小尾寒羊则约为17.07kg、47.42%、34.37%。

将2个或2个以上品种的杂交后代所具有的生活力强、生长速度快、饲料报酬高、生产性能高等优势，应用于生产上可以获得更大的经济效益。因此，肉羊生产中利用杂种优势可获得更大的生长速度、产肉量、经济效益。

2. 杂种优势率的计算

杂种优势的程度，一般以杂种优势率来表示。不同品种之间和同品种不同个体之间，杂种优势率表现不同，同一杂种个体不同性状所表现的杂种优势也不同。所以在进行经济杂交时，并不是任何两个品种杂交都可以得到良好的效果，要通过杂交组合试验，找出最佳的组合。

杂种优势率通常用相对值表示，即用杂种的性状均值减去亲本群性状均值，除以亲本群性状均值的百分比来估计。其公式为：

$$H = \frac{(F_1 - P)}{P} \times 100\%$$

其中，H 为杂种优势率；F_1 为杂种的性状均值；P 为亲本群性状均值。

3. 杂交羔羊适宜屠宰时间

在舍饲肉羊生产中，为获得更大的经济效益，适时屠宰杂交羔羊是非常重要的。一般在 4～8 月龄时屠宰，因为此时的羔羊已经过生长发育速度最快时期，杂种优势明显、饲料报酬高、肉质好，且此时适时屠宰可以提高羊群的出栏率、加速羊群周转。

国外的肉羊生产中，以肥羔肉（4 月龄屠宰）和羔羊肉（6～8 月龄屠宰）为主要形式。因为在羊肉的消费市场中，不同时期羊肉的价格不同。肥羔肉具有肉质鲜嫩、营养价值高的特点，其价格是大羊肉的 3 倍左右，羔羊肉的价格是大羊肉的 1 倍左右。

根据我国肉羊生产国情，肥羔肉生产在一定程度上受到限制。因此，建议我国以 6～8 月龄杂交羔羊屠宰生产羔羊肉为宜。

4. 杂交方式

按照杂交亲本数量可分为二元杂交、三元杂交、多元杂交、轮回杂交和级进杂交等。

二元杂交是以两个不同品种的公、母羊杂交，是在生产中应用较多而且比较简单的方法。三元杂交是指先由两个品种交配，其后代母羊再与第三个品种的公羊进行交配。多元杂交是指三个以上品种进行交配的杂交类型。

轮回杂交可分为两品种轮回杂交和多品种轮回杂交，以杂种母羊逐代分别与其亲本品种的公羊反复杂交为特征。以三品种轮回杂交为例，先以甲品种母羊与乙品种公羊交配，在其杂种一代中选留优势率强的母羊再与丙品种公羊交配，其余较差的杂种母羊和杂种公羊全部育肥，然后在杂种二代母羊中选留部分优秀的母羊与甲品种公羊交配，再在杂种三代中选留部分优秀的母羊与乙品种公羊交配，如此轮流杂交。

级进杂交的目的是改变某一个品种的基本生产方向，如将非肉用羊改为肉用羊。选择改良品种公羊与被改良品种母羊进行交配，所得后代再与改良品种公羊交配，以后各代杂交后代母羊都与改良品种公羊杂交。级进杂交3～4代后，被改良品种基本上与改良品种的生产性能及外貌相似。

5. 选择杂交亲本的原则

在经济杂交生产羔羊肉的生产过程中，经济杂交父本品种的选择应遵循以下原则：①选择肉用绵羊品种或品系，因为肉用品种具有生长发育快、产肉量多、肉质好的特点；②选择适应性强的父本品种，如果父本品种适应性差，不仅本身发育受到影响，也会影响杂交后代的适应性及生长发育；③应选择繁殖性能高的品种，这样可以使单位羊群提供更多的杂种后代；④选择较容易获得的肉用种羊品种，要考虑引种费用及父本种羊在区域内的分布数量，即获得的可能性；⑤针对母本的优缺点选择具有相反特点的父本，实现优势互补，使杂交组合效果达到最佳。

我国可供经济杂交生产羔羊肉的母本品种有两个来源：一是具有繁殖率高、四季发情、性成熟早的地方品种，如小尾寒羊、湖羊、奶山羊等；二是适应性强、分布数量多的地方品种的母羊，如蒙古羊、藏羊、哈萨克羊等，以及细毛羊、半细毛羊的杂种母羊。

6. 经济杂交效果

我国在杂交肉羊生产实践中，母本大多利用小尾寒羊、湖羊、藏羊、洼地绵羊、蒙古羊、细毛羊、阿勒泰羊以及一些本地羊，父本主要是引进的一些国外肉羊品种如萨福克、无角陶赛特、特克塞尔、杜泊、夏洛莱、德国美利奴等，杂交羔羊育肥效果如表2-1所示。

表2-1　绵羊二元杂交羔羊育肥效果

杂交父本	杂交母本	性别	日龄	日增重/g	宰前重/kg	屠宰率/%	资料来源
萨福克	小尾寒羊	♂	120	376	37.62	51.88	袁得光(2001)
	小尾寒羊	公母混合	180	170.17	34.50	50.52	何振富(2009)
	蒙古羊	羯羔	190	180	37.25	49.21	唐道廉(1988)
	阿勒泰	♂	150	240	39.3	47.28	陈维德(1995)
	哈萨克	♂	135	257	37.72	51.72	陈维德(1995)
	湖羊	♂	180	190	37.33	48.92	钱建共(2002)

续表

杂交父本	杂交母本	性别	日龄	日增重/g	宰前重/kg	屠宰率/%	资料来源
无角陶赛特	小尾寒羊	♂	180	200	40.44	54.49	姚树清(1995)
	小尾寒羊	♂	180	256	50.00	54.00	张从玉(2001)
	小尾寒羊	♂	155	282	47.75	50.8	王金文(2005)
	小尾寒羊	♂	120	312	37.44	52.08	袁得光(2003)
	洼地绵羊	♂	240	168	45.43	47.00	冉汝俊(1998)
	湖羊	♂	210	159	33.27	49.70	钱建共(2002)
	蒙古羊	♂	180	194	38.89	—	蔡 元(2002)
特克塞尔	小尾寒羊	公母混合	180	—	33.67	—	敦伟涛(2010)
	小尾寒羊	公母混合	150	277	45.70	50.0	王金文(2003)
	东北细毛羊	♂	165	236	42.40	49.30	王大广(2000)
	湖羊	♂	180	190	39.22	49.38	钱建共(2002)
夏洛莱	小尾寒羊	♂	180	216	42.30	—	赵国明(2001)
	小尾寒羊	♂	90	255.67	—	—	韩占强(2003)
	小尾寒羊	♀	90	222.33	—	—	韩占强(2003)
	小尾寒羊	♂	180	215.17	42.97	50.41	母志海(2008)
	湖羊	公母混合	180	168	34.04	49.05	钱建共(2002)
德国美利奴	蒙古羊	公母混合	240	156	37.50	48.80	冯旭芳(2001)
	湖羊		180	196	39.83	50.34	钱建共(2002)
杜泊	小尾寒羊	公母混合	150	306	49.50	50.60	王金文(2003)
	蒙古羊	♂	120	300	40.44	51.70	陈 华(2001)

注：♀表示雌性；♂表示雄性。

郭千虎等利用小尾寒羊做第一父本，用山西晋中本地绵羊做母本，用引进的陶赛特、萨福克和夏洛莱为终端父本开展三元杂交，结果陶寒本、萨寒本、夏寒本杂交羔羊断奶重、10月龄体重、胴体重、屠宰率均显著高于本地绵羊，杂种优势得到充分发挥（见表2-2）。

表2-2 绵羊三元杂交育肥效果

杂交组合	只数	初生重/kg	断奶重/kg	10月龄体重/kg	繁殖率/%	胴体重/kg	屠宰率/%
陶寒本	30	4.41	20.89	49.92	154	26.10	52.28
萨寒本	50	4.25	23.58	51.63	148	25.97	51.29
夏寒本	30	3.96	22.82	50.16	153	25.61	53.18
本地绵羊	30	3.04	14.23	34.27	100	15.59	45.19

波尔山羊做父本与地方山羊杂交试验结果如表2-3和表2-4所示。虽然各地的试验结果有所差异，但总体上可以看出，用波尔山羊无论是二元杂交、三元杂交还是级进杂交都能获得较理想的增重效果。

表2-3　波尔山羊、南江黄羊、马头山羊与杂种母羊或本地母羊杂交效果对比

杂交组合		性别	初生		2月龄		4月龄		6月龄		8月龄	
			体重/kg	增幅/%	体重/kg	增幅/%	体重/kg	增幅/%	体重/kg	增幅/%	体重/kg	增幅/%
组合（一）	波×本	公	3.1	67.57	9.5	41.18	13.5	60.71	16.9	25.19	20.50	40.41
		母	2.9	67.65	8.5	28.79	13.0	88.41	15.9	26.19	16.40	13.89
	南×本	公	2.0	8.11	9.1	35.29	11.4	35.71	15.2	12.59	19.7	34.93
		母	1.9	11.76	8.7	31.82	10.9	57.97	14.7	16.67	17.9	24.31
组合（二）	波×杂		2.93	49.49					24.5	18.58	35.02	31.06
	马×杂		2.36	20.41					22.96	12.27	31.46	17.74

注："波"指波尔山羊，"南"指南江黄羊，"本"指贵州石阡本地山羊，"马"指马头山羊，"杂"指萨能山羊与浙江浦江本地山羊的杂交后代。

表2-4　不同三元杂交组合生长性能比较

杂交组合	初生重/kg	2月龄体重/kg	4月龄体重/kg	8月龄体重/kg
波×萨×皖	2.06±0.44[a]	14.50±0.94[a]	20.30±0.47[a]	39.32±2.51[a]
波×南×皖	1.85±0.51[b]	11.26±1.35[b]	19.65±1.25[b]	34.51±1.92[b]
南×萨×皖	1.72±0.46[c]	13.04±1.40[c]	19.70±0.90[b]	30.29±1.75[c]
南×波×皖	1.84±0.71[b]	10.50±0.96[d]	19.04±0.56[b]	30.07±2.66[c]

注：同列上标英文小写字母不同，表示差异显著（$P < 0.05$）。"波"指波尔山羊，"萨"指萨能山羊，"南"指南江黄羊，"皖"指皖北白山羊。

三、新品种培育

新品种培育一般是采用育成杂交方式进行，是指利用两个或两个以上品种进行品种间杂交来培育新品种的杂交方法。利用两个品种杂交育成新品种称为简单育成杂交，用三个或三个以上品种杂交育成新品种称为复杂育成杂交。在复杂育成杂交中，各品种在育成新品种中的作用是有主次之分的，这要根据杂交过程中杂交后代的表现而定，育成杂交的目的就是将参与杂交品种的优良特点都集中在杂交后代身上，改掉缺点，从而创造出新品种。育成杂交可分为三个阶段：杂交

阶段、自群繁育阶段和扩群提高阶段。

1. 杂交阶段

这一阶段主要任务是以培育新品种为目标，根据新品种特性，选择杂交亲本，开展较大规模的杂交，以便获得较多的杂交后代。在杂交阶段，除了选择品种之外，每个品种中的与配个体的选择、选配方案的设计、杂交组合的确定都直接关系到理想后代能否出现，因此需要一些试验性的杂交，对杂交后代进行性能测定，观察杂交效果，进而筛选最优的杂交组合，确定杂交组合模式，从而选育出优秀的杂交后代。

2. 横交固定阶段

横交固定也称自群繁育，主要是通过对杂交后代定向选择和培育，使理想的个体进行自群繁育，使羊群中的理想遗传特性和生产性能得到巩固。在横交初期，往往个体性状分离较大，需要加强选择，对那些不符合育种目标的个体应严格淘汰。为了尽快固定优良性状可以适当采用亲缘选配和同质选配。横交代数的多少应根据育种目标和横交后代的数量和质量来决定，横交后代数量多，质量好，品种形成的时间就短，否则横交代数应多些。

3. 扩群提高阶段

当横交后代达到一定数量后，还需要扩大数量和提高品质，以达到新品种的要求。因此这个阶段应大量扩繁已固定性状的理想羊群，增加数量，扩大分布范围，建立品种整体结构和提高品质。如果在横交固定阶段已建立品系，可以进行品系间杂交，以获得更多优质特性后代，进一步提高整体羊群质量。在此阶段，可以利用现代扩繁手段，如超数排卵与胚胎移植（MOET）技术、幼羔体外胚胎移植（JIVET）技术，应用这些技术可以迅速繁殖大量优秀后代，加快遗传进展，缩短世代间隔，大大加快育种进程。

经过改良所培育成的理想肉羊品种应具备以下特点：①产肉性能好，屠宰率在50%以上，生长速度快，日增重达到250g，饲料转化率高，肉质要好，可生产高档羊肉；②繁殖力高，理想的肉羊品种应常年发情，繁殖性能要好，主要体现为发情早，多胎，成活率高，一般8～10月龄可配种（种羊繁育场要在周岁以上使用），产羔率在

200%以上，成活率在90%以上；③抗性强，抗性是指具有耐粗饲，适应性强，具体表现为：食性强，即食量大，不挑食，饲料报酬高；抗逆性强，即抗病性强，耐粗饲；易舍饲，即性情温顺，对圈舍条件要求不高。

如河北省畜牧兽医研究所、河北农业大学、河北连生农业开发有限公司联合开展肉用绵羊新品种培育工作，以杜泊、特克赛尔羊作为父本、小尾寒羊为母本进行杂交育种，所培育肉用绵羊新品种（暂定名"寒泊羊"）目前已经在河北省区域内进行中试推广，深受广大养殖户欢迎。寒泊羊成年公羊平均体重90kg以上，成年母羊平均体重65kg以上。6月龄育肥羔羊体重达48kg，屠宰率约53%。初情期为8~10月龄，母羊胎产羔数平均为1.8只。

第三节 种羊档案

一、种羊记录

在羊的繁育工作中，应当逐步建立起系统的系谱档案。系统的记录资料是羊育种的基础，也是选种的依据。种羊系谱档案主要包括种羊记录、鉴定成绩、系谱及配种产羔记录等资料。种羊记录分为种公羊卡片（表2-5）、种母羊卡片（表2-6），此外还包括种用肉羊体型外貌评定（表2-7）、后备用种羊生长测定统计记录（表2-8）、种羊个体鉴定记录（表2-9）、种公羊精液品质检查记录（表2-10）、母羊繁殖记录（表2-11）、母羊产羔记录（表2-12）、羊群变动月统计报表（表2-13）、羊群饲草饲料消耗记录（表2-14）等记录用于选种。

表2-5 种公羊卡片

羊号	品种		等级	出生日期		同胎只数
出生地点	父系		等级	母系		等级
	羊号	品种		羊号	品种	

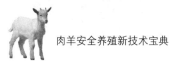

配种记录

年份	日期	产羔母羊数量	公羔	母羔	成活	死亡

表2-6　种母羊卡片

羊号	品种	等级	出生日期	同胎只数

出生地点	父系		等级	母系		等级
	羊号	品种		羊号	品种	

繁殖记录

胎次	日期	产羔只数	公羔	母羔	成活	死亡

表 2-7 种用肉羊体型外貌评定表

羊场　　　羊号　　　品种　　　性别　　　月龄　　　年　　　月　　　日

项目名称	分项名称	评定满分的要求	满分	评分
总体	大小	达到品种的月(年)龄体重标准和体格大小	6	
	体型结构	低身长躯,长宽比例协调,各部位结合好和结构匀称	10	
	肌肉附着和分布状态	臀部和后腿肌肉丰满	10	
	骨、皮、毛的表现	骨骼相对较细,皮肤较薄,被毛着生良好,毛相对较细	8	
头、颈部评定		符合品种特征,嘴宽大,眼大而明亮,面部短而细致,额宽而丰满,颈长度适中,颈、肩结合良好	7	
前躯评定	肩	肩丰满、紧凑、厚实	4	
	前胸	较宽、丰满、厚实	2	
	前肢	粗壮端正,前肢间距宽阔	1	
	合计		7	
体躯评定	正胸	正胸宽、深,胸围大	5	
	背	宽、平、长度适中,肌肉发达	8	
	腰	宽、长且肌肉丰满	9	
	肋	开张良好	3	
	肋腰部	腹部平直,肋腰结合良好	2	
	合计		27	
后躯评定	腰	腰平直,腰、荐结合良好	2	
	臀	长、平、宽	5	
	大腿	肌肉丰满,后裆开阔	5	
	小腿	粗壮、端正	3	
	后肢	短、直,坚强有力	1	
	合计		16	
被毛着生及品质		毛色符合品种特征,被毛光泽、覆盖良好	9	

总评分:　　　　　体重:　　　　　鉴定员:

表2-8 后备种羊生长测定记录

羔羊号	出生日期	初生重/kg	断奶		6月龄		12月龄		18月龄	
			测重日	体重/kg	测重日	体重/kg	测重日	体重/kg	测重日	体重/kg

表2-9 种羊个体鉴定记录

序号	品种	羊号	性别	年龄	体型外貌等级	体重/kg	羊毛品质	剪毛量/kg	综合等级	备注

鉴定时间: 年 月 日 鉴定员:

表2-10 种公羊精液品质检查记录

序号	品种	采精			精液量/mL	原精液				稀释精液		输精前品质			备注
		日月	时间	次数		色泽	气味	密度	存活率	倍数	活率	保存时间/h	保存温度/℃	存活率	

表 2-11 母羊繁殖记录

序号	配种母羊			与配公羊			配种日期				分娩		生产羊羔			备注
	品种	羊号	等级	品种	羊号	等级	第一次	第二次	第三次	第四次	预产期	实产期	产羔数	羊号	性别	

表 2-12 母羊产羔记录

序号	母羊			公羊耳号	羔羊					羔羊出生鉴定						备注
	品种	耳号	等级		耳号		性别	出生日期	初生重/kg	体型结构	体格大小	被毛同质性	毛色	等级		
					临时	永久										

表 2-13 羊群变动月统计报表

管理牧工姓名	上月底结存数	本月内增加				本月内减少					本月底结存数	备注
		调入	购入	繁殖	总计	死亡	调出	出售	宰杀	合计		

表 2-14　羊群饲草饲料消耗记录

品种＿＿＿＿＿＿　　群别＿＿＿＿＿＿　　性别＿＿＿＿＿＿　　年龄＿＿＿＿＿＿

供应日期	粗饲料/kg		精饲料/kg		多汁饲料/kg		矿物质饲料/kg		备注
		总计		总计		总计		总计	

二、种羊编号

羊的编号是生产中必不可少的一个环节。编号后便于识别和管理。临时编号一般多在出生后 1～3d，结合初生鉴定进行；永久编号在断奶鉴定后进行。

临时编号常用方法是用手喷漆在羔羊或成年羊体侧部或其它易于识别部位进行数字编号，或者喷涂不同的记号以便于识别或标记。

永久编号多采用耳标法。耳标由铝或塑料制成，形状有圆形和长条形两种。圆形的耳标多用在多灌木地区放牧的羊，舍饲羊群多采用长条形耳标。耳标用以记载羊的个体号、品种、出生年月、性别等，用钢字钉把羊的号打在耳标上，通常插于左耳基部。

编号方法：第一位数字或字母代表父亲品种，第二位数字或字母代表母亲品种，第三位数字代表出生年份，第四至第六位数字代表个体编号，其中第六位数字以单号表示公羔，双号代表母羔，如系多羔可在号后加"—"标出 1、2 或 3 等。例如，某母羔于 2018 年出生，双羔，其父为陶赛特羊（D 字母表示），母为小尾寒羊（H 字母表示），母羔编号为 032 号，公羔编号为 033 号，则母羔和公羔的完整编号应为 DH8032 或 DH8033。若养殖场出生羔羊数量多，可在羔羊编号前加"0"。当然，不同的羊场可以根据需要选择不同的编号规则。塑料耳标有不同的颜色，可通过佩带不同颜色耳标的办法来区别不同的等级或世代数等信息。

三、肉羊生产全程标准化信息控制平台

肉羊生产全程标准化信息控制平台，是将互联网＋技术应用到种羊繁育、饲养、饲料、疾病控制和监测，保证生产过程信息通畅，管控先进，建成智慧羊场。

天津奥群牧业从新西兰引进了先进的全自动化羊称重系统和电子耳标识别系统，并与公司自主研发的物联网系统相结合，实现了羊只称重、数据采集一体化、自动化。在此基础上，奥群牧业立足国内种羊业，融合澳大利亚、新西兰等畜牧业发达国家种羊培育技术，将种羊育种、繁殖、饲草料管理、进销存管理、产区制种、胚胎工程、基因工程、电子商务等功能集成于一体，创建了奥联在线种羊物联网系统。目前，奥联在线包含中外20000只纯种澳洲白和杜泊种羊系谱数据库和20万条精细育种数据，是国内领先的肉用种羊生产管理物联网技术平台，同时也是国内最大的肉用种羊联合育种系统。

各地不同的肉羊养殖企业通过申请加入奥联在线，可以遵循奥群公司倡导的种羊繁育标准化技术流程，实现与世界顶级育种专家分享成功的种羊繁育技术，与天津奥群牧业共同培育优秀种羊。

第三章 羊场环境控制技术

第一节 场址选择与场区布局

一、场址选择

场址用地首先应符合当地土地利用规划要求，羊场环境应符合 GB/T 18407 的规定。土壤质量应符合 GB 15618《土壤环境质量标准》的规定。

建场地址的具体要求是地势高燥、采光好、向阳背风、排水良好、通风干燥。场址的土质应选择透水性强、吸湿性和导热性小、质地均匀并且抗压性强的沙质土壤，这种土质可保持羊舍清洁干燥，减少羊病的发生。地下水位在 2.0m 以下。

建场地址尽量远离居民区，以防污染居民环境，要远离有传染病的疫区及牲畜交易市场和食品加工厂，不要在化工厂等易造成环境污染企业的下风处及附近建场，以防疾病的发生。羊舍周围 3km 以内应无大型化工厂、采矿场、皮革厂、肉品加工厂、屠宰场和公共场所的污染源。

羊场距离干线公路、铁路、城镇、居民区和公共场所 1km 以上，距离交通主干道≥500m，远离高压电线。羊场周围有围墙或防疫沟，并建立绿化隔离带。

对于进行舍饲饲养的肉羊场，周围必须有充足的饲草、饲料基地或饲草、饲料资源；放牧或放牧与舍饲相结合的羊场则要有足够的四季牧草场和打草场。羊场附近水源充足，水质清洁，并且使用方便，如泉水、溪涧水或井水，切忌在缺水或水质受污染的地方建场，水质应符合中华人民共和国农业行业标准（NY 5027—2001）《无公害畜产品　畜禽饮用水水质》。

二、场区布局

建标准化羊场，要有办公室、宿舍、伙房、草料库、工具室、兽医室、配种室、车库、各类羊舍、产房、羊病隔离区、青贮窖（塔）、药浴池、水井、粪便堆积点、废弃物处理设施，并要求这些设施布局合理。为便于生产和管理，羊场分为管理区、生活区、生产区。管理区包括办公设施、生活设施、与外界联系密切的生产辅助设施等。生活区包括宿舍、伙房等。生产区包括羊舍、兽医室、饲料库、堆草场、青贮池、药浴池、水井、粪尿处理池、堆粪场等。羊场与外界应有专用通道与交通干道连接。

管理区与生活区应位于生产区的上风向及地势较高处，与生产区保证 50m 以上距离。羊场生产要布置在管理区主风向的下风向或侧风向，羊舍应布置在生产区的上风向，隔离羊舍、污水、粪便处理设施和病、死羊处理区设在生产区主风向的下风向或侧风向。药浴池应建在羊场外面，最好在下风方向。各区功能界限应明显，联系方便。

场区净道、污道分开，互不交叉。净道是羊群周转、饲养员行走、场内运送饲料的专用道路；污道是羊场废弃物（主要包括羊粪、尿、草料、褥草、死羊、过期兽药、残余疫苗、疫苗瓶及注射用针和污水）的专用道路。肉羊场大门口和生产区门口设车辆消毒池。人员进出处设置消毒通道和更衣室。

饲料加工区与生产区分离，位置应方便车辆运输。场内草场设置应方便运输，应配套建设青贮设施。草料库要与羊舍保持一定的距离，要便于防火、便于运输。羊舍按性别、年龄、生长阶段设计，实

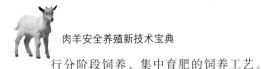

行分阶段饲养、集中育肥的饲养工艺。

第二节 羊舍建设

羊舍应按 NY/T 5151 有关规定设计，图 3-1 为某羊场羊舍的平面布局及基本尺寸。

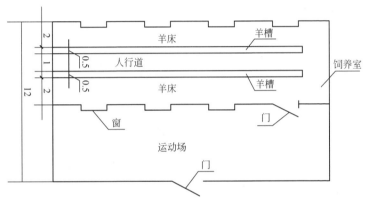

图 3-1 羊舍平面布局和基本尺寸（单位：m）

一、羊舍类型

多数采用长方形的棚舍结构羊舍，有适当的深度，起脊为拱圆形或斜坡式。舍内可采用单列或双列式，单列式应东西走向，双列式应南北走向（图 3-2）。

二、羊舍面积

羊舍由饲养舍和运动场构成，二者面积之比为 1：2。羊舍面积因羊的年龄、生理特征、性别等不同略有差异。在修建羊舍时，可参考以下每只羊所需面积：羔羊，每只 0.3～0.4m²；青年羊，每只 0.8m²；成年母羊，每只 1～1.5m²；怀孕母羊及哺乳母羊，每只 1.5～2m²；种公羊，每只 1.5～2m²。

在成年羊舍与怀孕母羊舍分开的情况下，应在怀孕母羊舍内附设产

(a) 外部结构

(b) 内部结构

图 3-2　长方形双列式羊舍

房，如无单独怀孕母羊舍，应在成年母羊舍内附设产房，增加取暖设备，必要时加温，以保证产房的一定温度。产房面积可根据母羊舍的大小而定，在冬季产羔的情况下，产房面积占羊舍面积的 20% 左右。

三、羊舍高度

羊舍的高度根据羊舍的类型、羊群的密集程度而定。要保证有足量的空气，便于冬季取暖。肉羊羊舍的高度一般 2.5m 左右，单坡式羊舍后墙高度约 1.8m。南方地区的羊舍，为有利于防潮防暑，应适当提高羊舍的高度。

四、羊舍门窗

羊舍的门以羊能顺利通过不致拥挤为宜。饲养室和运动场门的宽

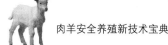

度应不小于 1.3m，大群饲养的大门宽度以 2.5～3m、高度以 2m 为宜。运动场与羊床连接的羊舍可按每 10～12 只羊设一小门，宽度 0.6m，高度为 1.2m。寒冷地区的羊舍，在保证通风的前提下应少设门，冬季应增添门套，防止冷空气直接入侵。

羊舍窗户面积一般占地面面积的 1/15，窗户应向阳，距地面高度在 1.5m 以上，窗户大小以 1m×1m 为宜。在南方地区，由于气候炎热、多雨、潮湿，窗户以开放式为好。北方羊舍南面或南北两面可修建 0.9～1m 高的半墙，上部敞开，可保证羊舍夏季通风和冬季保暖。

五、羊舍地面

羊舍的地面是羊躺卧休息、排泄和生产的地方，地面的保暖和卫生条件很重要。羊舍地面应高出舍外地面 20～30cm，铺成斜坡度为 2%～2.5%，以利于排水。羊舍地面有实地面和漏缝地面两种类型。

实地面又因建设材料不同分为夯实黏土、三合土（石灰：碎石：黏土按 1:2:4 比例混合）、石地、混凝土、砖地、水泥地、木质地面等。黏土地面易于取表换新，造价低廉，但易潮湿和不便于消毒，干燥地区可采用。三合土地面较黏土地面好。石地地面和水泥地面虽便于清扫和消毒，但不保温，地面太硬。砖地面和木质地面最佳，但成本较高，适于寒冷地区。饲料间、人工授精室、产羔室可用砖或水泥地面，以便消毒。漏缝地面能给羊提供干燥的卧地。

漏缝地面采用竹条、木条、特殊铸件或镀锌钢丝网等材料做成，漏缝间隙约 1.5cm，可以漏下粪尿（图 3-3）。镀锌钢丝网网眼大小要根据羊的大小设置，特别要注意羊羔的羊蹄，即网眼略小于羊蹄的面积。现代化羊舍一般采用漏缝地板作为羊舍地面，漏缝地板安装自动刮粪板，以利于粪便的机械清洁。

六、墙壁与屋顶

墙壁的建筑材料以砖、白灰、水泥、木材、草泥、泡沫塑料和塑料薄膜为主，饲养室檐墙不得低于 2.5m，运动场墙不得低于 1.3m。

(a) 塑料漏粪地面

(b) 竹板漏粪地面

图 3-3 羊舍漏缝地面

砖墙是最常见的一种，其厚度有半砖、一砖、一砖半等，墙厚度越大，保暖性能就越好。石墙坚固耐久，但导热性能好，寒冷地区效果差。国外采用金属铝板、胶合板、玻璃纤维板建成保温隔热墙，其效果很好，但造价很高。墙离地 1m 以下高度用砖石砌成，上面使用土墙，既坚固又保温。

屋顶有防雨、保温、隔热、通风等作用，其材料有陶瓦、石棉瓦、木板、塑料薄膜、油毡等，国外有采用金属板的。在寒冷地区，可加天棚，其上可贮青草，能增强羊舍保温性能。羊舍净高（羊舍至天棚的高度）为 2.2～2.4m。在寒冷地区，可适当降低羊舍净高。单坡式羊舍一般前高为 2.2～2.5m，后高为 1.7～2.0m，屋顶斜面呈 45°。饲养室屋顶应有 0.3m×0.3m 的排气孔。

对于肉羊来讲，冬季保暖和夏季通风十分重要。冬季正值妊娠后期，夏季为产奶时期，如果保暖和通风不好，就会影响羊生产性能的发挥，生产中不可忽视。成年羊羊舍的通风装置，可通过在屋顶上设通风气口（图 3-4）。通风装置的通风量，要根据每只成年羊每小时冬季需 30～40m³，夏季需 70～80m³ 新鲜空气的标准计算，小羊减半。

图 3-4　屋顶带有通风口的羊舍

七、产房

产房应在母羊舍的下风口，或者设在成年母羊舍内的一头，其大小可根据羊群的大小和成年母羊的数量而确定。肉羊产羔时间比较集中，母羊生产 5 天后可转回，有条件可同羔羊入子母圈饲养。

产房要向阳、避风、干燥，通风较好，温度保持在 10℃ 以上。为了便于消毒，产房地面以砖地或水泥地为宜，四周墙壁应用生石灰水涂抹，地面所铺褥草也要干燥，并准备好接产用的各种器械、药品、照明工具、记录本、磅秤等。为了避免寒冷气候对羊只生产的不利，产房可以建设成塑料暖棚式，或者在产房内增设取暖设备，以保障舍内温度不低于 10℃（图 3-5、图 3-6）。

图 3-5　塑料暖棚产房的外部

图 3-6 塑料暖棚产房的内部

八、饲料加工间

饲料加工间应靠近大门（图 3-7、图 3-8），与饲料库相距较近，以便于运输饲料。要注意所用商品饲料标签是否符合 GB 10648 中的有关规定；包装材料是否符合 GB/T 16764 的要求。在饲料贮存时，要按 GB/T 16764 的要求保管，注意干燥，通风，防止空气、环境污染等。

图 3-7 颗粒饲料加工车间

图 3-8　TMR 饲料加工车间

九、青贮设施

青贮饲料是各类羊皆宜的优质饲料，更是农区舍饲条件下羊生产的主要粗饲料来源。它不仅能增加羊的食欲和饲料采集量，而且能使其生产性能大幅度提高。标准化羊场都应制作和保存青贮饲料，修建青贮池（图 3-9）。

(a) 地上青贮池

(b) 地下青贮池

图 3-9　青贮设施

青贮池一般分为地下式、地上式和半地下式三种，每种又可分为圆形、长方形两种。青贮窖应建在地势高燥的地方，窖壁、窖底用砖、卵石、水泥砌成，窖壁要光滑，防止雨水渗漏。建窖的投资较小，容积可根据饲养量决定，但要注意排水，以防止窖内积水而造成青贮料霉烂。

地下式应选择地下水位较低的地方，窖深以不超过 3m 为宜，长、宽根据贮量而定，窖壁必须坚实并削光，最好用水泥、砖或石块修建成永久性的。圆形死角少，装料多，效果较好。长方形上大下小，呈倒梯形结构，原料下沉时不留空隙。

地上式和半地下式一般多用于地下水位较高的地方，其挖掘土方量大。随着畜牧业经营规模化和机械化程度的提高，这两种形式由于排水方便，且便于机械进出，地上式和半地下式特别是地上式越来越多被采用。

十、草料库

干草库可建在距成年羊舍较远的地方，以利于防火防尘。为了使干草库尽可能多贮存干草，干草库内部高度要高，以便具有更多的空间。料库用于贮存成品精饲料或原料，要求防潮防火，内部各种饲料或原料应码放有序整齐。草库、料库大门的宽度和高度应适宜，方便大型运输机械出入和作业。

十一、人工授精室

人工授精室可设在成年公、母羊舍之间或附近。采精室、精液处理室和输精室要求光线充足、地面坚实（如水泥地、砖地或木板地），以便清洁和减少尘土飞扬。各室要互相连接，便于工作。室温要求保持在 18～20℃。面积：采精室、精液处理室均为 8～12m²，输精室 20m²。

十二、药浴设施

为预防和治疗羊体外寄生虫病，如疥癣、羊虱等，每年要定期给羊群药浴。药浴根据药液利用方式，可分为池浴、淋浴和喷雾三种方式。药浴池又有移动式和固定式两种（图 3-10），羊只数量少时，可采用流动式药浴池。流动式药浴池又可分为流动药浴车、帆布药浴池和小型药浴槽等。利用何种方式，可根据羊的饲养方式、羊只数量及所处环境确定。

常用小型药浴槽为长形水沟状，用水泥构筑成。常用药浴池深

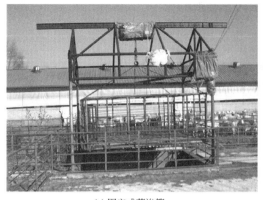

(a) 固定式药浴笼 (b) 移动式药浴笼

图 3-10 药浴设施

$1\sim1.5m$、长 $3\sim10m$、上宽 $0.6\sim0.8m$、下宽 $0.3\sim0.5m$，以一只羊通过、不能转身为度。入口处和出口处均设围栏，出口处铺成有坡度的滴流台，让羊药浴后停留约 $10min$，便于羊体带出的药液回流入池。滴流台用水泥修建。在药浴池旁安装炉灶，以便烧水配药。附近应有水井或水源。

第三节 养殖设备

一、饲槽

根据羊只数量，以采食、饮水不拥挤，羊只不浪费、不污染草料及方便饮水为宜确定补饲槽、饮水槽和草架的长度。饲槽和饲草架主要用来饲喂精料、颗粒饲料、青贮饲料、青草或干草。根据建造方式和用途，大体可分为移动式、悬挂式、固定式饲槽（图 3-11），移动式、固定式草架以及草料结合饲喂的饲槽架。常见的有如下几种：

1. 固定式长形饲槽

用砖、石、水泥等砌成若干平行排列的固定式饲槽，一般设置在羊舍或运动场内。以舍饲为主的羊舍，应修建永久性饲槽，结实耐用，可根据羊舍结构进行设计。若为双列式对头羊舍，饲槽应修建在

(a) 固定饲槽 　　　　　　　　　 (b) 移动饲槽

图 3-11　饲槽

窗户走道一侧；放牧为主的羊舍，一般饲槽应修建在运动场或其四周墙角处，而羊舍内可使用移动式长条饲槽。固定饲槽一般上宽 50cm、深 20～25cm、槽高 40～50cm，槽底为圆弧形。

2. 移动式长形饲槽

用木板和铁皮制成，运输、存放方便灵活，主要用于春冬季补饲之用，也可作为放牧补饲用。饲槽的大小和尺寸可灵活掌握，一般临时做成一端高一端低的长方形，横截面为梯形。饲槽两侧最好安置临时性且方便装卸的固定架，可防止羊攀登踩翻。

① 羔羊哺乳饲槽　这种饲槽可先做成一个长方形铁架，用钢筋焊接成圆形架，每个饲槽一般有 10 个圆形孔，每孔放置搪瓷碗 1 个，适宜于哺乳期羔羊的哺乳。

② 悬挂式饲槽　主要用于羔羊补饲，为防止羔羊攀踏、抢食翻槽，而将长条形小饲槽悬挂于羊舍补饲栏上方，高度以羔羊吃到为宜。

二、多用途栅栏

1. 产（母）仔栏

半放牧条件下，大多数羊场用铰链将两块栅板连接而成，高1.2m、长 1.2～1.5m，可固定在羊舍墙壁上，围成产（母）仔栏。在产羔旺季常用这种设备，供 1 只母羊及羔羊单独使用。

2. 羔羊补饲栏

可用多个栅栏、栅板或网栏，在羊舍或补饲场靠墙围成足够面积的围栏，并在栏间插入一个仅能让羔羊自由出入采食的栅门。每只羔羊的占地面积为 $0.2\sim0.3m^2$ （图 3-12）。

图 3-12　羔羊补饲栏

3. 分羊栏

分羊栏供羊分群、鉴定、防疫、驱虫、称重、打号等生产技术活动中使用。分羊栏是由许多栅板连接而成。在羊群的入口处为喇叭形，中部为一小通道，可容羊只单行前进。沿通道一侧或两侧，可根据需要设置 $3\sim4$ 个可以向两边开门的小圈，利用这种设备，就可以将羊群分成所需要的若干小群（图 3-13）。

图 3-13　分羊栏

4. 活动羊圈

活动羊圈（图 3-14）是利用若干栅栏或网栏，选一高燥平坦地面，连接固定成圆形、方形或长方形的羊圈。放牧为主的羊场，必须根据季节、草场生产力的动态变化、不同生产阶段等生产环节的需要，做好放牧安排。放牧转场采用活动式羊圈十分方便。活动羊圈体积小、重量轻，拆装搬运方便，省时省工，灵活机动，适用范围广，投资少。

图 3-14　活动羊圈

三、饮水设施

羊常用的饮水设施有饮水槽和自动饮水器（图 3-15）。饮水槽用水泥、铁皮等建成固定式的，或用铁桶、大盆做成活动饮水用具，人工添加清洁饮水。自动饮水器根据羊头的形状设计，符合羊饮水习惯，羊头部接触到阀门即出水，羊离开时即停止出水，节约用水，干净卫生，节省人力，但建设投资较饮水槽价格高。

四、TMR 饲料搅拌机

TMR 是英文 total mixed ration（全混合日粮）的简称。TMR 饲料搅拌机（图 3-16）是把切断的粗饲料和精饲料以及微量元素等添加剂，按肉羊不同饲养阶段的营养需要进行充分混合从而达到科学喂养目的的新型设备。

(a) 固定式水槽   (b) 自动饮水器

图 3-15 羊饮水设施

图 3-16 TMR 饲料搅拌机

TMR 饲料搅拌机带有高精度的电子称重系统，可以准确地计算饲料，并有效地管理饲料库。不仅能够显示饲料搅拌机中的总重，还可以计量每头动物的采食量，尤其是对一些微量成分的准确称量（如氮元素添加剂、人造添加剂和糖浆等），从而生产出高品质饲料，保证肉羊采食的每一口日粮都是精粗比例稳定、营养浓度一致的全价日粮。

五、撒料车

撒料车的主要功能就是将饲料均匀抛撒在肉羊饲槽中。规模化羊场采用 9SL-5 型撒料车（图 3-17）投喂肉羊饲料，每台撒料车每日可饲喂肉羊 5000 只左右，较人工撒料的工作效率可提高约 20 倍，在标准化规模肉羊场推广应用的前景十分广阔。

图 3-17　9SL-5 型撒料车

六、辅助设施

1. 给水设施

羊场应具有清洁、无污染的水源。附近没有洁净水源的羊场或牧场，都应在羊舍附近修建水井、水塔或蓄水池，并通过管道引入羊舍或运动场。水质要求应符合《无公害食品　畜禽饮用水》的标准。日供水量按每 100 只存栏肉羊 20t 设计。

场区内排水设施应雨污分流，污水由暗管排放，雨水设明沟排放。

2. 能源建设

羊舍可根据需要在地面以下按 GB/T 4570 和 GB/T 7638 设立相应的沼气和管路，对粪便和剩余草料进行无害化处理，并作为能源加以利用。沼气池的施工按 GB/T 4572 要求执行；沼气池的质量检查验收按 GB/T 4571 执行；沼气管路施工、安装和操作按 GB/T 7537 执行。

第四章　饲料质量控制技术

第一节　饲料种类

一、青绿多汁饲料

青绿多汁饲料是指天然水分含量在60％以上的饲料。如鲜草类、鲜树叶类、水生植物以及非淀粉质的块根、块茎、瓜果类。

青绿饲料中蛋白质含量丰富，干物质中含粗蛋白质13％～24％，按干物质计算，禾本科牧草含蛋白质13％～15％，豆科牧草含蛋白质18％～24％，青绿饲料中的氨化物占总氮的30％～60％，可由瘤胃微生物把它们转化为菌体蛋白质后被机体吸收。青绿饲料含粗纤维少，木质化程度低，无氮浸出物较多，一般青绿饲料干物质中粗纤维含量为15％～30％，无氮浸出物含量为40％～50％。氨基酸组成比较完全。矿物质占鲜重的1.5％～2.5％，占干物质的12％～20％，是羊获得矿物质的良好来源，其中钙占0.4％～0.8％，磷占0.2％～0.35％，含量丰富，比例适当。维生素含量丰富，特别是胡萝卜素含量较高，赖氨酸、色氨酸和精氨酸含量较多，营养价值高，含有丰富的维生素，尤其是B族维生素、维生素C、维生素E、维生素K含量较高。

二、粗饲料

粗饲料是指水分小于 60%、粗纤维含量大于或等于 18% 的饲料，如干草类（包括干牧草）、农副产品类（包括荚、壳、藤、蔓、秸、秧）、干树叶类及干物质中粗纤维含量为 18% 以上的糟渣类等。

粗饲料的共同特点就是体积大、粗纤维含量高，有饱感，但营养价值低。在羊的饲料中占的比重大，通常作为基础饲料，其有机物消化率在 65%～70%。

三、青贮饲料

青贮饲料是指青绿饲料在密闭的青贮窖、塔、壕、袋中，利用乳酸菌发酵，或利用化学制剂调制，或降低水分而储存的饲料。青贮饲料能有效地保存青绿饲料的营养成分，尤其能减少蛋白质和维生素的损失，一般青绿饲料在成熟和干燥后营养价值降低 30%～50%，而青贮后只降低 3%～10%；能保存青绿饲料的鲜嫩汁液，其含水量 70%，一些羊不喜欢吃的野草、野菜、树叶等无毒青绿植物，经过青贮发酵，则变成了羊喜欢吃的饲料。

四、能量饲料

能量饲料是指干物质中粗纤维含量低于 18%，粗蛋白质含量低于 20%，每千克干物质消化能在 10.46MJ 以上的饲料，其中消化能高于 12.55MJ 的为高能量饲料，包括谷实类、糠麸类、籽实类及其他类。能量饲料一般在精料补充料中占 50%～60%，糠麸类占 10%～15%。

谷实类饲料有玉米、高粱、大麦、燕麦、稻谷、糙米及碎米等，为常用的能量饲料。水分含量低，一般在 14% 左右，干物质在 85% 以上。无氮浸出物含量高，占干物质的 66%～80%，且主要是淀粉；粗纤维含量低，一般在 10% 以下；粗脂肪含量为 3.5% 左右，其中不饱和脂肪酸比例较高；蛋白质含量低，一般在 8.2% 左右；必需氨基酸含量低；钙含量低于 0.1%，钙磷比例不合适，其所含的磷有相当部分为植酸磷；缺乏维生素 A 和维生素 D，但 B 族维生素较丰富。

糠麸类饲料是谷实类饲料的加工副产品，如米糠、麦麸、高粱糠、小米糠和玉米糠等。主要由籽实中的种皮、糊粉层和胚三部分组成。糠麸的营养价值与籽实的加工程度有关，一般是种皮所占的比例越大，营养价值越低，粗蛋白质、粗脂肪、粗纤维的含量均比原籽实高，而无氮浸出物含量、消化率、有效能值则低；钙、磷比谷实高，钙少磷多，植酸磷比例高。糠麸类饲料是 B 族维生素的良好来源，但缺乏必需氨基酸、维生素 A 及维生素 D。

五、蛋白质饲料

蛋白质饲料是指粗纤维含量低于 18％，粗蛋白质含量为 20％以上的饲料，如豆类、饼粕类、动物性饲料及其他类。蛋白类饲料在精料补充料中一般占 20％～30％。蛋白质饲料主要包括植物性蛋白质饲料、单细胞蛋白质饲料和非蛋白氮饲料。

1. 植物性蛋白质饲料

主要有豆科籽实、饼粕类和糟渣类。大豆含有丰富的蛋白质和脂肪，属于高能高蛋白饲料。该类饲料蛋白质含量高达 20％～40％，品质好，必需氨基酸含量高，特别是赖氨酸含量高达 2％以上，但蛋氨酸含量相对较少，为大豆的第一限制性氨基酸。大豆的粗纤维含量在 4％左右，脂肪含量高达 17％，羊消化能可达 16.36MJ/kg。无氮浸出物含量低，仅有 26％左右，矿物质和维生素含量与谷类籽实相似，钙少磷多，其中 50％的磷都是植酸磷，微量元素中铁含量较高，特别是黑大豆中铁含量更高。大豆含有胰蛋白酶抑制因子、大豆凝集素、胃胀气因子、植酸、脲酶等抗营养因子，影响其饲喂效果，可通过加热的方法加以改善，如蒸煮或焙炒。大豆经过蒸煮，破坏了大豆中的抗胰蛋白酶，从而提高了消化率和营养价值，同时增加了蛋白质中有效蛋氨酸和胱氨酸含量，提高了蛋白质的生物学价值。一般可将蒸煮过的大豆作为羔羊的开食料，可单独饲喂，也可与精料混合后饲喂。豆科籽实经过焙炒后，可以提高饲料的适口性和营养价值。

饼粕类饲料是豆科和油料作物籽实制油后的副产品，如大豆饼粕、棉籽饼粕、菜籽饼粕、花生饼粕、胡麻饼粕、葵花籽饼粕、芝麻饼粕等。采用压榨法制油后的产品为油饼；用溶剂浸提后的产品为油粕。饼粕类含有较高的蛋白质，一般为 30％～45％，且品质优良，无氮浸出物一般低于谷实类饲料，其他成分含量较相应的籽实类高，富含B族维生素，但缺乏胡萝卜素和维生素D。

糟渣类饲料主要包括酒糟、玉米面筋、豆腐渣、粉渣和饴糖渣等。啤酒糟又称麦糟，是啤酒生产中最大的一种下脚料。鲜啤酒糟含水分75%左右，粗蛋白质5.0%～5.5%，粗脂肪2.5%，粗纤维3.6%，无氮浸出物11.8%，钙0.07%，磷0.12%，其干物质中粗蛋白质含量占22%～30%，无氮浸出物40%以上，粗纤维14%～18%，可作为羊的蛋白质饲料。白酒糟风干物中含有粗蛋白质15%～25%，粗纤维15%～20%，粗脂肪2%～5%，无氮浸出物35%～41%，粗灰分11%～14%，钙0.24%～0.25%，磷0.2%～0.7%，并有丰富的B族维生素，其营养成分与麦麸相近。

2. 单细胞蛋白质饲料

单细胞蛋白质饲料是指由单细胞有机体如酵母、细菌、真菌、微型藻类和某些原生物所获得的蛋白质饲料。此类饲料粗蛋白质含量丰富，一般为30%～70%，品质较好，含有较多的维生素和矿物质，消化率高，一般喂量不超过日粮的10%，此类饲料主要包括饲用酵母、石油酵母和藻类。

3. 非蛋白氮饲料

非蛋白氮饲料是指尿素、双缩脲及某些铵盐等化工合成的含氮物质的总称。其作用是作为瘤胃微生物合成蛋白质所需的氮源，从而补充蛋白质营养，节省蛋白质饲料。尿素一般喂量占日粮干物质的1%，或占混合精料的2%，但尿素氮含量不得超过日粮总氮量的25%～30%。特别是在育肥羊中可以适当添加，但不宜过多，否则会引起中毒。

六、矿物质饲料

能够提供矿物质元素的饲料称为矿物质饲料，如食盐、含钙矿物质饲料、含磷矿物质饲料、含硫矿物质饲料、天然矿物质饲料等。

肉羊主要以含钠和氯较少的植物性饲料为主，容易出现食盐不足，易缺钙、磷等常量矿物质元素。肉羊常用的含钙矿物质饲料有石粉、碳酸钙等，含磷矿物质饲料有磷酸氢钠和磷酸二钠、磷酸钙盐（磷酸钙、磷酸氢钙、过磷酸钙、脱氟磷酸钙）等。饲料中一般含有

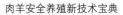

丰富的硫，不需要补充，但肉羊在采食大量的精饲料且其中豆粕比例偏高或添加非蛋白氮饲料量大时容易导致硫缺乏，表现症状是羊吃毛，可添加蛋氨酸、石膏粉等来补充硫。各种微量元素，一般很少需要补充，除非是缺硒、缺铬、缺铜地区因土壤中微量元素缺乏而出现缺乏症。

麦饭石、膨润土、沸石等天然矿物质饲料含有大量肉羊体必需的矿物质元素，并且这些天然矿物质本身具有独特的晶体结构，分子间隙较大，具有良好的离子交换和吸附作用，可吸附消化道内的有害细菌，促进新陈代谢，提高生产性能和饲料利用率。一般可按羊精料的1‰～3‰添加。

七、添加剂饲料

饲料添加剂是指为了某种目的而以微小剂量添加到饲料中的物质的总称。使用饲料添加剂能够达到提高动物生产性能、降低生产成本的目的。随着舍饲养羊的大力发展，饲料添加剂的使用越来越广泛。广义的饲料添加剂包括营养性饲料添加剂和非营养性饲料添加剂。

营养性添加剂是指添加到配合饲料中，平衡饲料养分，提高饲料利用效率，直接提供给羊营养成分的少量或微量物质。主要分为氨基酸及小肽类添加剂、维生素类添加剂、矿物质类预混料添加剂。一般在全价精料补充料中占1％～5％。

非营养性添加剂是指加入到饲料中用于改善饲料利用效率、保证饲料质量和品质，有利于羊健康或代谢的一些非营养性物质，可以分为药物添加剂、益生素添加剂、酶制剂、保存剂、诱食剂、着色剂、调制剂、酸化剂以及其他类添加剂。

第二节　饲料使用准则

一、常规饲料使用准则

包括配合饲料、浓缩饲料、精料补充料、添加剂预混合饲料、生产无公害肉羊的养殖场的自配饲料以及饲料原料。

1. 饲料及原料使用准则

（1）要求

饲料原料的感官指标：应具有该品种应有的色、嗅、味和形态特征，无发霉、变质、结块及异嗅、异味；青绿饲料、干粗饲料不应发霉、变质。

配合饲料、浓缩饲料、精料补充料和添加剂预混合饲料的感官指标：应色泽一致，无霉变、结块及异嗅、异味。饲料中有毒有害物质及微生物允许量应符合 GB 13078—2017 的规定。肉羊配合饲料、浓缩饲料、精料补充料和添加剂预混合饲料中药物饲料添加剂的使用应遵守《饲料药物添加剂使用规范》。肉羊饲料中不得添加《禁止在饲料和动物饮水中使用的药物品种目录》中规定的违禁药物，不得使用除蛋乳制品以外的动物源性饲料，不得使用各种抗生素滤渣。

（2）加工过程

饲料企业的工厂设计与设施卫生、工厂卫生管理和生产过程的卫生应符合 GB/T 16764 的要求。

配料要求：定期对计量设备进行检验和正常维护，以确保其精确性和稳定性；微量组分应进行预稀释，并且应在专门的配料室内进行；配料室应有专人管理，保持卫生整洁。

混合要求：按设备性能规定的时间进行混合；混合工序投料应按先大量、后小量的原则进行。投入的微量组分应将其稀释到配料秤最大秤量的 5% 以上。

留样要求：新接收的饲料原料和各个批次生产的饲料产品均应保留样品，样品密封后留置专用样品室或样品柜内保存。样品室或样品柜应保持阴凉、干燥。采样方法按 GB/T 14699 执行。留样应设标签，注明饲料品种、生产日期、批次、生产负责人和采样人等。

（3）检验方法

粗蛋白质：按 GB/T 6432 执行。水分：按 GB/T 6435 执行。钙：按 GB/T 6436 执行。总磷：按 GB/T 6437 执行。总砷：按 GB/T 13079 执行。铅：按 GB/T 13080 执行。汞：按 GB/T 13081 执行。镉：按 GB/T 13082 执行。氟：按 GB/T 13083 执行。氰化物：按 GB/T 13084 执行。六六六、滴滴涕：按 GB/T 13090 执行。沙氏门

菌：按 GB/T 13091 执行。霉菌：按 GB/T 13092 执行。黄曲霉毒素 B1：按 GB/T 17480 执行。

检验规则：感官指标、水分、粗蛋白质、钙和总磷含量为出厂检验项目，其余为型式检验项目。在保证产品质量的前提下，生产厂家可根据工艺、设备、配方、原料等的变化情况，自行确定出厂检验的批量。试验测定值的双试验相对偏差按相应标准规定执行。检测与仲裁判定各项指标合格与否时，应考虑允许误差。

判定规则：卫生指标、药物和违禁药物含量等作为判定指标。如检验中有一项指标不符合标准，应重新取样进行复检，复检结果中有一项不合格即判定为不合格。

（4）标签、包装、贮存和运输

标签：商品饲料应在包装物上附有饲料标签，标签应符合 GB 10648 中的有关规定。

包装：饲料包装应完整，无污染和异味；包装材料应符合 GB/T 14764 的要求；包装印刷油墨无毒，不应向内容物渗漏；包装物不应重复使用。但是，生产方和使用方另有约定的除外。

贮存：饲料的贮存应符合 GB/T 16764 的要求；不合格和变质饲料应做无害化处理，不应存放在饲料贮存场所内；饲料贮存场地不应使用化学灭鼠药和杀鸟剂。

运输：运输工具应符合 GB/T 16764 的要求；运输作业应防止污染，保持包装的完整；不应使用运输畜禽等动物的车辆运输饲料产品；饲料运输工具和装卸场地应定期清洗和消毒。

（5）其他有关使用饲料和饲料添加剂的原则和规定

严格执行《农业转基因生物安全管理条例》有关规定；严格执行《饲料和饲料添加剂管理条例》有关规定；栽培饲料作物的农药使用按 GB 4285 规定执行。

2. 非蛋白氮饲料使用准则

非蛋白氮饲料在原料、技术指标、检验方法和检验规则方面，应具备以下要求：

① 原料要求 非蛋白氮饲料的使用过程中，非蛋白氮饲料的用量要求是非蛋白氮提供的总氮含量应低于饲料中总氮含量的 10%，

且需注明添加物名称、含量、用法及注意事项。羔羊精饲料中不应添加尿素等非蛋白氮饲料。

② 感官指标 色泽一致，质地均匀，无发霉变质、无结块及异味。水分符合下列情况至少一项时可允许增加 0.5% 的含水量：平均气温在 10℃ 以下的季节；从出厂到饲喂不超过十天者；配合饲料中添加有规定量的防霉剂者（标签中注明）。

精饲料加工质量方面，按照 GB 13078 的规定执行。成品粉碎粒度：精饲料 99% 通过 2.8cm 编制筛，颗粒饲料不受影响。不得有整粒谷物，1.40mm 编制筛筛上物不应大于 20%。混合均匀度：精饲料应混合均匀，其变异系数（CV）应不大于 10%。营养成分指标，见表 4-1。

表 4-1 绵羊用精饲料营养成分指标

类别	粗蛋白质/% ≥	粗纤维/% ≤	粗脂肪/% ≥	粗灰分/% ≤	钙/% ≥	磷/% ≥	氯化钠/%
生长羔羊	16	8	2.5	9	0.3	0.3	0.6~1.2
育成公羊	13	8	2.5	9	0.4	0.2	1.5~1.9
育成母羊	13	8	2.5	9	0.4	0.3	1.1~1.7
种公羊	14	10	3	8	0.4	0.3	0.6~0.7
妊娠羊	12	8	3	9	0.6	0.5	1.0
泌乳期母羊	16	8	3	9	0.7	0.6	1.0

注：精饲料中若包括非蛋白氮物质，以氮计，应不超过精饲料精蛋白氮含量的 20%（使用氨化秸秆的羊慎用）；表中各物质均以干物质计。

③ 检验方法 检验方法按 GB/T 14699.1 执行。水分测定按 GB/T 6435 执行，粉碎粒度按 GB/T 5917 执行，混合均匀度测定按 GB/T 5918 执行，粗蛋白质按 GB/T 6432 执行，粗脂肪按 GB/T 6433 执行，粗纤维按 GB/T 6434 执行，粗灰分按 GB/T 6438 执行，钙按 GB/T 6436 执行，磷按 GB/T 6437 执行。

④ 检验规则 感官要求、水分、粗蛋白质、钙和总磷量为出厂检验项目。在保证产品质量的前提下，生产厂可根据工艺、设备、配方、原料等变化情况，自行确定出厂检验的批量。试验测定值的双试验相对偏差按相应标准规定执行。检测与仲裁判定各项指标合格与否

时，允许误差应按 GB/T 18823 执行。有下列情况之一时，应对产品的质量进行全面考核，型式检验项目包括本标准规定的所有项目：正式生产后，原料、工艺有所改变时；正式生产后，每半年进行一次；停产后恢复生产时；产品质量监督部门提出进行型式检验要求时。检验结果如有一项指标不符合本标准的要求时，应自两倍量的包装中重新采样复检。复检结果即使只有一项指标不符合标准的要求时，则整批产品为不合格。

二、添加剂使用准则

1. 饲料添加剂

包括使用的营养性饲料添加剂和一般性饲料添加剂，所用添加剂应是中华人民共和国农业部《允许使用的饲料添加剂品种目录》所规定的品种，或取得试生产产品批准文号的新饲料添加剂品种。不得使用违禁的药物和添加剂。

感官指标：应具有该品种应有的色、嗅、味和组织形态特征，无发霉、结块、变质、异味及异嗅。禁止购入不符合饲料卫生标准和质量标准的添加剂。肉羊饲料使用任何药物饲料添加剂应遵守《饲料药物添加剂使用规范》，并在出栏前按规定的停药期停药。合理使用添加剂，减少环境污染和肉中残留，严格执行《饲料和饲料添加剂管理条例》有关规定。

2. 药物添加剂

药物添加剂使用要严格按照有关规范和公告要求（农业部公告第168号）《饲料药物添加剂使用规范》以及其补充说明（农业部公告第220号）。

动物养殖场（户）须与饲料厂签订代加工生产合同一式四份，合同须注明兽药名称、含量、加工数量、双方通讯地址和电话等，合同双方及省兽药和饲料管理部门须各执一份合同文本。

饲料厂必须按照合同内容代加工生产含药饲料，并做好生产记录，接受饲料主管部门的监督管理；含药饲料外包装上必须标明兽药有效成分、含量、饲料厂名称。

动物养殖场（户）应建立用药记录制度，严格按照法定兽药质量标准使用所加工的含药饲料，并接受兽药管理部门的监督管理。

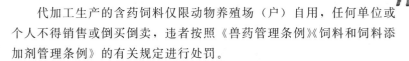

代加工生产的含药饲料仅限动物养殖场（户）自用，任何单位或个人不得销售或倒买倒卖，违者按照《兽药管理条例》《饲料和饲料添加剂管理条例》的有关规定进行处罚。

三、饮用水使用准则

1. 饮用水卫生标准

饮用水感官指标应满足以下方面的要求。

① 感官指标　色度不超过 15°，并不得呈现其他异色，混浊度不超过 5°，不得有异臭、异味，不得含有肉眼可见物。

② 化学指标　pH 为 6.5～8.5，总硬度（以 CaO 计）不超过 250mg/L，铁不超过 0.3mg/L，锰不超过 0.1mg/L，铜不超过 0.1mg/L，锌不超过 0.1mg/L，挥发酚类不超过 0.002mg/L，阴离子合成洗涤剂不超过 0.3mg/L。

③ 毒理指标　氟化物不超过 0.1mg/L（适宜浓度为 0.5～1.0mg/L），氰化物不超过 0.05mg/L，砷不超过 0.04mg/L，硒不超过 0.01mg/L，汞不超过 0.001mg/L，镉不超过 0.01mg/L。

④ 细菌学指标　1mL 水中细菌总数不超过 100 个，1mL 水中大肠菌群不超过 3 个，游离性余氯在接触 30min 后应不低于 0.3mg/L，管网末梢水中游离性氯不低于 0.05mg/L。

2. 地面水水质卫生要求

地面水卫生要求为：pH 为 6.5～8.5；生化需氧量（5 日、200℃）不低于 3～4mg/L；溶解氧不低于 4mg/L；含有大量悬浮物质的工业废水，不得直接排入地面以防止无机物淤积河床；不得呈现工业废水和生活污水所特有的颜色、异嗅和异味；地面水上不得出现较明显的油膜和浮沫；有害物质不超过各有关规定的最高允许浓度；含有病原体的废水，必须经过处理和严格消毒，彻底消灭病原体后方准排入地面水。

第三节　肉羊饲养标准

饲养标准是根据大量饲养实验结果和动物生产实践的经验总结，

57

对各种特定动物所需要的各种营养物质的定额作出的规定，这种系统的营养定额及有关资料统称为饲养标准。简言之，即特定动物系统成套的营养定额就是饲养标准，简称"标准"。

以下是《肉羊饲养标准 NY/T 816—2004》所列出的肉用绵羊、肉用山羊的每日营养需要量，供在肉羊生产实践中参考。

一、肉用绵羊饲养标准

1. 绵羊羔羊每日营养需要量

4～20kg 体重阶段绵羊羔羊不同日增重下日粮干物质进食量和消化能、代谢能、粗蛋白质、钙、总磷、食用盐每日营养需要量见表4-2。

表 4-2 绵羊羔羊每日营养需要量

体重 /kg	日增重 /(kg/d)	DMI /(kg/d)	DE /(MJ/d)	ME /(MJ/d)	粗蛋白质 /(g/d)	钙 /(g/d)	总磷 /(g/d)	食用盐 /(g/d)
4	0.1	0.12	1.92	1.88	35	0.9	0.5	0.6
4	0.2	0.12	2.8	2.72	62	0.9	0.5	0.6
4	0.3	0.12	3.68	3.56	90	0.9	0.5	0.6
6	0.1	0.13	2.55	2.47	36	1.0	0.5	0.6
6	0.2	0.13	3.43	3.36	62	1.0	0.5	0.6
6	0.3	0.13	4.18	3.77	88	1.0	0.5	0.6
8	0.1	0.16	3.10	3.01	36	1.3	0.7	0.7
8	0.2	0.16	4.06	3.93	62	1.3	0.7	0.7
8	0.3	0.16	5.02	4.60	88	1.3	0.7	0.7
10	0.1	0.24	3.97	3.60	54	1.4	0.75	1.1
10	0.2	0.24	5.02	4.60	87	1.4	0.75	1.1
10	0.3	0.24	8.28	5.86	121	1.4	0.75	1.1
12	0.1	0.32	4.60	4.14	56	1.5	0.8	1.3
12	0.2	0.32	5.44	5.02	90	1.5	0.8	1.3
12	0.3	0.32	7.11	8.28	122	1.5	0.8	1.3
14	0.1	0.4	5.02	4.60	59	1.8	1.2	1.7
14	0.2	0.4	8.28	5.86	91	1.8	1.2	1.7
14	0.3	0.4	7.53	6.69	123	1.8	1.2	1.7
16	0.1	0.48	5.44	5.02	60	2.2	1.5	2.0
16	0.2	0.48	7.11	8.28	92	2.2	1.5	2.0
16	0.3	0.48	8.37	7.53	124	2.2	1.5	2.0

续表

体重 /kg	日增重 /(kg/d)	DMI /(kg/d)	DE /(MJ/d)	ME /(MJ/d)	粗蛋白质 /(g/d)	钙 /(g/d)	总磷 /(g/d)	食用盐 /(g/d)
18	0.1	0.56	8.28	5.86	63	2.5	1.7	2.3
18	0.2	0.56	7.95	7.11	95	2.5	1.7	2.3
18	0.3	0.56	8.79	7.95	127	2.5	1.7	2.3
20	0.1	0.64	7.11	8.28	65	2.9	1.9	2.6
20	0.2	0.64	8.37	7.53	96	2.9	1.9	2.6
20	0.3	0.64	9.62	8.79	128	2.9	1.9	2.6

注：1.表中日粮干物质进食量（DMI）、消化能（DE）、代谢能（ME）、粗蛋白质（CP）、钙、总磷、食用盐每日需要量推荐数值参考自内蒙古自治区地方标准《细毛羊饲养标准》（DB 15/T 30—1992）。

2.日粮中添加的食用盐应符合 GB 5461 中的规定。

2. 育成绵羊母羊每日营养需要量

25～50kg 体重阶段育成绵羊母羊日粮干物质进食量和消化能、代谢能、粗蛋白质、钙、磷、食用盐每日营养需要量见表 4-3。

表 4-3　育成绵羊母羊每日营养需要量

体重 /kg	日增重 /(kg/d)	DMI /(kg/d)	DE /(MJ/d)	ME /(MJ/d)	粗蛋白质 /(g/d)	钙 /(g/d)	总磷 /(g/d)	食用盐 /(g/d)
25	0	0.8	5.86	4.60	47	3.6	1.8	3.3
25	0.03	0.8	6.70	5.44	69	3.6	1.8	3.3
25	0.06	0.8	7.11	5.86	90	3.6	1.8	3.3
25	0.09	0.8	8.37	6.69	112	3.6	1.8	3.3
30	0	1.0	6.70	5.44	54	4.0	2.0	4.1
30	0.03	1.0	7.95	6.28	75	4.0	2.0	4.1
30	0.06	1.0	8.79	7.11	96	4.0	2.0	4.1
30	0.09	1.0	9.20	7.53	117	4.0	2.0	4.1
35	0	1.2	7.95	6.28	61	4.5	2.3	5.0
35	0.03	1.2	8.79	7.11	82	4.5	2.3	5.0
35	0.06	1.2	9.62	7.95	103	4.5	2.3	5.0
35	0.09	1.2	10.88	8.79	123	4.5	2.3	5.0
40	0	1.4	8.37	6.69	67	4.5	2.3	5.8
40	0.03	1.4	9.62	7.95	88	4.5	2.3	5.8
40	0.06	1.4	10.88	8.79	108	4.5	2.3	5.8
40	0.09	1.4	12.55	10.04	129	4.5	2.3	5.8

续表

体重/kg	日增重/(kg/d)	DMI/(kg/d)	DE/(MJ/d)	ME/(MJ/d)	粗蛋白质/(g/d)	钙/(g/d)	总磷/(g/d)	食用盐/(g/d)
45	0	1.5	9.20	8.79	94	5.0	2.5	6.2
45	0.03	1.5	10.88	9.62	114	5.0	2.5	6.2
45	0.06	1.5	11.71	10.88	135	5.0	2.5	6.2
45	0.09	1.5	13.39	12.10	80	5.0	2.5	6.2
50	0	1.6	9.62	7.95	80	5.0	2.5	6.6
50	0.03	1.6	11.30	9.20	100	5.0	2.5	6.6
50	0.06	1.6	13.39	10.88	120	5.0	2.5	6.6
50	0.09	1.6	15.06	12.13	140	5.0	2.5	6.6

注：1. 表中日粮干物质进食量（DMI）、消化能（DE）、代谢能（ME）、粗蛋白质（CP）、钙、总磷、食用盐每日需要量推荐数值参考自内蒙古自治区地方标准《细毛羊饲养标准》（DB 15/T 30—1992）。

2. 日粮中添加的食用盐应符合 GB 5461 中的规定。

3. 育成绵羊公羊每日营养需要量

20～70kg 体重阶段绵羊育成绵羊公羊日粮干物质进食量和消化能、代谢能、粗蛋白质、钙、磷、食用盐每日营养需要量见表 4-4。

表 4-4 育成绵羊公羊每日营养需要量

体重/kg	日增重/(kg/d)	DMI/(kg/d)	DE/(MJ/d)	ME/(MJ/d)	粗蛋白质/(g/d)	钙/(g/d)	总磷/(g/d)	食用盐/(g/d)
20	0.05	0.9	8.17	6.70	95	2.4	1.1	7.6
20	0.10	0.9	9.76	8.00	114	3.3	1.5	7.6
20	0.15	1.0	12.20	10.00	132	4.3	2.0	7.6
25	0.05	1.0	8.78	7.20	105	2.8	1.3	7.6
25	0.10	1.0	10.98	9.00	123	3.7	1.7	7.6
25	0.15	1.1	13.54	11.10	142	4.6	2.1	7.6
30	0.05	1.1	10.37	8.50	114	3.2	1.4	8.6
30	0.10	1.1	12.20	10.00	132	4.1	1.9	8.6
30	0.15	1.2	14.76	12.10	150	5.0	2.3	8.6
35	0.05	1.2	11.34	9.30	122	3.5	1.6	8.6
35	0.10	1.2	13.29	10.90	140	4.5	2.0	8.6
35	0.15	1.3	16.10	13.20	159	5.4	2.5	8.6

续表

体重 /kg	日增重 /(kg/d)	DMI /(kg/d)	DE /(MJ/d)	ME /(MJ/d)	粗蛋白质 /(g/d)	钙 /(g/d)	总磷 /(g/d)	食用盐 /(g/d)
40	0.05	1.3	12.44	10.20	130	3.9	1.8	9.6
40	0.10	1.3	14.39	11.80	149	4.8	2.2	9.6
40	0.15	1.3	17.32	14.20	167	5.8	2.6	9.6
45	0.05	1.3	13.54	11.10	138	4.3	1.9	9.6
45	0.10	1.3	15.49	12.70	156	5.2	2.9	9.6
45	0.15	1.4	18.66	15.30	175	6.1	2.8	9.6
50	0.05	1.4	14.39	11.80	146	4.7	2.1	11.0
50	0.10	1.4	16.59	13.60	165	5.6	2.5	11.0
50	0.15	1.5	19.76	16.20	182	6.5	3.0	11.0
55	0.05	1.5	15.37	12.60	153	5.0	2.3	11.0
55	0.10	1.5	17.68	14.50	172	6.0	2.7	11.0
55	0.15	1.6	20.98	17.20	190	6.9	3.1	11.0
60	0.05	1.6	16.34	13.40	161	5.4	2.4	12.0
60	0.10	1.6	18.78	15.40	179	6.3	2.9	12.0
60	0.15	1.7	22.20	18.20	198	7.3	3.3	12.0
65	0.05	1.7	17.32	14.20	168	5.7	2.6	12.0
65	0.10	1.7	19.88	16.30	187	6.7	3.0	12.0
65	0.15	1.8	23.54	19.30	205	7.6	3.4	12.0
70	0.05	1.8	18.29	15.00	175	6.2	2.8	12.0
70	0.10	1.8	20.85	17.10	194	7.1	3.2	12.0
70	0.15	1.9	24.76	20.30	212	8.0	3.6	12.0

注：1. 表中日粮干物质进食量（DMI）、消化能（DE）、代谢能（ME）、粗蛋白质（CP）、钙、总磷、食用盐每日需要量推荐数值参考自内蒙古自治区地方标准《细毛羊饲养标准》(DB 15/T 30—1992)。

2. 日粮中添加的食用盐应符合 GB 5461 中的规定。

4. 育肥绵羊每日营养需要量

20～45kg 体重阶段舍饲育肥绵羊日粮干物质进食量和消化能、代谢能、粗蛋白质、钙、磷、食用盐每日营养需要量见表 4-5。

表 4-5　育肥绵羊每日营养需要量

体重 /kg	日增重 /(kg/d)	DMI /(kg/d)	DE /(MJ/d)	ME /(MJ/d)	粗蛋白质 /(g/d)	钙 /(g/d)	总磷 /(g/d)	食用盐 /(g/d)
20	0.10	0.8	9.00	8.40	111	1.9	1.8	7.6
20	0.20	0.9	11.30	9.30	158	2.8	2.4	7.6
20	0.30	1.0	13.60	11.20	183	3.8	3.1	7.6
20	0.45	1.0	15.01	11.82	210	4.6	3.7	7.6
25	0.10	0.9	10.50	8.60	121	2.2	2	7.6
25	0.20	1.0	13.20	10.80	168	3.2	2.7	7.6
25	0.30	1.1	15.80	13.00	191	4.3	3.4	7.6
25	0.45	1.1	17.45	14.35	218	5.4	4.2	7.6
30	0.10	1.0	12.00	9.80	132	2.5	2.2	8.6
30	0.20	1.1	15.00	12.30	178	3.6	3	8.6
30	0.30	1.2	18.10	14.80	200	4.8	3.8	8.6
30	0.45	1.2	19.95	16.34	351	6.0	4.6	8.6
35	0.10	1.2	13.40	11.10	141	2.8	2.5	8.6
35	0.20	1.3	16.90	13.80	187	4.0	3.3	8.6
35	0.30	1.3	18.20	16.60	207	5.2	4.1	8.6
35	0.45	1.3	20.19	18.26	233	6.4	5.0	8.6
40	0.10	1.3	14.90	112.20	143	3.1	2.7	9.6
40	0.20	1.3	18.80	15.30	183	4.4	3.6	9.6
40	0.30	1.4	22.60	18.40	204	5.7	4.5	9.6
40	0.45	1.4	24.99	20.30	227	7.0	5.4	9.6
45	0.10	1.4	16.40	13.40	152	3.4	2.9	9.6
45	0.20	1.4	20.60	16.80	192	4.8	3.9	9.6
45	0.30	1.5	24.80	20.30	210	6.2	4.9	9.6
45	0.45	1.5	27.38	22.39	233	7.4	6.0	9.6
50	0.10	1.5	17.90	14.60	159	3.7	3.2	11.0
50	0.20	1.6	22.50	18.30	198	5.2	4.2	11.0
50	0.30	1.6	27.20	22.10	215	6.7	5.2	11.0
50	0.45	1.6	30.03	24.38	237	8.5	6.5	11.0

注：1.表中日粮干物质进食量（DMI）、消化能（DE）、代谢能（ME）、粗蛋白质（CP）、钙、总磷、食用盐每日需要量推荐数值参考自新疆维吾尔自治区企业标准《新疆细毛羔羊舍饲肥育标准》(1985)。

2.日粮中添加的食用盐应符合 GB 5461 中的规定。

5. 妊娠绵羊母羊每日营养需要量

不同妊娠阶段妊娠绵羊母羊日粮干物质进食量和消化能、代谢能、粗蛋白质、钙、磷、食用盐每日营养需要量见表4-6。

表 4-6　妊娠绵羊母羊每日营养需要量

妊娠阶段	体重/kg	DMI/(kg/d)	DE/(MJ/d)	ME/(MJ/d)	粗蛋白质/(g/d)	钙/(g/d)	总磷/(g/d)	食用盐/(g/d)
前期 a	40	1.6	12.55	10.46	116	3.0	2.0	6.6
	50	1.8	15.06	12.55	124	3.2	2.5	7.5
	60	2.0	15.90	13.39	132	4.0	3.0	8.3
	70	2.2	16.74	14.23	141	4.5	3.5	9.1
后期 b	40	1.8	15.06	12.55	146	6.0	3.5	7.5
	45	1.9	15.90	13.39	152	6.5	3.7	7.9
	50	2.0	16.74	14.23	159	7.0	3.9	8.3
	55	2.1	17.99	15.06	165	7.5	4.1	8.7
	60	2.2	18.83	15.90	172	8.0	4.3	9.1
	65	2.3	19.66	16.74	180	8.5	4.5	9.5
	70	2.4	20.92	17.57	187	9.0	4.7	9.9
后期 c	40	1.8	16.74	14.23	167	7.0	4.0	7.9
	45	1.9	17.99	15.06	176	7.5	4.3	8.3
	50	2.0	19.25	16.32	184	8.0	4.6	8.7
	55	2.1	20.50	17.15	193	8.5	5.0	9.1
	60	2.2	21.76	18.41	203	9.0	5.3	9.5
	65	2.3	22.59	19.25	214	9.5	5.4	9.9
	70	2.4	24.27	20.50	226	10.0	5.6	11.0

注：1. 表中日粮干物质进食量（DMI）、消化能（DE）、代谢能（ME）、粗蛋白质（CP）、钙、总磷、食用盐每日需要量推荐数值参考自内蒙古自治区地方标准《细毛羊饲养标准》（DB 15/T 30—1992）。

2. 日粮中添加的食用盐应符合 GB 5461 中的规定。

a. 指妊娠期的第 1 个月至第 3 个月。

b. 指母羊怀单羔妊娠期的第 4 个月至第 5 个月。

c. 指母羊怀双羔妊娠期的第 4 个月至第 5 个月。

6. 泌乳绵羊母羊每日营养需要量

40～70kg 泌乳绵羊母羊的日粮干物质进食量和消化能、代谢能、粗蛋白质、钙、磷、食用盐每日营养需要量见表4-7。

表 4-7　　泌乳绵羊母羊每日营养需要量

体重 /kg	日泌乳量 /（kg/d）	DMI /（kg/d）	DE /（MJ/d）	ME /（MJ/d）	粗蛋白质 /（g/d）	钙 /（g/d）	总磷 /（g/d）	食用盐 /（g/d）
40	0.2	2.0	12.97	10.46	119	7.0	4.3	8.3
40	0.4	2.0	15.48	12.55	139	7.0	4.3	8.3
40	0.6	2.0	17.99	14.64	157	7.0	4.3	8.3
40	0.8	2.0	20.5	16.74	176	7.0	4.3	8.3
40	1.0	2.0	23.01	18.83	196	7.0	4.3	8.3
40	1.2	2.0	25.94	20.92	216	7.0	4.3	8.3
40	1.4	2.0	28.45	23.01	236	7.0	4.3	8.3
40	1.6	2.0	30.96	25.10	254	7.0	4.3	8.3
40	1.8	2.0	33.47	27.20	274	7.0	4.3	8.3
50	0.2	2.2	15.06	12.13	122	7.5	4.7	9.1
50	0.4	2.2	17.57	14.23	142	7.5	4.7	9.1
50	0.6	2.2	20.08	16.32	162	7.5	4.7	9.1
50	0.8	2.2	22.59	18.41	180	7.5	4.7	9.1
50	1.0	2.2	25.10	20.50	200	7.5	4.7	9.1
50	1.2	2.2	28.03	22.59	219	7.5	4.7	9.1
50	1.4	2.2	30.54	24.69	239	7.5	4.7	9.1
50	1.6	2.2	33.05	26.78	257	7.5	4.7	9.1
50	1.8	2.2	35.56	28.87	277	7.5	4.7	9.1
60	0.2	2.4	16.32	13.39	125	8.0	5.1	9.9
60	0.4	2.4	19.25	15.48	145	8.0	5.1	9.9
60	0.6	2.4	21.76	17.57	165	8.0	5.1	9.9
60	0.8	2.4	24.27	19.66	183	8.0	5.1	9.9
60	1.0	2.4	26.78	21.76	203	8.0	5.1	9.9
60	1.2	2.4	29.29	23.85	223	8.0	5.1	9.9
60	1.4	24.	31.8	25.94	241	8.0	5.1	9.9
60	1.6	2.4	34.73	28.03	261	8.0	5.1	9.9
60	1.8	2.4	37.24	30.12	275	8.0	5.1	9.9
70	0.2	2.6	17.99	14.64	129	8.5	5.6	11.0
70	0.4	2.6	20.50	16.70	148	8.5	5.6	11.0
70	0.6	2.6	23.01	18.83	166	8.5	5.6	11.0
70	0.8	2.6	25.94	20.92	186	8.5	5.6	11.0
70	1.0	2.6	28.45	23.01	206	8.5	5.6	11.0
70	1.2	2.6	30.96	25.10	226	8.5	5.6	11.0
70	1.4	2.6	33.89	27.61	244	8.5	5.6	11.0
70	1.6	2.6	36.40	29.71	264	8.5	5.6	11.0
70	1.8	2.6	39.33	31.80	284	8.5	5.6	11.0

注：1.表中日粮干物质进食量（DMI）、消化能（DE）、代谢能（ME）、粗蛋白质（CP）、钙、总磷、食用盐每日需要量推荐数值参考自内蒙古自治区地方标准《细毛羊饲养标准》（DB 15/T 30—1992）。

2.日粮中添加的食用盐应符合 GB 5461 中的规定。

7. 其它矿物质元素需要量

各阶段肉用绵羊对硫、维生素 A、维生素 D、维生素 E、微量矿物质元素的日粮添加量见表 4-8。

表 4-8　各阶段肉用绵羊对日粮硫、维生素、微量矿物质元素需要量（以干物质为基础）

体重阶段	生长羔羊	育成母羊	育成公羊	育肥羊	妊娠母羊	泌乳母羊	最大耐受浓度
	4～20kg	25～50kg	20～70kg	20～50kg	40～70kg	40～70kg	
硫/(g/d)	0.24～1.2	1.4～2.9	2.8～3.5	2.8～3.5	2.0～3.0	2.5～3.7	—
维生素 A /(IU/d)	199～940	1175～2350	940～3290	940～2350	1880～3948	2880～3434	—
维生素 D /(IU/d)	26～132	137～275	111～389	111～278	222～440	222～380	—
维生素 E /(IU/d)	2.4～12.8	12～24	12～29	12～23	18～35	26～34	—
钴/(mg/kg)	0.018～0.096	0.12～0.24	0.21～0.33	0.2～0.35	0.27～0.36	0.3～0.39	10
铜/(mg/kg)	0.97～5.2	6.5～13	11～18	11～19	16～22	13～18	25
碘/(mg/kg)	0.08～0.46	0.58～1.2	1.0～1.6	0.94～1.7	1.3～1.7	1.4～1.9	50
铁/(mg/kg)	4.3～23	29～58	50～79	47～83	65～86	72～94	500
锰/(mg/kg)	2.2～12	14～29	25～40	23～41	32～44	36～47	1000
硒/(mg/kg)	0.016～0.086	0.11～0.22	0.19～0.30	0.18～0.31	0.24～0.31	0.27～0.35	2
锌/(mg/kg)	2.7～14	18～36	50～79	29～52	53～71	59～77	750

注：1.表中维生素 A、维生素 D、维生素 E 每日需要量数据参考自 NRC（1985），维生素 A 最低需要量：每千克体重 47IU，1mg β-胡萝卜素效价相当于 681IU 维生素 A。维生素 D 需要量：早期断奶羔羊最低需要量为每千克体重 5.55IU；其他生产阶段绵羊对维生素 D 的最低需要量为每千克体重 6.66IU，1IU 维生素 D 相当于 $0.025\mu g$ 胆钙化醇。维生素 E 需要量：体重低于 20kg 的羔羊对维生素 E 的最低需要量为每千克干物质 20IU 进食量；体重大于 20kg 的各生产阶段绵羊对维生素 E 的最低需要量为每千克干物质 15IU 进食量，1IU 维生素 E 效价相当于 1mgD，L-α-生育酚醋酸酯。

2.当日粮中钼含量大于 3.0mg/kg 时，铜的添加量要在表中推荐值基础上增加 1 倍。

3.参考自 NRC（1985）提供的估计数据。

二、肉用山羊饲养标准

1. 山羊羔羊每日营养需要量

山羊羔羊每日营养需要量见表4-9。

表 4-9 山羊羔羊每日营养需要量

体重/kg	日增重/(kg/d)	DMI/(kg/d)	DE/(MJ/d)	ME/(MJ/d)	粗蛋白质/(g/d)	钙/(g/d)	总磷/(g/d)	食用盐/(g/d)
1	0	0.12	0.55	0.46	3	0.1	0.0	0.6
1	0.02	0.12	0.71	0.60	9	0.8	0.5	0.6
1	0.04	0.12	0.89	0.75	14	1.5	1.0	0.6
2	0	0.13	0.90	0.76	5	0.1	0.1	0.7
2	0.02	0.13	1.08	0.91	11	0.8	0.6	0.7
2	0.04	0.13	1.26	1.06	16	1.6	1.0	0.7
2	0.06	0.13	1.43	1.20	22	2.3	1.5	0.7
4	0	0.18	1.64	1.38	9	0.3	0.2	0.9
4	0.02	0.18	1.93	1.62	16	1.0	0.7	0.9
4	0.04	0.18	2.20	1.85	22	1.7	1.1	0.9
4	0.06	0.18	2.48	2.08	29	2.4	1.6	0.9
4	0.08	0.18	2.76	2.32	35	3.1	2.1	0.9
6	0	0.27	2.29	1.88	11	0.4	0.3	1.3
6	0.02	0.27	2.332	1.90	22	1.1	0.7	1.3
6	0.04	0.27	3.06	2.51	33	1.8	1.2	1.3
6	0.06	0.27	3.79	3.11	44	2.5	1.7	1.3
6	0.08	0.27	4.54	3.72	55	3.3	2.2	1.3
6	0.10	0.27	5.27	4.32	67	4.0	2.6	1.3
8	0	0.33	1.96	1.61	13	0.5	0.4	1.7
8	0.02	0.33	3.05	2.5	24	1.2	0.8	1.7
8	0.04	0.33	4.11	3.37	36	2.0	1.3	1.7
8	0.06	0.33	5.18	4.25	47	2.7	1.8	1.7
8	0.08	0.33	6.26	5.13	58	3.4	2.3	1.7
8	0.10	0.33	7.33	6.01	69	4.1	2.7	1.7
10	0	0.46	2.33	1.91	16	0.7	0.4	2.3
10	0.02	0.48	3.73	3.06	27	1.4	0.9	2.4
10	0.04	0.50	5.15	4.22	38	2.1	1.4	2.5
10	0.06	0.52	6.55	5.37	49	2.8	1.9	2.6
10	0.08	0.54	7.96	6.53	60	3.5	2.3	2.7
10	0.10	0.56	9.38	7.69	72	4.2	2.8	2.8

续表

体重 /kg	日增重 /(kg/d)	DMI /(kg/d)	DE /(MJ/d)	ME /(MJ/d)	粗蛋白质 /(g/d)	钙 /(g/d)	总磷 /(g/d)	食用盐 /(g/d)
12	0	0.48	2.67	2.19	18	0.8	0.5	2.4
12	0.02	0.50	4.41	3.62	29	1.5	1.0	2.5
12	0.04	0.52	6.16	5.05	40	2.2	1.5	2.6
12	0.06	0.54	7.90	6.48	52	2.9	2.0	2.7
12	0.08	0.56	9.65	7.91	63	3.7	2.4	2.8
12	0.10	0.58	11.40	9.35	74	4.4	2.9	2.9
14	0	0.50	2.99	2.45	20	0.9	0.6	2.5
14	0.02	0.52	5.07	4.16	31	1.6	1.1	2.6
14	0.04	0.54	7.16	5.87	43	2.4	1.6	2.7
14	0.06	0.56	9.24	7.58	54	3.1	2.0	2.8
14	0.08	0.58	11.33	9.29	65	3.8	2.5	2.9
14	0.10	0.60	13.40	10.99	76	4.5	3.0	3.0
16	0	0.52	3.30	2.71	22	1.1	0.7	2.6
16	0.02	0.54	5.73	4.70	34	1.8	1.2	2.7
16	0.04	0.56	8.15	6.68	45	2.5	1.7	2.8
16	0.06	0.58	10.56	8.66	56	3.2	2.1	2.9
16	0.08	0.60	12.99	10.65	67	3.9	2.6	3.0
16	0.10	0.62	15.43	12.65	78	4.6	3.1	3.1

注：1. 表中0～8kg体重阶段肉用山羊羔羊日粮干物质进食量（DMI）按每千克代谢体重0.07kg估算；体重大于10kg时，按中国农业科学院畜牧研究所2003年提供的如下公式计算获得：

$$DMI = (26.45 \times W0.75 + 0.99 \times ADG)/1000$$

式中　DMI——干物质进食量，单位为千克每天（kg/d）；

　　　W——体重，单位为千克（kg）；

　　　ADG——日增重，单位为克每天（g/d）。

2. 表中代谢能（ME）、粗蛋白质（CP）数值参考自杨在宾等（1997）对青山羊研究的数据资料。

3. 表中消化能（DE）需要量数值根据ME/0.82估算。

4. 表中钙需要量按表4-7中提供参数估算得到，总磷需要量根据钙磷为1.5∶1估算获得。

5. 日粮中添加的食用盐应符合GB 5461中的规定。

2. 育肥山羊每日营养需要量

15～30kg体重阶段育肥山羊消化能、代谢能、粗蛋白质、钙、总磷、食用盐每日营养需要量见表4-10。

表 4-10　育肥山羊每日营养需要量

体重 /kg	日增重 /(kg/d)	DMI /(kg/d)	DE /(MJ/d)	ME /(MJ/d)	粗蛋白质 /(g/d)	钙 /(g/d)	总磷 /(g/d)	食用盐 /(g/d)
15	0	0.51	5.36	4.40	43	1.0	0.7	2.6
15	0.05	0.56	5.83	4.78	54	2.8	1.9	2.8
15	0.10	0.61	6.29	5.15	64	4.6	3.0	3.1
15	0.15	0.66	6.75	5.54	74	6.4	4.2	3.3
15	0.20	0.71	7.21	5.91	84	8.1	5.4	3.6
20	0	0.56	6.44	5.28	47	1.3	0.9	2.8
20	0.05	0.61	6.91	5.66	57	3.1	2.1	3.1
20	0.10	0.66	7.37	6.04	67	4.9	3.3	3.3
20	0.15	0.71	7.83	6.42	77	6.7	4.5	3.6
20	0.20	0.76	8.29	6.80	87	8.5	5.6	3.8
25	0	0.61	7.46	6.12	50	1.7	1.1	3.0
25	0.05	0.66	7.92	6.49	60	3.5	2.3	3.3
25	0.10	0.71	8.38	6.87	70	5.2	3.5	3.5
25	0.15	0.76	8.84	7.25	81	7.0	4.7	3.8
25	0.20	0.81	9.31	7.63	91	8.8	5.9	4.0
30	0	0.65	8.42	6.90	53	2.0	1.3	3.3
30	0.05	0.70	8.88	7.28	63	3.8	2.5	3.5
30	0.10	0.75	9.35	7.66	74	5.6	3.7	3.8
30	0.15	0.80	9.81	8.04	84	7.4	4.9	4.0
30	0.20	0.85	10.27	8.42	94	9.1	6.1	4.2

注：1. 表中干物质进食量（DMI）、消化能（DE）、代谢能（ME）、粗蛋白质（CP）数值来源于中国农业科学院畜牧所（2003），具体公式如下：

DMI＝（26.45×W0.75＋0.99×ADG）/1000

DE＝4.184×（140.61×LBW0.75＋2.21×ADG＋210.3）/1000

ME＝4.184×（0.475×ADG＋95.19）×LBW0.75/1000

CP＝28.86＋1.905×LBW0.75＋0.2024×ADG

式中　DMI——干物质进食量，单位为千克每天（kg/d）；

　　　DE——消化能，单位为兆焦每天（MJ/d）；

　　　ME——代谢能，单位为兆焦每天（MJ/d）；

　　　CP——粗蛋白质，单位为克每天（g/d）；

　　　LBW——活体重，单位为千克（kg）；

　　　ADG——日增重，单位为克每天（g/d）；

　　　W——体重，单位为千克（kg）。

2. 日粮中添加的食用盐应符合 GB 5461 中的规定。

3. 后备公山羊每日营养需要量

后备公山羊每日营养需要量见表 4-11。

表 4-11 后备公山羊每日营养需要量

体重/kg	日增重/(kg/d)	DMI/(kg/d)	DE/(MJ/d)	ME/(MJ/d)	粗蛋白质/(g/d)	钙/(g/d)	总磷/(g/d)	食用盐/(g/d)
12	0	0.48	3.78	3.10	24	0.8	0.5	2.4
12	0.02	0.50	4.10	3.36	32	1.5	1.0	2.5
12	0.04	00.52	4.43	3.63	40	2.2	1.5	2.6
12	0.06	0.54	4.74	3.89	49	2.9	2.0	2.7
12	0.08	0.56	5.06	4.15	57	3.7	2.5	2.8
12	0.10	0.58	5.38	4.41	66	4.4	2.9	2.9
15	0	0.51	4.48	3.67	28	1.0	0.7	2.6
15	0.02	0.53	5.28	4.33	36	1.7	1.1	2.7
15	0.04	0.55	6.10	5.00	45	2.4	1.6	2.8
15	0.06	0.57	5.70	4.67	53	3.1	2.1	2.9
15	0.08	0.59	7.72	6.33	61	3.9	2.6	3.0
15	0.10	0.61	8.54	7.00	70	4.6	3.0	3.1
18	0	0.54	5.12	4.20	32	1.2	0.8	2.7
18	0.02	0.56	6.44	5.28	40	1.9	1.3	2.8
18	0.04	0.58	7.74	6.35	49	2.6	1.8	2.9
18	0.06	0.60	9.05	7.42	57	3.3	2.2	3.0
18	0.08	0.62	10.35	8.49	66	4.1	2.7	3.1
18	0.10	0.64	11.66	9.56	74	4.8	3.2	3.2
21	0	0.57	5.76	4.72	36	1.4	0.9	2.9
21	0.02	0.59	7.56	6.20	44	2.1	1.4	3.0
21	0.04	0.61	9.35	7.67	53	2.8	1.9	3.1
21	0.06	0.63	11.16	9.15	61	3.5	2.4	3.2
21	0.08	0.65	12.96	10.63	70	4.3	2.8	3.3
21	0.10	0.67	14.76	12.10	78	5.0	3.3	3.4
24	0	0.60	6.37	5.22	40	1.6	1.1	3.0
24	0.02	0.62	8.66	7.10	48	2.3	1.5	3.1
24	0.04	0.64	10.95	8.98	56	3.0	2.0	3.2
24	0.06	0.66	13.27	10.88	65	3.7	2.5	3.3
24	0.08	0.68	15.54	12.74	73	4.5	3.0	3.4
24	0.10	0.70	17.83	14.62	82	5.2	3.4	3.5

注：日粮中添加的食用盐应符合 GB 5461 中的规定。

4. 妊娠期母山羊每日营养需要量

妊娠期母山羊每日营养需要量见表 4-12。

表4-12　妊娠期母山羊每日营养需要量

妊娠阶段	体重/kg	DMI/(kg/d)	DE/(MJ/d)	ME/(MJ/d)	粗蛋白质/(g/d)	钙/(g/d)	总磷/(g/d)	食用盐/(g/d)
空怀期	10	0.39	3.37	2.76	34	4.5	3.0	2.0
	15	0.53	4.54	3.72	43	4.8	3.2	2.7
	20	0.66	5.62	4.61	52	5.2	3.4	3.3
	25	0.78	6.63	5.62	60	5.5	3.7	3.9
	30	0.90	7.59	6.63	67	5.8	3.9	4.5
1～90d	10	0.39	4.80	3.94	55	4.5	3.0	2.0
	15	0.53	6.82	5.59	65	4.8	3.2	2.7
	20	0.66	8.72	7.15	73	5.2	3.4	3.3
	25	0.78	10.56	8.66	81	5.5	3.7	3.9
	30	0.90	12.34	10.12	89	5.8	3.9	4.5
91～120d	15	0.53	7.55	6.19	97	4.8	3.2	2.7
	20	0.66	9.51	7.8	105	5.2	3.4	3.3
	25	0.78	11.39	9.34	113	5.5	3.7	3.9
	30	0.90	13.20	10.82	121	5.8	3.9	4.5
120d 以上	15	0.53	8.54	7.00	124	4.8	3.2	2.7
	20	0.66	10.54	8.64	132	5.2	3.4	3.3
	25	0.78	12.43	10.19	140	5.5	3.7	3.9
	30	0.90	14.27	11.7	148	5.8	3.9	4.5

注：日粮中添加的食用盐应符合 GB 5461 中的规定。

5. 泌乳期母山羊每日营养需要量

泌乳前期母山羊每日营养需要量见表 4-13。

表4-13　泌乳前期母山羊每日营养需要量

体重/kg	泌乳量/(kg/d)	DMI/(kg/d)	DE/(MJ/d)	ME/(MJ/d)	粗蛋白质/(g/d)	钙/(g/d)	总磷/(g/d)	食用盐/(g/d)
10	0	0.39	3.12	2.56	24	0.7	0.4	2.0
10	0.50	0.39	5.73	4.70	73	2.8	1.8	2.0
10	0.75	0.39	7.04	5.77	97	3.8	2.5	2.0
10	1.00	0.39	8.34	6.84	122	4.8	3.2	2.0
10	1.25	0.39	9.65	7.91	146	5.9	3.9	2.0
10	1.50	0.39	10.95	8.98	170	6.9	4.6	2.0
15	0	0.53	4.24	3.48	33	1.0	0.7	2.7
15	0.50	0.53	6.84	5.61	31	3.1	2.1	2.7
15	0.75	0.53	8.15	6.68	106	4.2	2.8	2.7
15	1.00	0.53	9.45	7.75	130	5.2	3.4	2.7
15	1.25	0.53	10.76	8.82	154	6.2	4.1	2.7
15	1.50	0.53	12.06	9.89	179	7.3	4.8	2.7

体重 /kg	泌乳量 /(kg/d)	DMI /(kg/d)	DE /(MJ/d)	ME /(MJ/d)	粗蛋白质 /(g/d)	钙 /(g/d)	总磷 /(g/d)	食用盐 /(g/d)
20	0	0.66	5.26	4.31	40	1.3	0.9	3.3
20	0.50	0.66	7.87	6.45	89	3.4	2.3	3.3
20	0.75	0.66	9.17	7.52	114	4.5	3.0	3.3
20	1.00	0.66	10.58	8.59	138	5.5	3.7	3.3
20	1.25	0.66	11.78	9.66	162	6.5	4.4	3.3
20	1.50	0.66	13.09	10.73	187	7.6	5.1	3.3
25	0	0.78	6.22	5.10	48	1.7	1.1	3.9
25	0.50	0.78	8.83	7.24	97	3.8	2.5	3.9
25	0.75	0.78	10.13	8.31	121	4.8	3.2	3.9
25	1.00	0.78	11.44	9.38	145	5.8	3.9	3.9
25	1.25	0.78	12.73	10.44	170	6.9	4.6	3.9
25	1.50	0.78	14.04	11.51	194	7.9	5.3	3.9
30	0	0.90	6.70	5.49	55	2.0	1.3	4.5
30	0.50	0.90	9.73	7.98	104	4.1	2.7	4.5
30	0.75	0.90	11.04	9.05	128	5.1	3.4	4.5
30	1.00	0.90	12.34	10.12	152	6.2	4.1	4.5
30	1.25	0.90	13.65	11.19	177	7.2	4.8	4.5
30	1.50	0.90	14.95	12.26	202	8.3	5.5	4.5

注：1. 泌乳前期指泌乳第 1 天～第 30 天。

2. 日粮中添加的食用盐应符合 GB 5461 中的规定。

泌乳后期母山羊每日营养需要量见表 4-14。

表 4-14　泌乳后期母山羊每日营养需要量

LBW /kg	泌乳量 /(kg/d)	DMI /(kg/d)	DE /(MJ/d)	ME /(MJ/d)	粗蛋白质 /(g/d)	钙 /(g/d)	磷 /(g/d)	食用盐 /(g/d)
10	0	0.39	3.71	3.04	22	0.7	0.4	2.0
10	0.15	0.39	4.67	3.83	48	1.3	0.9	2.0
10	0.25	0.39	5.30	4.35	65	1.7	1.1	2.0
10	0.50	0.39	6.90	5.66	108	2.8	1.8	2.0
10	0.75	0.39	8.50	6.97	151	3.8	2.5	2.0
10	1.00	0.39	10.10	8.28	194	4.8	3.2	2.0
15	0	0.53	5.02	4.12	30	1.0	0.7	2.7
15	0.15	0.53	5.99	4.91	55	1.6	1.1	2.7
15	0.25	0.53	6.62	5.43	73	2.0	1.4	2.7
15	0.50	0.53	8.22	6.74	116	3.1	2.1	2.7
15	0.75	0.53	9.82	8.05	159	4.1	2.8	2.7
15	1.00	0.53	11.41	9.36	201	5.2	3.4	2.7

LBW /kg	泌乳量 /(kg/d)	DMI /(kg/d)	DE /(MJ/d)	ME /(MJ/d)	粗蛋白质 /(g/d)	钙 /(g/d)	磷 /(g/d)	食用盐 /(g/d)
20	0	0.66	6.24	5.12	37	1.3	0.9	3.3
20	0.15	0.66	7.20	5.9	63	2.0	1.3	3.3
20	0.25	0.66	7.84	6.43	80	2.4	1.6	3.3
20	0.50	0.66	9.44	7.74	123	3.4	2.3	3.3
20	0.75	0.66	11.04	9.05	166	4.5	3.0	3.3
20	1.00	0.66	12.63	10.36	209	5.5	3.7	3.3
25	0	0.78	7.38	6.05	44	1.7	1.1	3.9
25	0.15	0.78	8.34	6.84	69	2.3	1.5	3.9
25	0.25	0.78	8.98	7.36	87	2.7	1.8	3.9
25	0.50	0.78	10.57	8.67	129	3.8	2.5	3.9
25	0.75	0.78	12.17	9.98	172	4.8	3.2	3.9
25	1.00	0.78	13.77	11.29	215	5.8	3.9	3.9
30	0	0.90	8.46	6.94	50	2.0	1.3	4.5
30	0.15	0.90	9.41	7.72	76	2.6	1.8	4.5
30	0.25	0.90	10.06	8.25	93	3.0	2.0	4.5
30	0.50	0.90	11.66	9.56	136	4.1	2.7	4.5
30	0.75	0.90	13.24	10.86	179	5.1	3.4	4.5
30	1.00	0.90	14.85	12.18	222	6.2	4.1	4.5

注：1. 泌乳后期指泌乳第31天～第70天。

2. 日粮中添加的食用盐应符合GB 5461中的规定。

6. 山羊对矿物质元素营养需要

山羊对常量矿物质元素的每日营养需要量见表4-15。

表4-15　山羊对常量矿物质元素每日营养需要量

常量元素	维持 /(mg/kg 体重)	妊娠 /(g/kg 胎儿)	泌乳 /(g/kg 产奶)	生产 /(g/kg 增重)	吸收率 /%
钙	20	11.5	1.25	10.7	30
总磷	30	6.6	1.0	6.0	65
镁	3.5	0.3	0.14	0.4	20
钾	50	2.1	2.1	2.4	90
钠	15	1.7	0.4	1.6	80
硫	0.16%～0.32%（以进食日粮干物质为基础）				—

注：1. 表中参数参考自Kessler（1991）和Haenlein（1987）资料信息。

2. 表中"—"表示暂无此项数据。

山羊对微量矿物质元素的每日营养需要量见表4-16。

表 4-16　山羊对微量矿物质元素的每日营养需要量

（以进食日粮干物质为基础）

微量元素	推荐量/（mg/kg）	微量元素	推荐量/（mg/kg）
铁	30～40	锰	60～120
铜	10～20	锌	50～80
钴	0.11～0.2	硒	0.05
碘	0.15～2.0		

注：表中推荐数值参考自 AFRC（1998），以进食日粮干物质为基础。

第四节　饲料原料的营养价值

肉羊常用饲料原料的营养价值引自 NY/T 816—2004 肉羊饲养标准，各种常用饲料原料的营养价值见表 4-17 和表 4-18。有关表 4-17 的制订说明如下：

本表是在《中国饲料成分及营养价值表 2002 年第 13 版》的基础上，通过补充经常饲喂的禾本科牧草、豆科牧草和一些农副产品、糠麸类等肉用绵羊和山羊饲料原料成分与营养价值修订而成的。

根据《关于在我国统一实行计量单位的命令》和《贯彻中华人民共和国计量单位的命令的联合通知》，本表中有关常规饲料能量浓度采用兆焦（MJ）表示，鉴于饲料羊代谢能实测数据不全，本表中饲料代谢能值，暂建议通过消化能值乘以 0.82 估算。

本表饲料中粗蛋白质、粗脂肪、粗纤维、钙、总磷的测定方法分别按 GB/T 6432、GB/T 6433、GB/T 6434、GB/T 6436、GB/T 6437 中规定的方法执行；饲料中硫、维生素 A、维生素 D、维生素 E 的测定方法分别按 GB/T 17776、GB/T 17817、GB/T 17818、GB/T 17812 中规定的方法执行；饲料中水溶性氯化物的测定按 GB/T 6439 中规定的方法执行。

表 4-17 中，从第 1 序号饲料"苜蓿干草"开始至第 17 序号是粗饲料，因地域、品种、收获季节、茎叶比例和加工制作的方法不同，而很难给出适合于不同原料背景条件下对应的饲料养分值。同时，因篇幅问题也不能列出所有状态下的样本值。因此，用户在使用这些数据时，要有针对性，尽可能使用实测的成分含量，有效能值则可参考表中建议的数值，按养分评定的基本折算原理做适当的修正。

表4-17　中国羊用饲料成分及营养价值

序号	中国饲料号	饲料名称	饲料描述	干物质DM/%	消化能MJ/kg	代谢能/(MJ/kg)	粗蛋白CP/%	粗脂肪EE/%	粗纤维CF/%	无氮浸出物NFE/%	中洗纤维ADF/%	酸洗纤维ADF/%	钙Ga/%	总磷P/%
1	1 05 0024	首蓿干草	等外品	88.7	7.67	6.29	11.6	1.2	43.3	25.0	53.5	39.6	1.24	0.39
2	1 05 0064	沙打旺	盛花期·晒制	92.4	10.46	8.58	15.7	2.5	25.8	41.1	—	—	0.36	0.18
3	1 05 0607	黑麦草	冬黑麦	87.8	10.42	8.54	17.0	4.9	20.4	34.3	—	—	0.39	0.24
4	1 05 0615	谷草	粟茎叶·晒制	90.7	6.33	5.19	4.5	1.2	32.6	44.2	67.8	46.1	0.34	0.03
5	1 05 0622	首蓿干草2号	中首蓿2号	92.4	9.79	8.03	16.8	1.3	29.5	34.5	47.1	38.3	1.95	0.28
6	1 05 0644	羊草	以禾本科为主·晒制	92.0	9.56	7.84	7.3	3.6	—	—	57.5	32.8	0.22	0.14
7	1 05 0645	羊草	以禾本科为主·晒制	91.6	8.87	7.20	7.4	3.6	29.4	46.6	59.6	34.5	0.37	0.18
8	1 06 0009	稻草	晚稻·成熟	89.4	4.84	3.97	2.5	1.7	24.1	48.8	77.5	48.8	0.07	0.05
9	1 06 0802	稻草	晒干·成熟	90.3	4.46	3.80	6.2	1.0	27.0	37.3	67.5	45.4	0.56	0.17
10	1 06 0062	玉米秸	收获后茎叶	90.0	5.83	4.78	5.9	0.9	24.9	50.2	59.5	36.3	—	—
11	1 06 0400	甘薯蔓	成熟期·以80%茎为主	88.0	7.53	6.17	8.1	2.7	28.5	39.0	—	—	1.55	0.11
12	1 06 0622	小麦秸	春小麦	89.6	4.28	3.51	2.6	1.6	31.9	41.1	72.6	52.0	0.05	0.06
13	1 06 0631	大豆秸	枯黄期·老叶	85.9	8.49	6.96	11.3	2.4	28.8	36.9	—	—	1.31	0.22
14	1 06 0636	花生蔓	成熟期·伏天花生	91.3	9.48	7.77	11.0	1.5	29.6	41.3	—	—	2.46	0.04
15	1 08 0800	大豆皮	晒干·成熟	91.0	11.25	9.23	18.8	2.6	25.4	39.4	—	—	—	0.35
16	1 10 0031	向日葵仁饼	壳仁比为35∶65·NY/T 3级	88.0	8.79	7.21	29.0	2.9	20.4	31.0	41.4	29.6	0.24	0.87
17	3 03 0029	玉米青储	乳熟期·全株	23.0	2.21	1.81	2.8	0.4	8.0	9.0	—	—	0.18	0.05
18	4 07 0278	玉米	成熟·高蛋白·优质	86.0	14.23	11.67	9.4	3.1	1.2	71.1	—	—	0.02	0.27

续表

序号	中国饲料号	饲料名称	饲料描述	干物质 DM/%	消化能 MJ/kg	代谢能 /(MJ/kg)	粗蛋白 CP/%	粗脂肪 EE/%	粗纤维 CF/%	无氮浸出物 NFE/%	中洗纤维 ADF/%	酸洗纤维 ADF/%	钙 Ga/%	总磷 P/%
19	4 07 0279	玉米	成熟、GB/T 17809—1999 1级	86.0	14.27	11.70	8.7	3.6	1.6	70.7	9.3	2.7	0.02	0.27
20	4 07 0280	玉米	成熟、GB/T 17809—1999 2级	86.0	14.14	11.59	7.8	3.5	1.6	71.8	8.2	2.9	0.02	0.27
21	4 07 0272	高粱	成熟、NY/T 1级	86.0	13.05	10.70	9.0	3.4	1.4	70.4	17.4	8.0	0.13	0.36
22	4 07 0270	小麦	混合小麦、成熟、NY/T 2级	87.0	14.23	11.67	13.9	1.7	1.9	67.6	13.3	3.9	0.17	0.41
23	4 07 0274	大麦（裸）	裸大麦、成熟、NY/T 2级	87.0	13.43	11.01	13.0	2.1	2.0	67.7	10.0	2.2	0.04	0.39
24	4 07 0277	大麦皮	大麦皮、成熟、NY/T 1级	87.0	13.22	10.84	11.0	1.7	4.8	67.1	18.4	6.8	0.09	0.33
25	4 07 0281	黑麦	籽粒、进口	88.0	14.18	11.63	11.0	1.5	2.2	71.5	12.3	4.6	0.05	0.30
26	4 07 0273	稻谷	成熟、晒干、NY/T 2级	86.0	12.64	10.36	7.8	1.6	8.2	63.8	27.4	28.7	0.03	0.36
27	4 07 0276	糙米	中苜稻2号	87.0	14.27	11.70	8.8	2.0	0.7	74.2	13.9	—	0.03	0.35
28	4 07 0275	碎米	良、成熟、未去米糠	88.0	14.35	11.77	10.4	2.2	1.1	72.7	1.6	—	0.06	0.35
29	4 070479	粟（谷子）	合格、带壳、成熟	86.5	12.55	10.29	9.7	2.3	6.8	65.0	15.2	13.3	0.12	0.30
30	4 04 0067	木薯干	木薯干片、晒干、NY/T 2级	87.0	12.51	10.26	2.5	0.7	2.5	79.4	8.4	6.4	0.27	0.09
31	4 04 0068	甘薯干	甘薯干片、晒干、NY/T 2级	87.0	13.68	11.22	4.0	0.8	2.8	76.4	—	—	0.19	0.02
32	4 08 0003	高粱糠	籽粒加工后的壳副产品	91.1	14.02	11.50	9.6	9.1	4.0	63.5	—	—	0.07	0.81

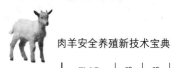
续表

序号	中国饲料号	饲料名称	饲料描述	干物质 DM/%	消化能 DE/(MJ/kg)	代谢能 ME/(MJ/kg)	粗蛋白 CP/%	粗脂肪 EE/%	粗纤维 CF/%	无氮浸出物 NFE/%	中洗纤维 ADF/%	酸洗纤维 ADF/%	钙 Ca/%	总磷 P/%
33	4 08 0104	次粉	黑面、黄粉、下面 NY/T 1级	88.0	13.89	11.39	15.4	2.2	1.5	67.1	18.7	4.3	0.08	0.48
34	4 08 0105	次粉	黑面、黄粉、下面 NY/T 2级	87.0	13.60	11.15	13.6	2.1	2.8	66.7	31.9	10.5	0.08	0.48
35	4 08 0069	小麦麸	传统制粉工艺，NY/T 1级	87.0	12.18	9.99	15.7	3.9	6.5	56.0	37.0	13.0	0.11	0.92
36	4 08 0070	小麦麸	传统制粉工艺，NY/T 2级	87.0	12.10	9.92	14.3	4.0	6.8	57.1	—	—	0.10	0.93
37	4 08 0070	玉米皮	籽粒加工后的壳副产品	87.9	10.12	8.30	10.2	4.9	13.8	57.0	44.8	14.9	—	—
38	4 08 0041	米糠	新鲜、不脱脂，NY/T 2级	87.0	13.77	11.29	12.8	16.5	5.7	44.5	22.9	13.4	0.07	1.43
39	5 09 0127	大豆	黄大豆、成熟，NY/T 2级	87.0	16.36	13.42	35.5	17.3	4.3	25.7	7.9	7.3	0.27	0.48
40	5 09 0128	全脂大豆	湿法膨化、生大豆为 NY/T 2级	88.0	16.99	13.93	35.3	18.7	4.6	25.2	17.2	11.5	0.32	0.40
41	4 10 0018	米糠粕	浸提或预压浸提，NY/T 1级	87.0	10.00	8.20	15.1	2.0	7.5	53.6	—	—	0.15	1.82
42	4 10 0025	米糠饼	未脱脂，机榨，NY/T 1级	88.0	11.92	9.77	14.7	9.0	7.4	48.2	27.7	11.6	0.14	1.69
43	4 10 0026	玉米胚芽饼	玉米湿磨后的胚芽、机榨	90.0	12.45	10.21	16.7	9.6	6.3	50.8	—	—	0.04	1.45
44	4 10 0244	玉米胚芽粕	玉米湿磨后的胚芽、浸提	90.0	11.56	9.48	20.8	2.0	6.5	54.8	—	—	0.06	1.23
45	4 11 0612	糖蜜	糖用甜菜	75	15.97	13.10	11.8	0.4	—	—	0.08	0.08	—	—
46	5 10 0241	大豆饼	机榨，NY/T 2级	89.0	14.10	11.56	41.8	5.8	4.8	30.7	18.1	15.5	0.31	0.50
47	5 10 0103	大豆粕	去皮、浸提或预压浸提 NY/T 1级	89.0	14.31	11.73	47.9	1.0	4.0	31.2	8.8	5.3	0.34	0.65

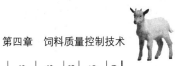

续表

序号	中国饲料号	饲料名称	饲料描述	干物质 DM/%	消化能 MJ/kg	代谢能 /(MJ/kg)	粗蛋白 CP/%	粗脂肪 EE/%	粗纤维 CF/%	无氮浸出物 NFE/%	中洗纤维 ADF/%	酸洗纤维 ADF/%	钙 Ga/%	总磷 P/%
48	5 10 0102	大豆粕	浸提或预压浸提 NY/T2级	89.0	14.27	11.70	44.0	1.9	5.2	31.8	13.6	9.6	0.33	0.62
49	5 10 0118	棉籽饼	机榨 NY/T2级	88.0	13.22	10.84	36.3	7.4	12.5	26.1	32.1	22.9	0.21	0.83
50	5 10 0119	棉籽粕	浸提或预压浸提 NY/T1级	90.0	13.05	10.70	47.0	0.5	10.2	26.3	—	—	0.25	1.10
51	5 10 0117	棉籽粕	浸提或预压浸提 NY/T2级	90.0	12.47	10.23	43.5	0.5	10.5	28.9	28.4	19.4	0.28	1.04
52	5 10 0183	菜籽饼	机榨 NY/T2级	88.0	13.14	10.77	35.7	7.4	11.4	26.3	33.3	26.0	0.59	0.96
53	5 10 0121	菜籽粕	浸提或预压浸提 NY/T2级	88.0	12.05	9.88	38.6	1.4	11.8	28.9	20.7	16.8	0.65	1.02
54	5 10 0116	花生仁饼	机榨 NY/T2级	88.0	14.39	11.80	44.7	7.2	5.9	25.1	14.0	8.7	0.25	0.53
55	5 10 0115	花生仁粕	浸提或预压浸提 NY/T2级	88.0	13.56	11.12	47.8	1.4	6.2	27.2	15.5	11.7	0.27	0.56
56	5 10 0242	向日葵仁粕	壳仁比为 16∶84，NY/T2级	88.0	10.63	8.72	36.5	1.0	10.5	34.4	14.9	13.6	0.27	1.13
57	5 10 0243	向日葵仁粕	壳仁比为 24∶76，NY/T2级	88.0	8.54	7.00	33.6	1.0	14.8	38.8	32.8	23.5	0.26	1.03
58	5 10 0119	亚麻仁饼	机榨 NY/T2级	88.0	13.39	10.98	32.2	7.8	7.8	34.0	29.7	27.1	0.39	0.88
59	5 10 0120	亚麻仁粕	浸提或预压浸提 NY/T2级	88.0	12.51	10.26	34.8	1.8	8.2	36.6	21.6	14.4	0.42	0.95
60	5 10 0246	芝麻饼	机榨，CP40%	92.0	14.69	12.05	39.2	10.3	7.2	24.9	18.0	13.2	2.24	1.19

续表

序号	中国饲料号	饲料名称	饲料描述	干物质 DM/%	消化能 MJ/kg	代谢能 /(MJ/kg)	粗蛋白 CP/%	粗脂肪 EE/%	粗纤维 CF/%	无氮浸出物 NFE/%	中洗纤维 ADF/%	酸洗纤维 ADF/%	钙 Ga/%	总磷 P/%
61	5 11 0001	玉米蛋白粉	玉米去胚芽、淀粉后的面筋部分 CP60%	90.1	18.37	15.06	63.5	5.4	1.0	19.2	8.7	4.6	0.07	0.44
62	5 11 0002	玉米蛋白粉	同上，中等蛋白产品 CP50%	91.2	15.86	13.01	51.3	7.8	2.1	28.0	10.1	7.5	0.06	0.42
63	5 11 0003	玉米蛋白饲料	玉米去胚芽、淀粉后的含皮残渣	88.0	13.39	10.98	19.3	7.5	7.8	48.0	33.6	10.5	0.15	0.70
64	5 11 0004	麦芽根	大麦芽副产品，干燥	89.7	11.42	9.36	28.3	1.4	12.5	41.4	—	—	0.22	0.73
65	5 11 0005	啤酒糟	大麦酿造副产品	88.0	—	—	24.3	5.3	13.4	40.8	39.4	24.6	0.32	0.42
66	5 11 0007	DDGS	玉米啤酒糟及可溶物脱水	90.0	14.64	12.00	28.3	13.7	7.1	36.8	—	—	0.20	0.74
67	5 11 0008	玉米蛋白粉	同上，中等蛋白产品 CP40%	89.9	15.19	12.46	44.3	6.0	1.6	37.1	33.3	—	—	0.59
68	5 11 0009	蚕豆粉浆蛋白粉	蚕豆去皮制粉丝后的浆液，脱水	88.0	—	—	66.3	4.7	4.1	10.3	—	—	—	0.59
69	7 15 0001	啤酒酵母	啤酒酵母菌粉，QB/T 1940—1994	91.7	13.43	11.01	52.4	0.4	0.6	33.6	—	—	0.16	1.02
70	8 16 0099	尿素		95.0	0	0	267	—	—	—	—	—	—	—

注：1. "—"表示数据不详或暂无此测定数据。

2. 表中代谢能值是根据消化能乘以 0.82 估算。

表4-18 常用矿物质饲料中矿物元素的含量（以饲喂状态为基础）

序号	中国饲料号	饲料名称	化学分子式	钙Ca/%	磷P/%	磷利用率/%	钠Na/%	氯Cl/%	钾K/%	镁Mg/%	硫S/%	铁Fe/%	锰Mn/%
1	6 14 0001	碳酸钙，饲料级轻质	$CaCO_3$	38.42	0.02	—	0.08	0.02	0.08	1.610	0.08	0.06	0.02
2	6 14 0002	磷酸氢钙，无水	$CaHPO_4$	29.60	22.77	95~100	0.18	0.47	0.15	0.800	0.80	0.79	0.14
3	6 14 0003	磷酸氢钙，2个结晶水	$CaHPO_4 \cdot 2H_2O$	23.29	18.00	95~100	—	—	—	—	—	—	—
4	6 14 0004	磷酸二氢钙	$Ca(H_2PO_4)_2 \cdot H_2O$	15.90	24.58	100	0.20	—	0.16	0.900	0.80	0.75	0.01
5	6 14 0005	磷酸三钙（磷酸钙）	$Ca_3(PO_4)_2$	38.76	20.0	—	—	—	—	—	—	—	—
6	6 14 0006	石粉，石灰石，方解石等		35.84	0.01	—	0.06	0.02	0.11	2.060	0.04	0.35	0.02
7	6 14 0010	磷酸氢铵	$(NH_4)_2HPO_4$	0.35	23.48	100	0.20	—	0.16	0.750	1.50	0.41	0.01
8	6 14 0011	磷酸二氢铵	$NH_4H_2PO_4$	—	26.93	100	—	—	—	—	—	—	—
9	6 14 0012	磷酸氢二钠	Na_2HPO_4	0.09	21.82	100	31.04	—	—	—	—	—	—
10	6 14 0013	磷酸二氢钠	NaH_2PO_4	—	25.81	100	19.17	0.02	0.01	0.010	—	—	—
11	6 14 0015	碳酸氢钠	$NaHCO_3$	0.01	—	—	27.00	—	0.01	—	—	—	—

续表

序号	中国饲料号	饲料名称	化学分子式	钙Ca /%	磷P /%	磷利用率 /%	钠Na /%	氯Cl /%	钾K /%	镁Mg /%	硫S /%	铁Fe /%	锰Mn /%
12	6 14 0016	氯化钠	NaCl	0.30	—	—	39.50	59.00	—	—	—	—	—
13	6 14 0017	氯化镁	$MgCl_2 \cdot 6H_2O$	—	—	—	—	—	—	11.950	0.20	0.01	—
14	6 14 0018	碳酸镁	$MgCO_3 \cdot MgOH_2$	0.02	—	—	—	—	—	34.000	—	—	0.01
15	6 14 0019	氧化镁	MgO	1.69	—	—	—	—	—	55.000	0.10	1.06	—
16	6 14 0020	硫酸镁·7个结晶水	$MgSO_4 \cdot 7H_2O$	0.02	—	—	—	0.01	0.02	9.860	13.01	—	—
17	6 14 0021	氯化钾	KCl	0.05	—	—	1.00	47.56	52.44	0.230	0.32	0.06	0.001
18	6 14 0022	硫酸钾	K_2SO_4	0.15	—	—	0.09	1.50	44.87	0.600	18.40	0.07	0.001

注：1. 数据来源：《中国饲料学》(2000，张子仪主编)。

2. 饲料中使用的矿物质添加剂一般不是化学纯化合物，其组成成分的变异较大。如果能得到，一般采用原料供给商的分析结果。例如，饲料级的磷酸氢钙原料中往往含有一些磷酸二氢钙，而磷酸二氢钙中含有一些磷酸氢钙。

第五章 健康养殖技术

第一节 羊的生物学特性

一、羊的生活习性

1. 合群性强

羊具有较强的合群性，头羊行进时，众羊则会跟随；放牧时，虽然羊只分散采食，但不离群。合群性使羊大群放牧、转场和饲养管理变得方便。一般来讲，绵羊的合群性比山羊强。

2. 喜干厌湿

羊圈舍、放牧地和休息场所长期潮湿，易导致羊发生肺炎、蹄炎或寄生虫病等。因此，在饲养管理上应避免潮湿，尤其是湿冷或湿热对羊体健康极为不利。

3. 嗅觉灵敏

羊的嗅觉十分灵敏，拒绝采食被污染、践踏或发霉变质及有异味的饲料和饮水。因此，应注意羊饲草、饲料的清洁卫生，以保证羊正常采食。羔羊出生后与母羊接触几分钟，母羊就能够通过嗅闻羔羊体躯及尾部气味来识别出自己的羔羊。在生产中，可利用这一特性寄养羔羊，只要在被寄养的羔羊身上涂抹保姆羊的羊水或粪尿，寄养大多数情况下会成功。

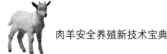

4. 胆小易惊

羊自卫能力差，在家畜中是最胆小的畜种之一。民间有"一惊三不长，三惊久不食"之说。突然的惊吓，容易导致"炸群"，影响羊只采食或生长，因此，在羊群放牧和饲养管理过程中，应尽量保持安静，避免羊只受到惊吓。

5. 采食能力强

羊采食的饲料广泛，多种牧草、灌木、农副产品以及禾谷类籽实等均能被利用。羊具有薄而灵活的嘴唇和锋利的牙齿，能摄取零碎的树叶和啃食低矮的牧草，在放牧过牛、马的草场，羊仍然能够采食。羊的四肢强健有力，蹄质坚硬，具有很强的游走能力。山羊行动敏捷，善登高，可登上其他家畜难以达到的悬崖陡坡采食。

6. 适应性强

羊对环境有较强的适应能力，对不良环境有较强的忍耐力。因此，羊在地球上的分布范围很广，可适应牧区、农区和丘陵地区等不同类型的生态条件。羊抗病能力强，很少发生疾病，然而羊一旦发病，病初往往不易察觉，没有经验的饲养员不易发现。因此，要求饲养人员仔细观察，发现羊有采食或行为反常等现象时，要及时治疗。

二、羊的消化特点

1. 羊消化器官的构造特点

羊的消化器官构造具有"一大"和"一长"特点。"一大"是指胃容积大。羊胃由瘤胃、网胃、瓣胃和皱胃共四个胃室组成。前三个室的胃壁黏膜无胃腺，如单胃的无腺区，统称"前胃"。皱胃壁黏膜有腺体，与动物的单胃功能相同。羊胃容积约为30L，其中瘤胃容积最大，占胃总容积的80%左右。羊能够在较短时间内采食大量牧草，未经充分咀嚼就咽下，贮藏在瘤胃内，待休息时反刍。"一长"是指羊的肠道长。羊的小肠细长曲折，长17~28m，大约相当于体长的25倍，大肠的长度约为8.5m。由于羊肠道长，因此对营养物质的消化和吸收能力强。

2. 反刍

反刍是羊消化饲草饲料的一个过程。当羊停止采食或休息时，瘤胃内被浸软、混有瘤胃液的食物会自动沿食道成团逆呕到口中，经反复咀嚼后再吞咽入瘤胃，然后再咀嚼吞咽另一食团，如此反复，称之为反刍。反刍是周期性的，正常情况下，在进食后 40～70min 即出现第一次反刍，每次持续 40～60min，每个食团一般咀嚼 40 次左右，反刍次数的多少、反刍时间的长短与进食食物种类有密切的关系。

3. 瘤胃的消化生理特点

瘤胃中存在着大量的微生物（细菌和纤毛虫）。这些微生物能够分泌家畜本身所不能分泌的消化酶，这使反刍家畜和非反刍家畜在饲料养分的消化方面具有明显的不同。瘤胃是一个高效率的发酵罐，在 1g 瘤胃内容物中有 500 亿～1000 亿个细菌，1mL 瘤胃液中有 20 万～400 万个纤毛虫，其中细菌在瘤胃发酵过程中起主导作用。

瘤胃微生物可将 58%～80% 的粗纤维进行降解，分解成为乙酸、丙酸、丁酸等低级脂肪酸，用来提供能量或构成身体组织的原料。瘤胃微生物还能够将含氮化合物（包括非蛋白氮和蛋白氮）合成为微生物蛋白。这种微生物蛋白所含有必需氨基酸比例适宜，成分稳定，生物学价值高，可在通过羊小肠时被消化吸收。因此，在羊饲料中均匀加入一定量的非蛋白氮，如尿素、铵盐等，可节约蛋白质饲料，降低饲养成本。此外，瘤胃微生物可以合成 B 族维生素和维生素 K。因此在正常情况下，羊的日粮中不需要添加这类维生素。

4. 哺乳期羔羊瘤胃的消化生理特点

初生时期羔羊只有皱胃发育完善，而前胃发育尚不完善，容积较小，尚未形成瘤胃微生物区系，因此前胃不具有消化能力。所以此时羔羊的消化特点同单胃动物，以母乳为主要营养来源。由于此时羔羊的瘤胃微生物区系尚未形成，因此可以在羔羊饲料中加入适量抗生素，以增强抗病能力。

随着羔羊日龄的增长和逐渐习惯采食草料，会刺激前胃发育，其容积逐渐增大，羔羊在出生大约 20d 后开始出现反刍行为。此时真胃中凝乳酶的分泌逐渐减少，其他消化酶的分泌逐渐增多，能够对采食的部分草料进行消化。在羔羊哺乳早期，如果人工补饲易消化的植物性饲料，可以促进前胃的发育，增强对植物性饲料的消化能力，有利于实施羔羊早期断奶。

第二节　繁殖母羊的健康饲养

母羊承担着繁殖产羔的任务，羊场的主要产出就是羔羊，所以种母羊的管理是整个羊场的重中之重，是整个种羊场的重要环节，是羊群正常发展的基础。种母羊饲养得好坏对羔羊的发育、生长和成活影响很大，是决定羊群能否长久发展、品质能否改善和提高的重要因素。通常对繁殖母羊饲养分为空怀期、妊娠前期、妊娠后期、哺乳前期和哺乳后期四个阶段，根据各个生理时期特点，母羊生产管理主要包括空怀期管理、配种期管理、妊娠期管理、产羔管理、羊群结构管理等。空怀期是指产羔之后到配种妊娠的时间间隔，空怀期的长短直接影响母羊产羔间隔，产羔间隔直接影响母羊繁殖效率和利用率。产羔间隔必须做到实时监控才能避免过长，对于配种后没有返情的羊要做妊娠诊断，妊娠诊断可以采用 B 超早期诊断，没有 B 超的羊一般是通过观察外观、膘情和采食、精神状态等判断是否妊娠，一般在 3 个月龄也可以通过人工触摸胎儿来确定妊娠，妊娠三个月后即进入妊娠后期，到 4～5 月龄时要将母羊转入产房待产，产羔后 3 个月左右断奶，断奶后再次转入空怀羊舍。

一、空怀期母羊的饲养

母羊空怀期的营养状况直接影响着发情、排卵及受孕，加强空怀期母羊的饲养管理，尤其是配种前的饲养管护对提高母羊的繁殖力十分关键。

母羊空怀期因产羔季节不同而不同。羊的配种季节大多集中在每年的 5～6 月份和 9～11 月份。常年发情的品种也存在一定季节性，春季和秋季为发情配种旺季。空怀期的饲养任务是尽快使母羊恢复中等以上体况，以利配种。中等以上体况的母羊发情期受胎率可达到 80%～85%，而体况差的只有 65%～75%。因此，哺乳母羊应根据其体况进行适当加强日粮的营养改善，进行短期优饲，适时对羔羊早期断乳，尽快使母羊恢复体况。

对于没有妊娠和泌乳负担且膘情正常的成年母羊，进行维持饲养即可。通常一只体重 40kg 的母羊，每日青干草供给量 1.5～2kg，青贮饲料 0.5kg。日粮中粗蛋白质含量需求为 130～140g，不必饲喂精饲料。如粗饲料品质差，每日可补饲 0.2kg 精饲料。母羊体重每增加 10kg，饲料供给量应增加 15% 左右，保证不同生长阶段母羊身体的营养需求，保持中等膘情。

配种前 45 天开始给予短期优饲，可以使母羊尽快恢复膘情，尽早发情配种，也有利于母羊多排卵，提高多羔率。配种前三周可适当服用维生素 A、维生素 D 和维生素 E。有一部分母羊在哺乳期能够发情，因此应在产羔后一个月左右开始利用试情公羊进行试情，同时也可刺激母羊尽快发情。

另外，空怀母羊的疫苗接种和驱虫工作应安排在配种前 1～2 个月完成，减少疾病的发生。

总之，在配种前期和配种期，加强空怀期母羊的饲养管理，是提高母羊受胎率和多羔率的有效措施。

二、妊娠前期母羊的饲养

母羊的妊娠期平均为 5 个月，妊娠三个月为妊娠前期，胎儿发育缓慢，重量仅占羔羊初生重的 10%，但做好该阶段的饲养管理，对保证胎儿正常生长发育和提高母羊繁殖力起着关键性作用。

母羊在配种 14 天后，开始用试情公羊进行试情，观察是否返情，初步判断受孕情况；45 天后可用超声波做妊娠诊断，较准确地判断受孕情况，及时对未受孕羊进行试情补配，提高母羊利用率。

母羊妊娠一个月左右，受精卵在附植未形成胎盘之前，很容易受外界饲喂条件的影响。喂给母羊变质、发霉或有毒的饲料，容易引起胚胎早期死亡；母羊的日粮营养不全面，缺乏蛋白质、维生素和矿物质等，也可能引起受精卵中途停止发育，所以母羊妊娠一个月左右是饲养管理的关键时期。此时胎儿尚小，母羊所需的营养物质虽要求不高，但必须相对全面，在青草季节，一般来说母羊采食幼嫩牧草能达到饱腹即可满足其营养需要，但在秋后、冬季和早春，多数养殖户以晒干草和农作物秸秆等粗料饲喂母羊，由于采食饲草中营养物质的局限性，则应根据母羊的营养状况适当地补喂精料增加营养。

三、妊娠后期母羊的饲养

母羊妊娠两个月为妊娠后期，这个时期胎儿在母体内生长发育迅速，90％的初生重是在这一时期长成的，胎儿的骨骼、肌肉、皮肤和内脏各器官生长很快，所需要的营养物质多、质量高。如果母羊妊娠后期营养不足，胎儿发育就会受到很大影响，导致羔羊初生重小、抵抗力差、成活率低。

妊娠后期，一般母羊体重要增加 7～8kg，其物质代谢和能量代谢比空怀期的母羊高 30％～40％。为了满足妊娠后期母羊的生理需要，舍饲母羊应增加营养平衡的精饲料。这个时期，母羊的营养一定要全价。若营养不足，会出现流产的现象，即使妊娠期满生产，初生羔羊也往往跟早产胎儿一样，会因为发育不健全、生理调节机能差、抵抗能力弱导致死亡；母羊会造成分娩衰竭、产后缺奶。若营养过剩，会造成母羊过肥，容易出现食欲不振，反而使胎儿营养不良。所以，这一时期应当注意补饲蛋白质、维生素、矿物质丰富的饲料，如青干草、豆饼、胡萝卜等。临产前 3 天，做好接羔出生的准备工作。

妊娠期的母羊除了需要加强饲养外，还应加强管理。舍饲母羊日常活动要以“慢、稳”为主，饲养密度不宜过大，要防拥挤、防跳沟、防惊群、防滑倒，不能吃霉变饲料和冰冻饲料，不饮冰碴儿水，以免引起消化不良、中毒和流产。羊舍要干净卫生，应保持温暖、干燥、通风良好。母羊在预产期前 1 周左右，可放入待产圈内饲养，适当进行运动，为生产做准备。在日常管理中禁忌惊吓、急跑等剧烈动作，特别是在出入圈门或采食时，要防止相互挤压。

母羊在妊娠后期不宜进行防疫注射。羔羊痢疾严重的羊场，可在产前 14～21 天，接种一次羔羊痢疾菌苗或五联苗，提高母羊抗体水平，使新生羔获得足够的母源抗体。

四、哺乳期母羊的饲养

产后母羊经过阵痛和分娩，体力消耗较大，机能代谢下降，抗病力降低，如若护理不好，会对母羊的健康、生产性能和羔羊的健康生长造成严重影响，更应加强护理。

产房注意保暖，温度一般在5℃以上，严防"贼风"，以防感冒、风湿等疾患。母羊产羔后应立即把胎衣、粪便、分娩污染的垫草及地面等清理干净，更换上清洁干软的垫草。用温肥皂水擦洗母羊后躯、尾部、乳房等被污染的部分，再用高锰酸钾消毒液清洗一次，擦干。要经常检查母羊乳房，如发现有奶孔闭塞、乳房发炎、化脓或乳汁过多等情况，要及时采取相应措施予以处理。

母羊产后休息半小时，应饮喂1份红糖、5份麸皮、20份水配比的红糖麸皮水。之后喂些易消化的优质干草，注意保暖。5天后逐渐增加精料和多汁饲料的喂量，15天后恢复到正常饲养方法。

母羊产后身体虚弱，补喂的饲料要营养价值高、易消化，使母羊尽快恢复健康和有充足的乳汁。泌乳初期主要保证其泌乳机能正常，细心观察和护理母羊及羔羊。对产羔多的母羊更要加强护理，多喂些优质青干草和混合饲料。泌乳盛期一般在产后30~45天，母羊体内贮存的各种养分不断减少，体重也有所下降。在这个阶段，饲养条件对泌乳量有很大影响，应给予母羊最优越的饲养条件，增加精饲料喂量，日粮水平的高低可根据泌乳量的多少进行调整，通常每天每只母羊补喂多汁饲料2kg，全价精饲料600~800g。泌乳后期要逐渐降低营养水平，控制混合饲料的喂量。

哺乳母羊的圈舍必须经常打扫，以保持清洁干燥，对胎衣、毛团、塑料布、石块、烂草等要及时扫除，以免羔羊舔食而引起疫病。

在生产中，有的母羊产羔断奶后一年都没有配种妊娠，这样无疑增加了饲养成本。产后不发情原因是多种的，有可能是因为发情表现不明显或者有生殖障碍，因此需要对产羔断奶母羊进行实时监控，密切注意产后发情情况，要对所有产后断奶母羊了如指掌，这样才能及时发现产后不发情和屡配不孕的羊，对没有及时发情的母羊要进行检查，采取人为干预措施促使其发情，对于人为干预无效的母羊可以考虑淘汰育肥；对配种过的羊要观察配种后前两三个情期是否返情，如果对配种后的羊没有动态实时监测很容易错过或没有发现返情，耽误配种妊娠。

第三节　种公羊的健康饲养

俗话说："公羊好，好一坡；母羊好，好一窝"。种公羊对于种羊场也非常重要，种公羊管理的优劣不仅关系到配种受胎率的高低、繁殖成绩的好坏，更重要的是影响羊的选育质量、羊群数量的发展和生产性能与经济效益的提高。因此在种公羊饲养管理中应做到合理饲喂，科学管理，使种公羊拥有健壮的体质、充沛的精力和高品质的精液，充分发挥其种用价值。一般在没有人工授精的羊场，公母比例为1∶30，所以公羊承担着全场的配种任务，公羊的质量也直接影响全场羔羊的产出质量。由于公羊饲养数量远远小于母羊，血统问题非常重要，不能近亲配种，因此产羔记录和配种记录要详细准确，否则就很容易造成血统系谱错乱，导致近亲繁殖，出现一些畸形、发育不良的羔羊，影响经济效益。每次配种前，通过查询血统记录，避免使用发情母羊的同胞公羊、半同胞公羊、父亲公羊及祖父公羊配种。

一、种公羊的选择

对种用公羊要求相对较高，在留种或引种时必须进行严格挑选。体型外貌必须符合品种特征，发育良好，结构匀称，颈粗大，鬐甲高，胸宽深，肋开张，背腰平直，腹紧凑不下垂，体躯较长，四肢粗大端正，被毛短而粗亮。查找档案系谱，所选种公羊年龄不宜过大，应在3岁以下，最好来源于双羔羊或多羔羊个体。生殖器官发育良好，单睾、隐睾一律不能留种，睾丸大而对称，以手触摸富有弹性，不坚硬，这样精液量才多、品质好。雄性特征明显，精力充沛，敏捷活泼，性欲旺盛，符合本品种种用等级标准，即特级、一级，低于一级不可留种。

二、合理饲喂

羊的繁殖季节主要表现为春、秋两季发情，部分母羊可全年发情配种。因此，种公羊的饲养尤为重要。种公羊的饲料应选择营养价值高，含足量蛋白质、维生素和矿物质，且易消化，适口性好的饲料。

生产中根据实际情况适当调整日粮组成，满足种公羊在不同阶段对饲料的需求。

1. 非配种期

我国大部分绵羊品种的繁殖季节很明显，大多集中在 9～12 月份，非配种期较长。冬季的饲养管理，既要有利于种公羊的体况恢复，又要保证其安全越冬度春。精粗料应合理搭配，喂适量青绿多汁饲料（或青贮料）。对舍饲 70～90kg 的种公羊，每日每只喂给混合精料 0.5～0.6kg，优质干草 2～2.5kg，多汁饲料 1～1.5kg。

2. 配种准备期

配种准备期指配种前 1～1.5 个月，逐渐调整种公羊的日粮，逐渐将混合精料增加到配种期的喂量。

3. 配种期

种公羊在配种期内要消耗大量的营养和体力，为使种公羊拥有健壮的体质、充沛的精力、良好的精液品质，必须精心饲养，满足其营养需求。一般对于体重在 70～90kg 的种公羊，每日每只饲喂混合精料 1.0～1.2kg，苜蓿干草或优质干草 2kg，胡萝卜 0.5～1.5kg，食盐 15～20g，必要时可补给一些动物性蛋白质饲料，如羊奶、鸡蛋等，以弥补配种时期大量的营养消耗。

4. 配后复壮期

对于配后复壮期的公羊，主要管理目标在于恢复体力、增膘复壮，其日粮标准和饲养制度要逐渐过渡到非配种期，不能变换太快。

种公羊的管理应强调以下几点：第一，种公羊每日都应保持适当的运动，特别在舍饲饲养时更应重视；第二，应控制种公羊每日的交配或采精次数，不能过于频繁；第三，谷物饲料中含磷量高，日粮中谷物比例大时要注意补钙，保证钙磷比例不低于 2.25：1；第四，不能为了母羊的全配满怀而任意拖长配种时期，这样不利于种公羊越冬。

三、科学管理

一般种公羊的圈舍要适当大一些，每只种公羊占地 1.5～2m^2。

运动场面积不小于种公羊舍面积的 2 倍，为公羊提供充足的运动场地。圈舍地面坚实、干燥，舍内保持阳光充足，空气流通。冬季圈舍要防寒保温，以减少饲料的消耗和疾病的发生；夏季高温时要防暑降温，避免影响公羊食欲、性欲及精液质量。为防止疾病发生，应定期做好圈舍内外的消毒工作。

运动有利于促进食欲，增强公羊体质，提高性欲和精子活力，但过度的运动也会影响公羊配种，一般运动强度在 30～60min 为宜，每天早晨或下午运动 1 次，休息 1h 后参加配种。

精液品质的好坏决定种公羊的可利用价值和配种能力，对母羊受胎率影响极大。配种季节，无论本交还是人工授精，都应提前检测公羊的精液质量，确保配种工作的成功。通常对精液的射精量、颜色、气味、pH 值、精子密度和活力等项目进行检测。

定期免疫接种，为防止传染病的发生，必须严格执行免疫计划，保质保量地完成羊三联（羊快疫、猝狙、肠毒血症）、口蹄疫、羊痘、羊口疮及布鲁氏杆菌病、传染性胸膜肺炎等疫苗的接种工作。定期检测布鲁氏杆菌病，疫区每年检测一次，非疫区可两年检测一次。定期驱虫，一般春秋两季进行，严重时可三个月驱虫一次。驱体内虫可注射阿维菌素、口服左旋咪唑、丙硫咪唑、虫克星等，驱体外虫可用敌百虫片按比例配成温水洗浴羊身，或用柏松杀虫粉、虱蚤杀无敌粉灭虫。

对种公羊的管理应保持常年相对稳定，最好有专人负责。单独组群，避免公母混养，避免造成盲目交配，影响公羊性欲。

经常对公羊进行刷拭，最好每天一次。定期修蹄，一般每季度一次。耐心调教，和蔼待羊，驯养为主，防止恶癖。

四、及时调教

种公羊一般在 10 月龄开始调教，体重达到 60kg 以上时应及时训练配种能力。调教时地面要平坦，不能太粗糙或太光滑。不可长时间训练，一般调教 1h 左右为宜，待第二天再进行调教。

性刺激训练：给公羊带上试情布放在母羊群中，令其寻找发情母羊，以刺激和激发其产生性欲。

观摩训练：让公羊观摩其他公羊配种。

本交训练：调教前应增加运动量以提高其体质的运动能力和肺活量。调教时，让其接触发情稳定的母羊，最好选择比其体重小的母羊进行训练，不可让其与母羊进行咬架。第一次配种完成时应让其休息。

采精训练：将与其体格匹配的发情母羊作为台羊，当后备公羊爬跨时，迅速将阴茎导入假阴道内，注意假阴道的倾斜度，应与公羊阴茎伸出的方向一致。整个采精过程要保持安静，利于公羊在放松的情况下进入工作状态。

五、合理使用

种公羊配种采精要适度，通常情况下，自然交配每头公羊可负担20～30只母羊，辅助交配可负担50～100只母羊，人工采精可负担150～200只母羊。本地品种一般在8～10月龄、体重达到35～40kg时，开始配种使用。国外品种相对晚些，最好在10～12月龄、体重达55～65kg时使用。小于1岁应以每周2次为佳，1～2岁青年公羊可隔日1次，2～5岁的壮年公羊每周可配种4～6次，连续4～5天后休息1天。采精一般在配种季节来临前1～1.5个月开始训练，每周采精一次，以后增加到每周两次，到配种时每天可采1～2次，不要连续采精。即使任务繁重，国外品种公羊每天配种或采精次数也不应超过3次，本地品种不超过4次。为防止种公羊使用过度，第一和第二次配种或采精须间隔15min，第二和第三次须间隔2h以上，确保种公羊的精液质量和使用年限。

第四节　哺乳羔羊的健康饲养

羔羊生长发育快、可塑性大，合理地对羔羊进行培育，既可促使其充分发挥其遗传性能，又能加强外界条件的同化和适应能力，有利于个体发育，提高生产力。试验研究表明，经过培育的羔羊，其体重比没培育过的高29％～87％，收入相当于1.5只未经培育的羊。

一、初生羔羊护理

初生羔羊因体质较弱，抵抗力差、易发病。因此，搞好羔羊的护理工作是提高羔羊成活率的关键。具体应注意以下几点：

1. 尽早吃好、吃饱初乳

母羊产后 3～5 天内分泌的乳，奶质黏稠、营养丰富，称为初乳。初乳容易被羔羊消化吸收，是任何食物或人工乳不能代替的食料。同时由于初乳含镁盐较多，镁离子有轻泻作用，能促进胎粪排出，防止便秘；初乳还含较多的抗体和溶菌酶，含有一种叫 K 抗原凝集素的物质，几乎能抵抗各品系大肠杆菌的侵袭。初生羔羊在出生后半小时以前应该保证吃到初乳。吃不到母亲初乳的羔羊，最好能吃上其他母羊的初乳，否则较难成活。

初生羔羊，健壮者能自己吸吮乳，不需要人工辅助；弱羔或初产母羊、保姆性不强的母羊，需要人工辅助。即把母羊保定住，把羔羊推到乳房跟前，羔羊就会吸乳。辅助几次，它就会自己找母羊吃奶了。对于缺奶羔羊，最好为其找保姆羊。

2. 羔羊应有良好的生活环境

初生羔羊生活力差，调节体温的能力尚低，对疾病的抵抗力弱，保持良好的环境有利于羔羊的生长发育。环境应保持清洁、干燥，空气新鲜又无贼风。羊舍最好垫一些干净的垫草，室温保持在 5℃ 以上。刚出生的羔羊，如果体质较弱，应安排在较温暖的羊舍或热炕上，温度不能超过体温，等到能够自己吃奶、精神好转，可逐渐降低室温直到羊舍的常温。

3. 加强对缺奶羔羊的人工哺乳

对多羔母羊或泌乳量少的母羊，其乳汁不能满足羊羔的需要，应适当补饲。一般宜用牛奶、人工奶或代乳粉，在补饲时应严格掌握温度、喂量、次数、时间及卫生消毒。中国农业科学院饲料所研制的羔羊代乳粉，相当于羔羊的配方奶粉，能满足羔羊的营养需要。

4. 搞好圈舍卫生

应严格执行消毒隔离制度。羔羊出生 7～10 日后，痢疾增多，主要原因是圈舍肮脏，潮湿拥挤，污染严重。这一时期要深入检查羔羊食欲、精神状态及粪便，做到有病及时治疗。对羊舍及周围环境要严格消毒，对病羔隔离，对死羔及其污染物及时处理掉，控制传染源。

二、哺乳羔羊饲养管理

羔羊的培育是指羔羊断奶（3～4月龄）前的饲养管理。要提高羔羊的成活率，培育出体型良好的羔羊，必须掌握以下4个关键点：

1. 加强母羊饲养，促进泌乳量

俗话说"母壮儿肥"。只要母羊的营养状况较好，就能保证胚胎的充分发育，所生羔羊的初生重大、体健；母羊的乳汁多，恋羔性强，羔羊以后的发育就好。对怀孕的母羊，要根据膘情、年龄、产期不同，对羊群作个别调整。放牧羊群，对那些体况差的母羊要放在草好、水足、有防暑防寒设备的地方，放牧时间尽量延长，每天能保证吃草时间不少于8h，以利增膘保膘。冬季饮水的温度不宜过低，尽量减少热量的消耗，增强抗寒能力。对个别瘦弱的母羊，早晚要加草添料，或者留圈饲养，使群内母羊的膘情大体趋于一致。这种母羊群在产羔管理时比较容易，而且羔羊健壮、整齐。对舍饲的母羊要备足草料，夏季羊舍应有防暑降温及通风设施，冬季利于保暖。另外还应有适当的运动场所供母羊及羔羊活动。

2. 做好羔羊的补饲

一般羔羊生后15天左右开始训练吃草、吃料。这时，羔羊瘤胃微生物区系尚未形成，不能大量利用粗饲料，所以强调补饲优质蛋白质和纤维少、干净脆嫩的干草。把草捆成把子，挂在羊圈的栏杆上，让羔羊玩食。精料要磨碎，必要时炒香并混合适量的食盐，提高羔羊食欲。为了避免母羊抢吃，应专为羔羊设补料栏。一般15日龄的羔羊每天补混合料50～75g，1～2月龄100g，2～3月龄200g，3～4月龄250g，一个哺乳期（4个月）每只羔羊需补精料10～15kg。混合料以黑豆、黄豆、豆饼、玉米等为好，干草以苜蓿干草、青野干草、青莜麦干草、花生蔓、甘薯蔓、豆秸、树叶等为宜。多汁饲料切成丝状，再与精料混合饲喂。羔羊补饲应该先喂精料，后喂粗料，而且要定时定量喂给，不能零吃碎叼，否则不易上膘。

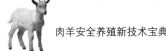

3. 无奶羔的人工喂养及人工乳的配制

人工喂养就是用牛奶、羊奶、奶粉或其他液体食物喂养缺奶的羔羊。用牛奶、羊奶喂羊，首先尽量用新鲜奶。鲜奶味道及营养成分较好，病菌及杂质也较少。用奶粉喂羔羊应该先用少量冷或温开水，把奶粉溶开，然后再加热水，使总加水量达到奶粉量的 5～7 倍。羔羊越小，胃越小，奶粉兑水的量也应该越少。有条件的羊场应再加点植物油、鱼肝油、胡萝卜汁及多种维生素、多种微量元素、蛋白质等。其他液体食物是指豆浆、小米汤、自制粮食、代乳粉或市售婴幼儿用米粉，这些食物在饲喂以前应加少量的食盐，有条件的滴加鱼肝油、胡萝卜汁和蛋黄等。

人工喂养的关键技术是要搞好"定人、定时、定温、定量、定质"几个环节，这样才能把羔羊喂活、喂强壮。不论哪个环节出差错，都可能导致羔羊生病，特别是胃肠道疾病，即使不发病，羔羊的生长发育也会受到不同程度的影响。所以从一定意义上讲，人工喂养是下策。人工喂养中的"定人"，就是从始至终固定一专人喂养。这样可以熟悉羔羊生活习性、掌握吃饱程度、喂奶温度、喂量以及在食欲上的变化、健康与否等。"定温"是指羔羊所食的人工乳要掌握好温度。一般冬季喂 1 个月龄内的羔羊，应把奶凉到 35～41℃，夏季温度可略低。随着羔羊日龄的增长，喂奶的温度可以降低些。没有温度计时，可以把奶瓶贴在脸上或眼皮上，感到不烫也不凉时就可以喂羔羊了。温度过高，不仅伤害羔羊上皮组织，而且容易发生便秘；温度过低往往容易发生消化不良、拉稀或胀气等。"定量"是指每次喂量，掌握在"七成饱"的程度，切忌喂得过量。具体给量是按羔羊体重或体格大小来定，一般全天给奶量相当于初生重的 1/5 为宜。喂给粥或汤时，应根据浓稠度进行定量，全天喂量应略低于喂奶量标准，特别是最初喂粥的 2～3 天，先少给，待慢慢适应后再加量。羔羊健康、食欲良好时，每隔 7～8 天比前期喂量增加 1/4～1/3；如果消化不良，应减少喂量，加大饮水量，并采取一些治疗措施。"定时"是指羔羊的喂羊时间固定，尽可能不变动。初生羔羊每天应喂 6 次，每隔 3～5h 喂一次，夜间睡眠可延长时间或减少次数。10 天以后每天喂 4～5 次，到羔羊吃草或吃料时，可减少到 3～4 次。"定质"是指要注意卫生条件，喂羔羊奶的人员在喂奶以前应洗净双手。平时不要接触病羊，尽量减少或避免致病因素。出现病羔羊应及时隔离，由单人分管。羔羊的胃肠功能不健全，消化机能尚待完善，最容易"病从口入"，所以羔羊所食的奶类、豆浆、面粥以及水源、草料等都应注意卫生。例如奶类在喂前应加热到 62～64℃，经 30min（或 80～85℃ 瞬间）可以杀死大部分病菌。粥类、米汤等在喂前必须煮沸。羔羊的奶瓶应保持清洁卫生，健康羔与病羔应分开用，喂完奶后随即用温水冲洗干净。如果有奶垢，可用温碱水或"洗净灵"等冲洗，或用瓶刷刷净，然后用净布或塑料布盖好。病羔的奶瓶在喂完后要用高锰酸钾、来苏尔、新洁尔灭等消毒，再用温水冲洗干净。

对于条件好的羊场或养羊户，可自行配制人工合成奶类，喂给 7～45 日龄的羔羊。人工合成奶的成分为脱脂奶粉，牛奶或脂肪干酪素、乳糖、玉米淀粉、面粉、磷酸钙、食盐和硫酸镁。每千克饲料的营养成分如下：水分 4.5%，粗脂肪 24.0%，粗纤维 0.5%，灰分 8.0%，无氮浸出物 39.5%，粗蛋白质 23.5%；维生素 A 50000IU，维生素 D 10000IU，维生素 E 30mg，维生素 K 3mg，维生素 C 70mg，维生素 B_1 3.5mg，维生素 B_2 5mg，维生素 B_6 4mg，维生素 B_{12} 0.02mg，泛酸 60mg，烟酸 60mg，胆碱 1200mg；镁 120mg，锌 20mg，钴 4mg，铜 24mg，铁 126mg，碘 4mg；蛋氨酸 1100mg，赖氨酸 500mg，杆菌肽锌 80mg。

4. 断奶

发育正常的羔羊，2～3 月龄即可断奶。多采用一次性断奶法，即将母、仔分开，不再合群。断奶后将母羊移走，羔羊继续留在原羊舍饲养，尽量给羔羊保持原来的环境。断奶后，羔羊根据性别、强弱、体格大小等因素，加强饲养，力求不因断奶影响羔羊的生长发育。

第五节　育肥肉羊的健康饲养

一、制定育肥计划

1. 育肥进度和强度的确定

根据羊的品种类型、年龄、体格大小、体况等，制定育肥的进度和强度。绵羊羔羊育肥，一般细毛羔羊在 8～8.5 月龄结束，半细毛羔羊在 7～7.5 月龄结束，肉用羔羊在 6～7 月龄结束。采用强度育肥的羔羊，一般要求育肥开始前的体重不小于 32～35kg。采用强度育肥，可获得好的增重效果，属于短期育肥；若采用放牧育肥，则需延长育肥期。

2. 选择合适的饲养标准和育肥日粮

由于育肥羊的品种类型、年龄、活重、膘情、健康状况不同，所以要根据育肥羊状况及计划日增重指标，确定合适的育肥日粮标准。

育肥日粮的组成应就地取材，同时搭配上要多样化，但必须符合中华人民共和国农业行业标准（NY 5150—2002）《无公害食品 肉羊饲养饲料使用准则》的要求。

肉羊育肥日粮中的精料用量可以占到羊只采食日粮总量的45%～60%。肉羊育肥期间每日每只需要饲料量可结合当地经验和资源，并参考表 5-1 来确定。

表 5-1 肉羊育肥期间每日每只需要饲料量 单位：kg

饲料种类	淘汰母羊	羔羊(14～50kg 体重)
干草	1.2～1.8	0.5～1.0
玉米青贮饲料	3.2～4.1	1.8～2.7
谷类饲料	0.34	0.45～1.4

3. 育肥羊舍的准备

育肥羊舍应该通风良好、地面干燥、卫生清洁、夏挡强光、冬避风雪。圈舍地面上可铺少许垫草。羊舍面积按每只羔羊 0.75～0.95m²、大羊 1.1～1.5m²，保证育肥羊的运动、歇卧。饲槽长度应与羊数量相称，每只羊平均饲槽长度，大羊为 40～50cm，羔羊为23～30cm；若为自动饲槽，长度可缩小为大羊 10～15cm，羔羊2.5～5cm，避免由于饲槽长度不足，造成羊吃食拥挤，进食量不均，从而影响育肥效果。

4. 自繁羔羊的早龄补饲

早龄补饲的目的是为了加快羔羊生长速度，缩小单、双羔及出生

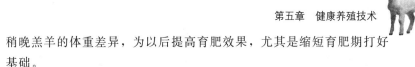

稍晚羔羊的体重差异，为以后提高育肥效果，尤其是缩短育肥期打好基础。

羔羊一般在出生后12～20d开始训练吃草吃料，精饲料要选择干净质好脆嫩的青干草，扎成草把挂在羊圈的栏杆上，不限量任羔羊采食。混合精料炒后粉碎，放入食槽内，或与粉碎的干草或胡萝卜等混合搅拌喂给，同时可混入少量食盐，以提高精料适口性，刺激羔羊食欲。

早龄羔羊开食日粮的适口性很重要，因为这时羔羊对饲料种类区分能力小，要靠适口性吸引羔羊采食。1.5月龄后羔羊的补饲日粮可以不过分强调适口性，而要保证能量和蛋白质的数量。豆饼对早龄羔羊适口性最好，其次是多叶苜蓿干草、苜蓿颗粒饲料、玉米等。6周龄以内的羔羊单喂玉米，以碾压过的为宜，6周龄以后可喂玉米碎粒。粉碎玉米日粮可以加拌5%糖蜜，黏固粉尘比整粒玉米更适口。总之，羔羊用日粮一是要适口性好，保证吃够数量；二是要营养水平能够满足羔羊的营养需要；三要成本低，也就是羔羊日粮不要复杂化。

羔羊的精料补饲量应该逐渐加大，投放精饲料量以给一次饲料羔羊能在20～30min内吃完为宜。一般0.5～1月龄的羔羊每天补饲混合精料50～75g，1～2月龄200g，3～4月龄250g。4月龄强度育肥羔羊采食量可以达到每天1.2kg。

正式补饲时，干草也要切碎放在槽内喂，先喂精饲料，后喂粗饲料，而且要定时定量喂给，不能自由采食，否则不易上膘。羔羊吃饱后，把饲槽扫净翻转过来，可保持饲槽清洁，防止羔羊卧在食槽内，还可防止鸟类、昆虫拣食剩余的饲料而带来传染病。

5. 待育肥羊进舍时的管理

引进育肥的架子羊要严格执行《种畜禽管理条例》，并按照GB16567进行检疫。购入羊要在隔离场（区）观察不少于15d，经兽医检查确定为健康合格后，方可转入生产群。育肥羊到达育肥舍当天，给予充足饮水和喂给少量干草，减少惊扰，让其安静休息。休息过后，应进行健康检查、驱虫、药浴、防疫注射和修蹄等，并按年龄、性别、体格大小、体质强弱状况等组群。治疗使用药剂时，

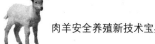
应符合 NY 5118 的规定。对于育肥公羊，可根据品种、年龄决定是否去势。早熟品种 8 月龄、晚熟品种 10 月龄以上的公羊和成年公羊应去势，这有利于育肥并且所产羊肉不产生膻味。但是 6～8 月龄以下的公羊不必去势，研究表明不去势的公羔在断乳前的平均日增重比阉羔可高 18.6g；断乳至 160 日龄左右出栏的平均日增重比阉羔高 77.18g；从达到上市标准的日龄看，不去势公羔比阉羔少 15 天，但平均出栏重反而比阉羔高 2.27kg，羊肉的味道却没有差别，显然公羔不去势比阉羔更为有利。育肥开始后，要注意针对各组羊的体况、健康状况及增重计划，调整日粮和饲养方法。最初 2～3 周要勤观察羊只表现，及时挑出伤、病、弱的羊，给予治疗并改善环境。

6. 育肥期日粮饲喂及饮水要求

一般每天饲喂两次，每次投料量以羊 30～45min 内能吃完为准。量不够要添，量过多要清扫。饲料一旦出现发霉或变质不宜饲喂。饲料变换时要有个过渡时期，绝不可在 1～2 天内改喂新换饲料。精饲料间的变换，应新旧搭配，逐渐加大新饲料比例，3～5 天内全部换完。粗饲料换成精饲料，应以精料增加先少后多、逐渐增加的方法，10 天左右换完。用作育肥羊日粮的饲料可以草、料分开喂给，也可精、粗饲料混合喂给。由精、粗饲料混合而成的日粮，品质一致，并不易挑拣，故饲喂效果较好，这种日粮可以做成粉粒状或颗粒状。粉粒饲料中的粗饲料要适当粉碎，粒径 1～1.5cm，饲喂时应适当拌湿。颗粒饲料制作粒径大小为：羔羊 1～1.3cm，大羊 1.8～2.0cm。羊采食颗粒饲料，可增大采食量，日增重提高 25%，减少饲料浪费，但易出现反刍次数减少而吃垫草或啃木桩等现象，胃壁增厚，但不影响育肥效果。

育肥期间不应在羊体内埋植或者在饲料中添加镇静剂、激素类等违禁药物。肉羊育肥后期使用药物治疗时，应根据所用药物执行休药期。达不到休药期的，不应作为无公害肉羊上市。发生疾病的种羊在使用药物治疗时，在治疗期或达不到休药期的不应作为食用淘汰羊出售。无公害食品肉羊饲养允许使用的抗寄生虫药、抗菌药及使用规定见表 5-2。

表 5-2　无公害食品肉羊饲养允许使用的抗寄生虫药、抗菌药及使用规定

类别	名称	制剂	用法与用量（用量以有效成分计）	休药期/d
抗寄生虫药	阿苯达唑	片剂	内服，一次量，每千克体重10～15mg	7
	双甲脒	溶液	药浴、喷洒、涂刷，配成0.025%～0.05%的乳液	21
	溴酚磷	片剂、粉剂	内服，一次量，每千克体重12～16mg	21
	氯氰碘柳胺钠	片剂	内服，一次量，每千克体重10mg	28
		注射液	皮下注射，一次量，每千克体重5mg	28
		混悬液	内服，一次量，每千克体重10mg	28
	溴氰菊酯	溶液剂	药浴，5～15mg/L 水	7
	三氮脒	注射用粉针	肌内注射，一次量，每千克体重3～5mg，临用前配成5%～7%溶液	28
	二嗪农	溶液	药浴，初液，250mg/L 水；补充液，750mg/L 水（均按二嗪农计）	28
	非班太尔	片剂、颗粒剂	内服，一次量，每千克体重5mg	14
	芬苯达唑	片剂、粉剂	内服，一次量，每千克体重5～7.5mg	6
	伊维菌素	注射剂	皮下注射，一次量，每千克体重0.2mg（相当于200IU）	21
	盐酸左旋咪唑	片剂	内服，一次量，每千克体重7.5mg	3
		注射剂	皮下、肌内注射，每千克体重7.5m8	28
	硝碘酚腈	注射液	皮下注射，一次量，每千克体重10mg，急性感染，每千克体重13mg	30
	吡喹酮	片剂	内服，一次量，每千克体重10～35mg	1
	碘醚柳胺	混悬液	内服，一次量，每千克体重7～12mg	60
	噻苯咪唑	粉剂	内服，一次量，每千克体重50～100mg	30
	三氯苯唑	混悬液	内服，一次量，每千克体重5～10mg	28

续表

类别	名称	制剂	用法与用量(用量以有效成分计)	休药期/d
抗菌药	氨苄西林钠	注射用粉针	肌内、静脉注射,一次量,每千克体重 10～20mg	12
	苄星青霉素	注射用粉针	肌内注射,一次量,每千克体重 3 万～4 万 IU	14
	青霉素钾	注射用粉针	肌内注射,一次量,每千克体重 2 万～3 万 IU,一日 2～3 次,连用 2～3 天	9
	青霉素钠	注射用粉针	肌内注射,一次量,每千克体重 2 万～3 万 IU,一日 2～3 次,连用 2～3 天	9
	硫酸小檗碱	粉剂	内服,一次量,0.5～1g	0
		注射液	肌内注射,一次量,0.05～0.1g	0
	恩诺沙星	注射液	肌内注射,一次量,每千克体重 2.5mg,一日 1～2 次,连用 2～3d	14
	土霉素	片剂	内服,一次量,羔,每千克体重 10～25mg(成年反刍兽不宜内服)	5
	普鲁卡因青霉素	注射用粉针	肌内注射,一次量,每千克体重 2 万～3 万 IU,一日 1 次,连用 2～3d	9
		混悬液	肌内注射,一次量,每千克体重 2 万～3 万 IU,一日 1 次,连用 2～3d	9
	硫酸链霉素	注射用粉针	肌内注射,一次量,每千克体重 10～15mg,一日 2 次,连用 2～3d	14

　　育肥羊必须保证有足够的清洁饮水。多饮水有助于减少消化道疾病、肠毒血症和尿结石的发生率,同时可获得较高的增重。每只羊每天的饮水量随气温而变化,通常在气温 12℃时为 1.0kg,15～20℃时为 1.2kg,20℃以上时为 1.5kg。饮水夏季要防晒,冬季防冻,雪水或冰水应禁止饮用。定期清洗消毒饮水设备。

二、舍饲肉羊育肥技术

舍饲育肥是根据羊育肥前的状态，按照饲养标准和饲料营养价值配制羊的饲喂日粮，并完全在舍内喂、饮的一种育肥方式。与放牧育肥相比，在相同月龄屠宰的羔羊，活重可高10％，胴体重高20％，故舍饲育肥效果好，能提前上市。在市场需求的情况下，舍饲育肥可确保育肥羊在30～60d的育肥期内迅速达到上市标准，育肥期短。此方式适于饲草饲料丰富的农区。采取舍饲育肥，饲料投入相对较高，但可按市场需要实行大规模、集约化、工厂化养羊，使房舍、设备和劳动力得到充分利用，劳动生产效率较高，从而也能降低一些成本。

舍饲育肥羊的来源应以羔羊为主，其次来源于放牧育肥的羊群。如在雨季来临或旱年牧草生长不良时放牧育肥羊可转入舍饲育肥；当年羔羊放牧育肥一段时期，估计入冬前达不到上市标准的部分羊，也可转入舍饲育肥。

舍饲育肥羊日粮中精料可以占到日粮的45％～60％，随着精料比例的增高，育肥强度增大。加大精料喂量时，必须预防过食精料引起的肠毒血症和钙磷比例失调引起的尿结石症等。防止肠毒血症，主要靠注射疫苗；防止尿结石，在以各类饲料和棉籽饼为主的日粮中可将钙含量提高到0.5％的水平或加0.25％氯化铵，避免日粮中钙磷比例失调。

育肥圈舍要保持干燥、通风、安静和卫生，育肥期不宜过长，达到上市要求即可。舍饲育肥通常为75～100d，时间过短，育肥增重效果不显著；时间过长，饲料转化率低，育肥经济效益不理想。在良好的饲料条件下，育肥期一般可增重10～15kg。

肉羊育肥包括1.5月龄羔羊断奶全精料育肥、哺乳羔羊育肥、断乳羔羊育肥和成年羊育肥等方法。

1. 1.5月龄羔羊断奶全精料育肥

依据羔羊早期（3月龄以前）生长发育快、胴体组成部分的重量增加大于非胴体部分（如头、蹄、毛、内脏等）、脂肪沉积少的生长特点，以及瘤胃发育不完全、消化方式与单胃家畜相似的消化生理特点，进行全精料育肥。

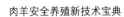

　　此期羔羊所吸吮乳汁不经瘤胃作用而由食道沟直接流入真胃被消化利用；补饲固体饲料，特别是整粒玉米通过瘤胃被破碎后进入真胃，然后转化成葡萄糖被吸收，饲料利用率高。若瘤胃功能发育完全，则微生物活动增强，摄入的玉米经发酵后转化成挥发性脂肪酸，这些脂肪酸只有部分被吸收，饲料转化率明显低于瘤胃发育不全时。

　　因此，采用1.5月龄早期断奶全精料育肥能获得较高的屠宰率、饲料报酬和日增重。1.5月龄羔羊体重在10.5kg时断奶，育肥50天，平均日增重280g，育肥终重达25～30kg，料重比为3∶1。全精料育肥由于只喂各类精饲料，不喂粗饲料，从而使管理简化，这种育肥方法的缺点是胴体偏小。

　　日粮配制可选用任何一种谷物饲料，但效果最好的是玉米等高能量饲料。谷物饲料不需破碎，其效果优于破碎谷粒，主要表现在饲料转化率高和胃肠病少。使用配合饲料则优于单喂某一种谷物饲料。较佳饲料配合比例为：整粒玉米83%，黄豆饼15%，石灰石粉1.4%，食盐0.5%，维生素和微量元素0.1%。其中维生素和微量元素的添加量按每千克饲料计算为维生素A、维生素D、维生素E分别是500IU、1000IU和20IU；硫酸锌150mg，硫酸锰80mg，氧化镁200mg，硫酸钴5mg，碘酸钾1mg。改用其他油饼类饲料代替黄豆饼时，日粮中钙磷比例可能失调，应注意防治尿结石。

　　饲喂方式采用自由采食，自由饮水。饲料投给最好采用自动饲槽，以防止羔羊四肢踩入槽内，造成饲料污染而降低饲料摄入量和扩大球虫病与其他病菌的传播；饲槽离地面高度应随羔羊日龄增长而提高，以饲槽内饲料不堆积或不溢出为宜。如发现某些羔羊啃食圈墙时，应在运动场内添设盐槽，槽内放入食盐或食盐加等量的石灰石粉，让羔羊自由采食。饮水器或水槽内始终保持清洁的饮水。

　　管理技术上应注意以下几个方面：第一、羔羊断奶前半月龄实行补饲；第二、断奶前补饲的饲料应与断奶育肥饲料相同。玉米粒在刚补饲时稍加破碎，待习惯后则喂以整粒，羔羊在采食整粒玉米的初期，有吐出玉米粒现象，反刍次数也较少，随着羔羊日龄增加，吐玉米粒现象逐渐消失，反刍次数增加，此属正常现象，不影响育肥效果；第三、羔羊育肥期间常见的传染病是肠毒血症和出血性败血症。

肠毒血症疫苗可在产羔前给母羊注射或断奶前给羔羊注射，一般情况下，也可以在育肥开始前注射快疫、猝疽和肠毒血症三联苗；第四、育肥期一般为 50～60d，其长短主要取决于育肥终体重，而终体重又与品种类型和育肥初重有关，如大型品种羔羊 3 月龄育肥终重可达到 35kg 以上；一般细毛羔羊和非肉用品种育肥 50 天可达到 25～30kg 以上（断奶重小于 12kg 时，育肥终重 25kg 左右；断奶重在 13～15kg 时，育肥终重达 30kg 以上）。

2. 哺乳羔羊育肥

也同样着眼于羔羊 3 月龄出栏上市，但不提前断奶，只是隔栏补饲水平提高，界时从大群中挑出达到屠宰体重的羔羊（25～27kg）出栏上市，达不到者断奶后仍可转入一般羊群继续饲养。其目的是利用母羊的全年繁殖，安排秋季和冬季产羔，供节日（元旦、春节等）应时特需的羔羊肉。

哺乳羔羊育肥基本上以舍饲为主，从羔羊中挑选体格大、早熟性能好的公羔作为育肥对象。为了提高育肥效果，母子同时加强补饲，要求母羊母性好、泌乳多，哺乳期间每日喂给足量的优质豆科干草，另加 0.5kg 精料。羔羊要求及早开食，每天喂 2 次，饲料以谷粒饲料为主，搭配适当黄豆饼，配方同 1.5 月龄早期断奶育肥羔羊，每次喂量以 20min 内吃完为宜。另喂给上等苜蓿干草，由羔羊自由采食，干草品质差时，每只羔羊日粮中应添加 50～100g 蛋白质饲料。到了 3 月龄，活重达到标准者出栏上市。

3. 断乳羔羊育肥

断乳羔羊育肥是羊肉生产的主要形式，因为断乳羔羊除部分被选留到后备群外，大部分需出售处理。一般情况下，体重小或体况差的进行适度育肥，体重大或体况好的进行强度育肥，均可进一步提高经济效益。各地可根据当地草场状况和羔羊类型选择适宜的育肥方式。采用舍饲育肥或混合育肥后期的圈舍育肥，通常在入圈舍育肥之前先利用一个时期的较好牧草地或农田茬子地，使羔羊逐渐适应饲料转换过程，同时也可降低育肥饲料成本，可分为预饲期和育肥期两个阶段。

预饲期的饲养管理：羔羊进入育肥圈后，不论采用强度育肥，还是一般育肥，都要经过预饲期。预饲期大约 15 天，可分为 3 个阶段：第一阶段为育肥开始的 1~3 天；第二阶段为第 4~10 天；第三阶段为第 10~14 天。第一阶段只喂干草和保证充足饮水，目的是让羔羊适应新环境。这之后，仍以干草日粮为主，但逐渐更换为第二阶段日粮，第 7 天换完并喂到第 10 天，之后再逐渐更换为第三阶段日粮，第 14 天换完，第 15 天进入正式育肥期。第二、三阶段参考日粮配方见表 5-3。

表 5-3　预饲期参考日粮配方

日粮		第二阶段	第三阶段
玉米粒/%		25	39
干草/%		64	50
糖蜜/%		5	5
油饼/%		5	5
食盐/%		1	1
抗生素/mg		50	35
本日粮（风干状态）含	蛋白质/%	12.90	12.20
	总消化养分/%	57.10	61.60
	消化能/（MJ/kg）	10.50	11.34
	钙/%	0.78	0.62
	磷/%	0.24	0.26
	精料∶粗料	36∶64	50∶50

正式育肥期的饲养管理：预饲期结束进入正式育肥期。此期内应根据育肥计划和当地条件选择日粮类型，并在管理上区别对待。日粮类型可分为精料型、粗料型和青贮型日粮三种。

精料型日粮仅适于体重较大的健壮羔羊育肥用，入圈时活重，绵羊羔约 35kg，山羊羔约 25kg。经过 40~55 天的强度育肥，初重 35kg 的健壮羔羊出栏重可达 48~50kg。日粮配方为：玉米粒 96%，蛋白质平衡剂 4%，矿物质自由采食。其中蛋白质平衡剂的成分为上等苜蓿 62%，尿素 31%，黏固剂 4%，磷酸氢钙 3%，经粉碎均匀后制成直径 0.6cm 的颗粒；矿物质成分为石灰石 50%，氯化钾 15%，硫酸钾 5%，微量元素盐 28%，氧四环素 50g 和预混料 454g，占日粮总重的 2%。日粮配方中，每千克风干饲料含蛋白质 12.5%，总消化养分 85%。本育肥日粮中不含粗饲料，为了保证每只羔羊每日摄入一些粗纤维（45～90g），可以单独喂给少量秸秆，也可用秸秆当垫草来满足。饲养管理中应注意：采用精料型日粮育肥羔羊，应使羔羊对饲料的适应期不少于10天，此期间最好使用普通饲槽，之后可转用自动饲槽。

粗料型日粮按投料方式分为普通饲槽用和自动饲槽用两种。前者把精料和粗料分开喂给，后者则是把精、粗料混合在一起制成粉状或颗粒状饲喂。

普通饲槽用粗料型日粮，具体配方见表5-4和表5-5。玉米可用整粒籽实，也可以用带穗全株玉米。干草以优质豆科干草为主，其蛋白质含量不低于14%。饲喂该日粮应严格按照渐加慢换原则，逐步转向育肥日粮的全喂量。达到全喂量后，将总量均分成两份，早、晚各喂1份。每次喂饲时，先喂蛋白质补充剂或玉米等，吃完后再给干草。干草如果叶少茎梗多，喂时应比规定给量多10%～20%。喂玉米时，如果羔羊吃后有剩余，说明喂量偏高，应及时加以调整。

表5-4　粗饲料型日粮（普通饲槽用）之一

日粮		中等能量	低能量
玉米粒/kg		0.91	0.82
干草/kg		0.61	0.73
黄豆饼/g		23	—
抗生素/mg		40	30
本日粮（风干状态）含	蛋白质/%	11.44	11.29
	总消化养分/%	67.3	67.9
	消化能/（MJ/kg）	12.34	11.97
	代谢能/（MJ/kg）	10.13	9.83
	钙/%	0.46	0.54
	磷/%	0.26	0.25
	精料∶粗料	60∶40	53∶47

表 5-5　粗饲料型日粮（普通饲槽用）之二

日粮		中等能量	低能量
全株玉米/kg		1.10	1.00
干草/kg		0.30	0.45
蛋白质补充剂/kg		0.15	0.11
本日粮 （风干状态）含	蛋白质/%	11.44	11.33
	总消化养分/%	67.1	64.9
	消化能/（MJ/kg）	12.34	11.97
	代谢能/（MJ/kg）	10.13	9.83
	钙/%	0.55	0.59
	磷/%	0.22	0.32
	精料：粗料	66：34	58：42

　　自动饲槽用粗料型日粮配方见表 5-6 和表 5-7。配制成的日粮要求混拌均匀，保证自动饲槽容器内储放的饲料上下成色一致。带穗玉米要碾碎，以羔羊难以从中拣出玉米粒为宜，通常可用 0.65cm 筛孔的筛子过一遍。每只羔羊每天喂量按 1.5kg 计算，自动饲槽内装足一天的用量，喂后再根据实际进食量酌情增减。

表 5-6　粗饲料型日粮（自动饲槽用）之一

日粮		中等能量	低能量
玉米粒/%		58.75	53.00
干草/%		40.00	47.00
黄豆饼/%		1.25	—
本日粮 （风干状态）含	蛋白质/%	11.37	11.29
	总消化养分/%	67.1	64.9
	消化能/（MJ/kg）	12.34	11.88
	代谢能/（MJ/kg）	10.13	9.75
	钙/%	0.46	0.63
	磷/%	0.26	0.25
	精料：粗料	60：40	53：47

表5-7　粗饲料型日粮（自动饲槽用）之二

日粮		中等能量	低能量
全株玉米/%		65.00	58.75
干草/%		20.00	28.75
蛋白质补充剂/%		10.00	7.50
糖蜜/%		5.00	5.00
本日粮（风干状态）含	蛋白质/%	11.12	11.00
	总消化养分/%	66.9	64.0
	消化能/（MJ/kg）	12.18	11.72
	代谢能/（MJ/kg）	10.00	9.62
	钙/%	0.61	0.64
	磷/%	0.36	0.32
	精料：粗料	67：33	59：41

　　青贮饲料型日粮具体日粮配方见表5-8。此类型日粮以玉米青饲料为主，可占到日粮的67.5%～68.5%，不适用于育肥初期和短期强度育肥羔羊，可用于育肥期在80天以上的体小羔羊，育肥羔羊先喂10～14天预饲期日粮，再逐渐转用该日粮。开始时适当控制喂量，逐日增加，10～14天达到全量。日粮应严格按配方比例混匀，尤其是石灰石粉不可缺少。羔羊每日进食量不低于2.30kg，预期日增重为110～160g。

表5-8　青贮饲料型日粮

日粮	配方1	配方2
碎玉米粒/%	27.0	8.75
青贮玉米/%	67.5	87.5
黄豆饼/%	5.0	—
蛋白质补充剂/%	—	3.5
石灰石/%	0.5	0.25
维生素A(IU)	1100	825

日粮		配方1	配方2
维生素 D(IU)		110	83
抗生素/mg		11	11
本日粮 (风干状态)含	蛋白质/%	11.31	11.31
	总消化养分/%	70.9	63.0
	钙/%	0.47	0.45
	磷/%	0.29	0.21
	精料∶粗料	67∶33	33∶67

4. 成年羊育肥技术

待育肥的成年羊来源主要为淘汰公、母羊及瘦弱羊。目前主要的育肥方式是混合育肥。夏季成年羊以放牧育肥为主，适当补饲精料，其日采食青绿饲料可达 5～6kg，精料 0.4～0.5kg，折合成干物质 1.6～1.9kg，含可消化蛋白质 150～170g，育肥日增重 120～140g。秋季主要选择淘汰老母羊和瘦弱羊为育肥羊，育肥期一般 80～100d，日增重偏低，可采用两种方式育肥：一是使淘汰母羊配上种，利用母羊怀胎后行动稳重、食欲增强、采食量增大、增膘快的特点，怀胎肥育 60d 左右宰杀；二是将淘汰母羊转入秋草场放牧或农田茬子地放牧，待膘情转好后，再转入舍饲育肥。舍饲育肥期间日粮中应有一定数量的多汁饲料，表 5-9 是几种典型日粮配方，供生产参考。

表 5-9 成年羊育肥用参考日粮

日粮	配方1	配方2	配方3	配方4
禾本科干草/kg	0.5	1.0	—	0.5
青贮玉米/kg	4.0	0.5	4.0	3.0＋其它多汁饲料 0.8
碎谷粒/kg	0.5	0.7	0.5	0.4
尿素/g	—	—	10	
秸秆/kg			0.5	

续表

日粮		配方1	配方2	配方3	配方4
本日粮 （风干状态）含	干物质/kg	2.03	1.86	2.04	1.91
	代谢能/MJ	17.99	14.39	17.28	15.90
	粗蛋白质/g	206	167	175	180
	钙/g	11.9	13.2	9.3	10.5
	磷/g	5.2	5.8	4.6	4.7

有饲料加工条件的地区，成年羊育肥也可饲喂颗粒饲料，尽量利用秸秆饲料。表5-10为几种颗粒饲料配方，供参考。饲喂颗粒饲料时，最好采用自动饲槽投料，保证不断饮水，午后适当喂些青干草（按每只0.25kg）以利于反刍。雨天不宜在敞圈饲喂，避免颗粒饲料遇水膨胀变碎，影响采食和饲料利用率。颗粒饲料喂量，成年羊每日每只2.5～2.7kg，6月龄前羔羊每日每只1.2～1.4kg，6～8月龄羔羊每日每只1.8～2kg。应用普通饲槽人工投料时，每天投料两次，日给量以饲槽内基本无剩余饲料为宜。

表 5-10　成年羊和羔羊育肥用颗粒饲料配方

饲料		成年羊用		羔羊用	
		配方1	配方2	6月龄前	6～8月龄
禾本科草粉/%		35.0	30.0	39.5	20.0
豆科草粉/%		—	—	30.0	20.0
秸秆/%		44.5	44.5	—	19.5
精料/%		20.0	25.0	30.0	40.0
磷酸氢钙/%		0.5	0.5	0.5	0.5
本配方1kg含	干物质/kg	0.86	0.86		
	代谢能/MJ	6.90	7.11	9.08	8.70
	粗蛋白质/g	72	74	131	110
	钙/g	4.8	4.9	9	7
	磷/g	2.4	2.5	3.7	3.4

三、舍饲育肥管理注意问题

定时定量，少给勤添；更换饲料要逐渐进行。保持饲料清洁，切忌使用霉烂变质、冻坏、有毒害的饲料喂羊。每次饲喂完毕，槽内饲料残渣要清扫干净，粪便拉出羊舍，不得堆在羊舍内，以免肉羊践踏，发酵发霉，污染空气，传播疾病。

供应足够的生产饮用水，饮水质量应达到 NY 5027 的规定。经常清洗和消毒饮水设备，避免细菌滋生。若有水塔或其它贮水设施，则应有防止污染的措施，并予以定期清洗和消毒。

羊舍内的温度、湿度、气流（风速）和光照应满足肉羊不同饲养阶段的需求，以降低羊群发生疾病的机会。羊场排污应遵循减量化、无害化和资源化的原则。搞好羊舍、运动场卫生。应使羊舍干燥，勤换垫草，运动场应干燥不泥泞。建立规范的卫生消毒制度，包括环境消毒、人员消毒、羊舍消毒、用具消毒、羊体消毒和带羊环境消毒。

育肥羊在正常情况下禁止使用任何药物，必须用药时，肉羊出栏屠宰前应按规定停药，应准确计算停药时间。不使用未经有关部门批准使用的激素类药物（如促卵泡发育、排卵和催产等药剂）及抗生素。对于治疗患疾病肉羊及必须使用药物处理时，应遵循《肉羊饲养兽药使用准则》NY 5148—2002 的规定。

第六章 高效繁殖技术

第一节 肉羊繁殖规律及特点

一、性成熟及适宜的初配年龄

羔羊经过一段时间的生长之后，生殖机能达到了比较成熟的阶段，生殖器官发育完全，开始出现第二性征，能够产生成熟的生殖细胞（精子或卵子），并且具有繁殖后代的能力，此时称为性成熟。由于品种、遗传、营养、气候和个体发育等因素的不同，肉羊的性成熟时间也不尽相同，一般肉用绵羊、山羊公羊的性成熟在6～10月龄，母羊在6～8月龄，体重达到成年羊的70％左右性成熟。早熟品种在4～6月龄达到性成熟，晚熟品种在8～10月龄达到性成熟，并且公羊的性成熟年龄要比母羊稍晚。我国地方品种的绵羊、山羊在4月龄时便出现公羊爬跨、母羊发情等性活动，不过此时的公、母羊性器官还未发育完全，如过早进行交配，对本身和后代的发育都不利，所以羔羊在断奶后要分开饲养，防止早配和近亲交配的发生。一般肉用绵羊、山羊的初配年龄在12月龄左右，早熟品种或者饲养条件较好的母羊也可以提前进行配种。

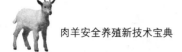

二、发情与发情周期

1. 发情

发情是母羊的一种性活动现象，发情周期是指母羊的性活动表现为周期性，包括正常发情和异常发情两种情况。

（1）正常发情

正常发情是指母羊发育到一定阶段所表现的一种周期性的性活动现象。其发情是由于发育成熟的卵巢分泌雌激素，并在少量的孕酮的协同作用下，对中枢神经产生刺激，进而引起兴奋。母羊的发情表现为三方面的变化：一是精神变化，二是生殖道变化，三是卵巢变化。

① 精神变化　母羊发情时，常常表现为兴奋不安，对外界刺激敏感，常鸣叫，频频排尿，食欲减退，举尾背弓，愿意接受公羊的爬跨，并摆动尾部。若是泌乳期的母羊发情，会出现泌乳量下降、不照顾羔羊的现象。山羊发情表现比绵羊更为明显，一般山羊发情时鸣叫，有时发情母羊会自己跳出圈舍，主动寻找公羊。

② 生殖道变化　母羊的发情周期中，由于雌激素和孕激素的共同作用，母羊的生殖道会发生周期性的变化。处于发情期的母羊的卵泡会迅速增大并发育成熟，雌激素分泌量增多，母羊外阴部松弛、充血、肿胀，阴蒂勃起，阴道充血、松弛，并分泌有助于交配的黏液。发情初期的黏液分泌量少且稀薄透明，发情中期分泌量会增多，到了发情末期黏液分泌量会减少，并且黏液稠如胶状。

③ 卵巢变化　母羊发情开始前，卵巢中的卵泡已经开始生长，发情前2～3d卵巢的卵泡发育很快，卵泡内膜增生，到发情开始时卵泡已经发育成熟，卵泡液不断分泌并增多，使卵泡的体积增大，此时卵泡部分突出于卵巢表面，卵子被颗粒层细胞包围，在激素的作用下促使卵泡壁破裂，致使卵子被挤压而排出。

（2）异常发情

异常发情多见于初情期之后、性成熟之前以及繁殖季节开始的阶段，而且也会由营养不良、内分泌失调、疾病或环境温度的骤然变化所引起。常见的异常发情有以下四种：

① 安静发情　安静发情也称为静默发情，是由于雌激素分泌不

足产生的，表现为发情时没有明显的发情表现，卵巢上的卵泡在发育成熟后不排卵。

② 短促发情　是由于卵泡迅速成熟并且排卵产生，也有可能是由于卵泡突然停止发育或者卵泡发育受阻继而使发情期缩短。在这种情况下如不注意观察，就很容易错过配种期。

③ 断续发情　断续发情常见于早春及营养不良的母羊，表现为母羊发情持续时间很长，并且发情时断时续，其原因是母羊的排卵机能不全，以至于卵泡之间出现交替发育，卵泡在发育到一定阶段后便退化萎缩，而另一侧的卵巢又有卵泡开始发育，产生的雌激素使母羊再次发情，继而出现断续发情。对于断续发情的母羊如果调整饲养管理并且加强营养，母羊会恢复正常发情的状态，并且能够正常排卵，在配种之后也可以受孕。

④ 孕期发情　大约有3％的母羊会在怀孕期出现发情的迹象，其主要原因是激素分泌失调而引起。孕期发情的母羊的怀孕黄体分泌孕酮不足，并且胎盘分泌的雌激素过多，继而引起孕期发情。在怀孕早期发情的母羊，卵泡虽然发育，但是并不会排卵。

2. 发情周期

发情周期是指母羊从上一次发情开始到下一次发情开始之间所间隔的时间。在一个发情周期内，无论母羊配种与否或配种后受孕与否，其生殖器官和机体都会发生一系列周期性的变化，这种变化周而复始，一直到母羊达到停止繁殖的年龄为止。绵羊的发情周期平均为17d，山羊的发情周期平均为21d。

一个发情周期由发情前期、发情期、发情末期和休情期4个阶段构成。在发情前期，母羊卵巢有卵泡开始发育，但是母羊并不表现出发情征兆，无性欲表现；到了发情期，此时卵泡迅速发育并且能够达到成熟，母羊表现出发情征兆，有强烈的性欲表现，出现摆尾、食欲减退、主动接近公羊并能够接受公羊爬跨、外阴部充血肿胀并有黏液从阴门流出等发情表现，母山羊的发情表现尤为明显，这一阶段一般持续时间为山羊24～28h，绵羊30h左右；发情后期，卵子已经成熟并且从卵泡中排除，卵巢上形成黄体，生殖器官上的发情征兆开始逐渐消失，母羊的性欲减退，不再接受公羊的爬跨；休情期为下一段发情前的一段时间，此阶段母羊的精神状态正常，生殖器官的生理状态也处于稳定状态。绵羊和山羊发情周期及发情期持续时间的比较见表 6-1。

表 6-1　绵羊和山羊发情周期及发情持续期的比较

种类	发情期/d	平均范围/d	发情持续期/h	排卵时间
绵羊	17	14～19	24～36	发情快结束时
山羊	21	18～22	26～42	发情结束后不久

三、繁殖季节

大多数的山羊和绵羊都是季节性发情，只有处于繁殖季节，母羊才会表现出发情的征兆，卵巢处于活动状态，卵巢上的卵泡发育成熟并且排卵，接受公羊的爬跨与之交配。

一般而言，母羊为季节性多次发情，由于不同季节的光照、温度、营养条件等外在因素的不同，经过漫长的进化和自然选择，母羊会在每年的秋季随着日照的逐渐变短而进入繁殖季节，来年的春季产羔。在我国的牧区和山区饲养的品种一般为季节性发情，而在某些地区的品种经过长期的人工驯养和品种改良，产生了如小尾寒羊、湖羊等常年发情的品种，这些品种会常年发情，没有繁殖季节和非繁殖季节之分。

羊的繁殖季节受诸多因素的影响，其中光照为主要的影响和限制性因素。羊为短日照繁殖动物，即母羊随着日照时间的逐渐变短性活动加强，进入繁殖期。在赤道附近的地区，由于昼夜长度比较恒定，此地区的羊在全年都可以发情。随着饲养地区的纬度的增加，不同季节的光照差异也不断加大，母羊在繁殖方面的季节性也就越来越明显。

此外，羊的品种、年龄、温度、饲养条件和异性刺激等因素也会在不同程度上对羊的繁殖季节产生影响。比如在我国北方的山区、牧区，绵羊多会在秋季或冬季发情，而湖羊和小尾寒羊在全年都可以发情。一般未经产的母羊和老龄羊较壮年的羊发情开始得晚，繁殖季节持续得也较短。在饲料充足、营养水平高的条件下饲养的母羊，其繁殖季节可以提前，反之则会适当推迟。若在繁殖季节到来之前采取加强营养的措施，进行催情补饲，不仅可以使母羊提早进入发情期，还可增加双羔率。酷热和严寒都会对羊繁殖行为起到不利的影响，从而推迟繁殖季节，反之，凉爽的气温可使繁殖季节提前到来。在繁殖季节来临之前，若将公羊放入母羊群中，可使母羊提早发情，此效应称为公羊效应。

四、种羊利用年限

种公羊的使用年限为 10 年左右，以 3～5 岁繁殖力最强，繁育后代最好，生产效益最优。7～8 岁以后逐渐衰退，直到丧失繁殖力和生产力。母羊一般在 10～15 岁终止发情，失去繁殖能力，但是若要提高羊的产量和质量，则需按上述种羊使用年限进行淘汰。公母羊的使用年限，还与饲养管理有密切的关系，营养缺乏或营养过度都会造成不育。因此，想要延长羊的使用年限，就应给予合理的饲养管理。

第二节　繁殖控制技术

一、发情控制技术

发情控制技术包括同期发情技术和诱导发情技术。发情控制技术的目的是使母羊在特定的时间发情并进行配种。同期发情技术是通过人为干预母羊自然发情周期，使群体母羊发情同期化。诱导发情技术则是针对个体而言，人工诱导处于非繁殖季节（乏情季节）的母羊表现发情并排卵。

1. 同期发情技术

（1）孕激素＋孕马血清＋氯前列烯醇法

给空怀母绵羊阴道埋植孕酮栓 16d，母山羊阴道埋植孕酮栓 20d，可于羊发情周期的任何一天埋植。将埋植之日作为 0 天，绵羊于孕酮栓埋植的第 14d，山羊于孕酮栓埋植的第 18d，每只羊肌内注射孕马血清（PMSG）200～250IU。在撤栓时每只羊颈部肌内注射氯前列烯醇（PG）0.1mg。此方法最大的优点是母羊发情集中程度高，绵羊撤栓 48h 的发情率可达 90％，山羊可达 95％以上。

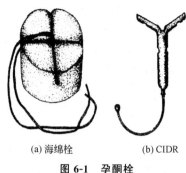

(a) 海绵栓   (b) CIDR

图 6-1　孕酮栓

目前所使用的孕酮栓主要有两种：一种是呈圆柱状的海绵栓［图 6-1(a)］，一种是呈"Y"字形的 CIDR［图 6-1(b)］。CIDR 较海绵栓对孕酮具有更强的缓释作用，因此用 CIDR 对绵羊、山羊进行同期发情处理均不需要中途换栓。但若是采用海绵栓对山羊进行同期发情，需要在埋栓 10d 时换栓一次，而绵羊由于埋植时间较山羊短，可以中途不换栓。CIDR 的价格较海绵栓高。

孕酮栓需要用埋栓器将其送入母羊阴道内。埋栓器由外套管［图 6-2(a)］与内推杆［图 6-2(b)］两部分构成。外套管呈空芯圆柱状，前端是呈 45°角的斜形开口，距外套管斜形开口前端 5cm 左右处打磨成一个长约 5cm 的弧形缺口。斜形开口和弧形缺口边缘均打磨光滑，无锋利的棱角。内推杆为直径略小于外套管内径的一个中空管，可使呈"Y"字形 CIDR 的竖直部分能够顺利地从内推杆一端插入中空管中，内推杆的两端均打磨光滑，无锋利的棱角。

海绵栓装入埋栓器的方法：将充分浸油的海绵栓用镊子夹起，从外套管的弧形缺口处放入外套管的前端，并将海绵栓的细线置于外套管的外侧［图 6-2(c)］；内推杆从外套管的后端插入，直至内推杆前端接触到海绵栓为止［图 6-2(d)］。用一只手在外套管的后端握紧内推杆和外套管，使两者不能产生相对滑动。

CIDR 装入埋栓器的方法：将内推杆从外套管的后端插入并向前推动内推杆，直至内推杆前端距外套管前端还有 2cm 左右时，用一只手在外套管的后端握紧内推杆和外套管，使两者不能产生相对滑动。用另一只手将呈"Y"字形 CIDR 的竖直部分从外套管前端推入内推杆的中空管中，再用手指紧压"Y"字形 CIDR 的上部，当 CIDR 上部开张角度小于外套管的内径时，用力将"Y"字形 CIDR 的上部完全推入到外套管的前端［图 6-2(e) 和图 6-2(f)］。

将阴道栓（海绵栓或 CIDR）埋植入羊阴道的方法：保定母羊使

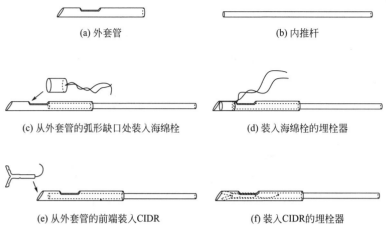

(a) 外套管　　　　　　　　　　(b) 内推杆

(c) 从外套管的弧形缺口处装入海绵栓　　(d) 装入海绵栓的埋栓器

(e) 从外套管的前端装入CIDR　　(f) 装入CIDR的埋栓器

图 6-2　埋栓器及孕酮栓的装入

其自然站立，将装有阴道栓的埋栓器向上倾斜 20°角，缓缓插入羊阴道，使外套管前端到达羊阴道的底部，用一只手顶住内推杆的后端，另一只手固定住外套管露在羊阴道外面的部分，将外套管向外撤出 10cm 左右，然后将外套管及内推杆一并撤出羊阴道，以完成孕酮栓的埋植。如果连续给母羊埋栓，导入管抽出浸入消毒液消毒后可以继续使用。也可使用肠钳埋栓，方法是将母羊固定后，用开膣器打开阴道，用肠钳将含有抗生素的自制阴道栓放入阴道内 10～15cm 处，使阴道栓的线头留在阴道外即可。未经产母羊阴道狭窄，应用埋栓器若有困难，可改用肠钳法，甚至用手指将海绵栓直接推入阴道内。埋栓时，应当避免现场尘土飞扬，以免污染阴道栓。母羊埋栓期间，若发现孕酮栓脱落，要及时重新埋植。

撤栓时如图 6-3 所示，用手拉住孕酮栓的外露线头缓缓向后下方拉，直至取出孕酮栓，或用开膣器打开阴道，用肠钳取出。撤栓时，阴道内有异味或黏液流出，属正常情况，如果有血、脓，则说明阴道内有破损或感染，应立即使用抗生素处理。取栓时，阴门不见有细线，可以借助开膣器观察细线是否缩进阴道内，如见阴道内有细线，可用长柄钳夹出。遇有粘连的，必须轻轻操作，避免损伤阴道，撤栓后用 10mL 3％的土霉素溶液冲洗阴道。

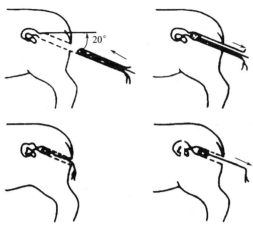

图 6-3　孕酮栓的植入及撤出

（2）孕激素＋氯前列烯醇法

给空怀母绵羊阴道埋植孕酮栓 16 天，山羊阴道埋植孕酮栓 20 天。在撤栓（第 16 天）时颈部肌内注射 PG，剂量为 0.1mg/只。该法的母羊发情集中程度略低于孕激素＋孕马血清＋氯前列烯醇法，但由于该法未使用 PMSG，因此药品成本低于孕激素＋孕马血清＋氯前列烯醇法。

（3）前列腺素法

方法是给每只母羊注射氯前列烯醇 0.05～0.1mg，注射后 2～3天母羊发情率可达 60％左右。为了提高母羊的同期发情率，第一次发情的母羊可不参加配种。可于第一次给母羊注射氯前列烯醇后 10～14 天再注射一次氯前列烯醇，注射剂量同第一次。于第二次注射后 2～3 天，母羊发情率可达 90％以上。需要注意的是该法只对正处于繁殖季节（具有自然发情周期）的母羊有效，对处于非繁殖季节或乏情期的母羊没有效果。

另外，单纯给母羊注射雌激素，如雌二醇、雌酮、雌三醇以及合成激素己雌酚、己烯雌酚和苯甲酸雌二醇等，也可以诱导乏情母羊有发情表现。但采用这种方法处理而发情的母羊，卵巢上并不发生卵泡的破裂排卵，因而母羊配种或人工授精后的受孕率很低。若希望母羊同期发情后可配种受孕，不建议采用注射雌激素或三合激素进行同期发情处理。

2. 诱导发情技术

① 公羊效应　是将公母羊在繁殖季节分群隔离饲养一个月之后再混群饲养，大多数母绵羊在群内放入公羊后 24 天（母山羊为 30 天）可表现发情。此法较药物诱导发情的同期化程度相对低，但方法简单，且不增加药费开支。

② 生殖激素法　对于季节性或生理性乏情的母羊，诱导其发情可采用孕激素＋孕马血清＋氯前列烯醇法，具体方法与同期发情技术相同。为提高诱导发情母羊的配种受胎率，可于配种时根据说明书剂量肌内注射适量的 LRH-A3 或 LH。

二、同期分娩

母羊同期分娩可为集中产羔和羔羊的同时断乳、同期育肥、集中出栏的全进全出工厂化生产管理提供技术保障；可将孕羊分娩时间控制在相对集中的时间内，便于进行必要的分娩监护和开展有准备的护理工作，能够减少或避免分娩母羊和新生羔羊可能发生的伤亡事故。例如，可以将分娩控制在工作和上班时间内，避开假日和夜间，便于安排人员进行接产和护理，也便于有计划地利用产房和其他设施。

1. 糖皮质激素法

在羊妊娠期的最后 1 周内，每只羊注射 12～16mg 地塞米松或倍他米松或 2mg 氟美松，可使多数母羊在 40～60h 内产羔。

2. 雌激素法

在羊妊娠期的 140～144d，每只羊一次性肌内注射雌二醇安息香酸盐 7.5～30mg，可使 94％的羊在处理后第 2 天内分娩。

3. 前列腺素法

对妊娠 141～144d 的母羊，肌内注射 PGF2α15mg 或氯前列烯醇 0.1～0.2mg，也可有效地诱发母羊在处理后 3～5d 产羔。

4. 雌激素与催产素配合使用

给怀孕 130～140 日龄的母羊，下午间隔 5h 肌内注射乙烯雌酚两次，每次剂量 4mg，再间隔 9～10h，每只肌内注射催产素 20IU。一般在注射催产素后 3～4h 即开始产羔。若尚未分娩，需再注射催产素 20～30IU，1h 后即可产羔。

但需要注意的是，可靠而安全的诱发分娩（不影响胎儿或羔羊的死亡）能够改变自然分娩的程度是有限的。羊可靠而安全的诱发分娩的处理时间是在正常预产期结束之前 1 周内。超过这一时限，会造成产死胎、新生羔羊死亡、成活率低、体重轻和母羊胎衣不下、泌乳能力下降、生殖机能恢复延迟等不良后果，时间提早越多，有害影响越大。因此，应用分娩控制技术必须以知道母羊确切的配种日期为前提。

三、诱导多（双）羔

应用诱导双（多）羔技术可以使绒山羊、细毛羊等单胎品种实现一胎产双羔或多羔从而大幅度地提高母羊的繁殖力，提高经济效益。在养羊生产上应用较多的诱导双（多）羔的方法有免疫法、促性腺激素法等。

1. 免疫法

（1）甾体激素免疫法

目前采用该法诱导产多（双）羔的产品种类较多。例如，"兰双"（代号 TIT）由中国农业科学院兰州畜牧与兽药研究所研制，"新双"（代号 XIC）由中国科学院新疆化学研究所研制，"澳双"由澳大利亚所生产。

应用双羔素对母羊进行免疫时，应严格按其使用说明书上给出的用法、用量和时间间隔进行操作，否则会严重影响免疫效果。双羔素一般采用颈部皮下注射，但油佐剂的双羔素因其会引起注射部位的疼痛，所以要尽量避免在颈部和臀部注射，否则会影响母羊的采食及运动。油佐剂的双羔素最好选择位于尾根下方、肛门上方凹陷处的后海穴处进行注射，进针角度与直肠平行略向上方，深度 0.5～1.0cm 为宜，在该处注射不仅可以增进免疫应答，还可以节约药品的用量。

应用上述产品可使母羊的产羔率提高 10％～30％，其诱导产多（双）羔效果受羊的品种、年龄、膘情等影响。一般 3～6 岁的母羊效果较好，初产羊和 6 岁以上的母羊效果不太理想。应用"兰双"免疫

东北半细毛羊，上等膘情试验组的繁殖率比下等膘情试验组高
27.7%，中等膘情试验组比下等膘情试验组繁殖率高18.3%。

（2）抑制素免疫法

抑制素免疫是诱导母羊双（多）羔的新途径。目前常用的抑制素
的来源有所不同：有从性腺组织中提取的，有化学合成的，还有利用
DNA重组技术生产的等。

2. 促性腺激素法

目前在生产中常用的诱导双（多）羔的激素类制剂主要有
PMSG、LH类似物和双羔素等。由于PMSG的半衰期长，在应用时
只需注射一次，特别是与抗PMSG的药物配合使用时，使其副作用
大大降低，从而使PMSG在生产中得到了更多的应用。双羔素主要
成分是睾酮-3-羧甲基肟和牛血清白蛋白，由中国农业科学院兰州畜
牧与兽药研究所研制，有水剂和油剂两种类型。

四、性别控制

1. X精子和Y精子分离

公羊精液中含有X精子和Y精子，用X精子人工授精可使母羊
产母羔，相反用Y精子人工授精则可使母羊产公羔。目前X、Y精子
分离技术逐渐进入商业化应用阶段，产羔的性别准确率可达90%以
上，但利用性控精液人工授精的受胎率较常规冻精低，限制了性控精
液在生产中的推广应用。

2. 胚胎性别鉴定

对羊的胚胎首先进行性别鉴定，然后利用胚胎移植技术将预知性
别的胚胎移入母羊体内，可以使母羊实现全生公羔或母羔。用于绵
羊、山羊早期胚胎性别鉴定的方法有H-Y抗原法、Y-染色体特异性
DNA探针杂交法、PCR法等。PCR法由于具有快速、灵敏度高、操
作简便且准确（准确率达95%～100%）的特点，适宜在实际生产中
应用。

五、早期妊娠诊断

随着养羊产业规模化和集约化的不断提高，在羊繁殖领域中，大

多借助 B 超诊断技术对母羊进行早孕诊断，这一技术的应用，提高了妊娠诊断的准确性，缩短了肉羊的空怀天数，降低了空怀的饲养成本，提高了养殖的经济效益。

B 超诊断法是将超声波回声信号以灰阶的形式显示出来，光点的强弱反映了回声界面对超声反射和衰减的强弱，根据声像图形态和羊的解剖特点来判断羊怀孕与否。

B 超诊断法的具体操作步骤为：将待测母羊站立保定，将医用耦合剂涂抹在 B 超仪的探头上，探头垂直贴近羊后肢股内侧腹壁与乳房间的少毛区皮肤后，一边观察显示器显示的图像，一边缓慢移动探头进行扫描，寻找清晰准确的扫描效果，从而进行妊娠判断。当探测到膀胱的暗区后，向膀胱的左上或右上方探查。对于规模种羊场建议采用 B 超做早期妊娠诊断，因为兽用 B 超仪价格较贵，小规模肉羊场和农户使用投入高，不划算。

六、频密产羔

频密产羔也称为密集产羔体系，可打破羊季节性繁殖的特点，使母羊一年四季均可发情配种，大大缩短母羊的产羔间隔，让繁殖母羊每年最大效率地产羔，从而显著提高养羊经济效益。建立高频繁殖体系，需要借助羊发情控制技术、同期分娩和早期妊娠诊断等技术，实现母羊产后尽快发情、集中配种和集中产羔。高频繁殖体系目前有五种基本形式：

1. 一年两产体系

母羊产羔间隔时间为 6 个月。此体系可使母羊繁殖率增加 25%～30%，达到母羊产羔的最大限度。但由于多数母羊产后的生理恢复时间都在 1 个月以上，故其应用目前尚需进一步探讨。

2. 三年五产体系

由于母羊妊娠期的一半是 73 天，正是一年的 1/5，故可把一年分为 5 期。羊群可被分成三组，当体系开始时，第一组母羊在第一期产羔，第二期配种，第四期产羔，第五期再次配种；第二组母羊在第二期产羔，第三期配种，第五期产羔，第一期再次配种；第三组母羊在第三期产羔，第四期配种，第一期产羔，第二期再次配种。如此周而复始，产羔间隔 7.2 个月，对于一胎产 1 羔的母羊，一年可获 1.67 个羔羊，如一胎产双羔，可获 3.34 个羔羊。

3. 两年三产体系

该体系可使羔羊生产效率比常规体系增加 40%。母羊每 8 个月产羔 1 次，这样 2 年正好产羔 3 次。羔羊一般是 2 个月断奶，母羊在产后 1 个月配种。为了达到全年均衡产羔、科学管理的目的，在生产中羊群可被分成以 8 个月为产羔间隔的相互错开的 4 组，即每 2 个月安排一次生产；如果母羊在其组内妊娠失败，则 2 个月后转入下一组参加配种。这样在羔羊育肥期相同时，每隔 2 个月就有一批羔羊屠宰上市。

4. 三年四产体系

母羊产羔间隔为 9 个月，1 年有四组母羊产羔。做法是在母羊产羔后第四个月配种，以后几轮则是在第三个月配种，即 1 月份、4 月份、7 月份和 10 月份产羔，5 月份、8 月份、11 月份和 2 月份配种，这样全群母羊的产羔间隔为 6 个月和 9 个月。

5. 机会产羔体系

在条件有利时，如饲料和羊肉价格适宜，可安排母羊进行一次额外产羔。具体做法是母羊配种后，通过妊娠诊断，对空怀母羊进行一次额外配种。

第三节　人工授精术

羊人工授精技术是用假阴道采集种公羊的精液，对精液品质进行检查和稀释后，再用输精器将一定量的精液输入到发情母羊的生殖道内，以代替公、母羊自然交配而繁殖后代的一种技术。

一、人工授精的意义

1. 提高种公羊的配种效率

人工授精不仅有效地改变了羊的交配过程，更重要的是能够大大提高优秀种公羊的配种效率。公羊交配 1 次的射精量为 0.8～1.8mL，每毫升精液中含有 25 亿～40 亿个精子，人工授精母羊每一输精剂量要求含有效精子数 0.85 亿～1 亿个，如果以种公羊每次采精量平均为 1mL 计算，公羊自然交配 1 只母羊的精液就可给 20～40 只母羊进行人工授精。

2. 加速杂交改良，促进育种进程

由于人工授精极大地提高了公羊的配种能力，因而就能使优秀种公羊配种母羊的只数大大增加，进而扩大了良种遗传基因的影响，从而加速育种工作的进程。

3. 降低种公羊饲养费用

由于每头种公羊可配的母羊数增多，相应减少了饲养公羊头数，降低了饲养管理费用。

4. 避免各种生殖道传染病的传播

由于采用人工授精技术使公羊、母羊不接触，且人工授精有严格的技术操作规程要求，从而避免参加配种的公母羊之间疾病的传播。

5. 有利于提高母羊的受胎率

人工授精能克服公羊、母羊自然交配中因体格相差太大而不易交配或生殖道某些异常不易受胎的困难，又可便于发现繁殖障碍，以便采取相应的治疗措施减少不孕。人工授精所用的发情母羊，事先要经过发情鉴定，掌握适宜的配种时机，所用的精液均经检查合格。因此，可使母羊的配种受胎率得到提高。

6. 扩大种公羊的配种地区范围

保存的种公羊精液，尤其是冷冻精液，便于携带运输，可使母羊配种不受地区的限制和有效地解决无种公羊或种公羊不足地区的母羊配种问题。

该技术适于在养羊场、养羊大户、养羊专业村和广大牧区推广应用，是实现肉羊高效生产的一项重要繁殖技术。

二、人工授精站的建设

1. 人工授精站建筑要求

人工授精站主要建筑包括采精室、检精室、输精室、母羊待配圈、种公羊及试情公羊棚圈等。站内房屋的多少与平面布置，可根据不同条件确定。

① 采精室和输精室建筑要求 采精室和输精室要求面积 30～40m²，要求地面平整，采精室水泥地面应加防滑垫，室内光线充足，备有采精架和输精架，并附设喷洒消毒和紫外线照射杀菌设备。

② 检精室建筑要求 检精室要求面积 8～10m²，要求屋顶、墙壁平整清洁，室温应保持在 18～25℃，并附设喷洒消毒和紫外线照射杀菌设备。室内应避免有各种药物的气味和煤气等，特别是用过的酒精棉球应放到有盖的容器内，防止其挥发从而影响精子的活力。

2. 人工授精所需仪器、设备、物品及药品

(1) 仪器、设备及物品 人工授精站应准备的仪器、设备及物品见表6-2。

表6-2 羊人工授精站所需主要仪器设备

序号	名 称	规 格	单位	数量
1	显微镜	300～600g	架	1
2	蒸馏器	小型	套	1
3	天平	0.1～100g	台	1
4	假阴道外壳		个	4
5	假阴道内胎		条	8～12
6	假阴道塞子(带气嘴)		个	6～8
7	输精枪	1mL	支	8～12
8	输精量调节器		个	4～6
9	集精杯		个	8～12
10	金属开膣器	大、小2种	个	各2～3
11	温度计	100℃	支	4～6
12	寒暑表		个	3
13	载玻片		盒	1
14	盖玻片		盒	1～2
15	酒精灯		个	2
16	玻璃量杯	50mL、100mL	个	各1
17	玻璃量筒	500mL、1000mL	个	各1
18	蒸馏水瓶	500mL、1000mL	个	各1
19	玻璃漏斗	8cm、12cm	个	各1～2
20	漏斗架		个	1～2
21	广口玻塞瓶	125mL、500mL	个	4～6
22	细口玻塞瓶	500mL、1000mL	个	各1～2

序号	名称	规　格	单位	数量
23	玻璃三角烧瓶	500mL	个	2
24	洗瓶	500mL	个	2
25	烧杯	500mL	个	2
26	玻璃皿	10～12cm	套	2
27	带盖搪瓷杯	250mL、500mL	个	各2～3
28	搪瓷盘	20cm×30cm	个	2
29	搪瓷盘	40cm×50cm	个	2
30	钢精锅	27～29cm,带蒸笼	个	1
31	高压锅	28cm	个	1
32	血球计数计		套	1
33	手握计数器		个	2
34	热水瓶		个	各2
35	长柄镊子		把	2
36	剪刀	直头	把	2
37	吸管	1mL	支	2
38	广口保温瓶	手提式	个	2
39	玻璃棒	直径0.2cm、0.5cm	支	200
40	药勺	角质	个	2
41	试管刷	大、中、小三种	个	各2
42	滤纸		盒	2
43	擦镜纸		张	100
44	手刷		个	2～3
45	纱布	医用	kg	1
46	脱脂棉	医用	kg	1～1.5
47	试情布	30cm×40cm	条	30～50
48	搪瓷脸盆		个	4
49	手电筒	带电池	个	3
50	器械箱		个	2
51	耳号钳		把	2
52	耳标		个	若干
53	采精架		个	1
54	输精架		个	2
55	其他			

（2）**药品及试剂**　羊人工授精站应准备的药品及试剂见表6-3。

表6-3　羊人工授精站所需药品及试剂

序号	名称	规格	单位	数量
1	酒精	95％、500mL	瓶	6～8
2	氯化钠	化学纯、500g	瓶	1～2
3	碳酸氢钠		kg	2.5～3
4	白凡士林		kg	1
5	高锰酸钾	500g	瓶	1
6	碘酊	500mL	瓶	1
7	新洁尔灭	500mL	瓶	2
8	煤酚皂	500mL	瓶	2～3
9	其他			

（3）采精种公羊和台羊

① 采精种公羊　要求符合种用标准，体质结实，结构匀称，生产性能高，生殖器官发育正常，有明显品种特征，精液品质良好的公羊作为种羊。种公羊除经外貌鉴定外，尚需根据父母、祖代系谱及后裔进行测定。选择个体育种值高的作为主配公羊。人工授精用的种公羊经综合鉴定，均应达到一级以上。种公羊的等级一般应高于母羊的等级。种公羊应重点加强饲养管理，除留作试情公羊外，对劣质公羊要全部去势。

② 台羊　采精时，用发情良好的母羊做活台羊效果最好，有利于刺激种公羊的性反射。活台羊最好是健康、体壮、大小适中、性情温顺且发情征状明显的母羊；也可先用发情的母羊训练公羊采精，然后再用不发情的母羊做台羊；经过训练的公羊也可做台羊。还可利用假台羊采精，这种方法既方便又安全可靠，假台羊可用木材或金属材料制成，要求大小适宜，坚实牢固，表面柔软干净，尽量模拟母羊的轮廓和颜色。

三、人工授精技术程序

1. 采精

（1）采精前准备

① 采精室（场）的准备　采精室地面用0.1％的新洁尔灭溶液或3％～5％煤酚皂（来苏尔）或石炭酸溶液喷洒消毒，夜间打开紫外线

灯消毒，工作服可在夜间挂在采精室进行紫外线消毒。

② 台羊或采精台的准备　采精前，将活台羊牵入采精架加以保定，然后彻底清洗其后驱，特别是尾根、外阴、肛门等部位，外阴部用2%来苏尔消毒，并用干净抹布擦干。如用假母羊做台羊，采精公羊须先经过训练，即先用真母羊做台羊，采精数次，再改用假母羊做台羊。

③ 公羊性准备　种公羊采精前性准备的充分与否，直接影响着精液的数量和质量。因此，在临采精前，均须以不同诱情方法使公羊有充分的性欲和性兴奋。一般采取让公羊在台羊附近停留片刻，进行几次假爬跨或观看其他公羊爬跨射精等方法，可增加性刺激强度，表现出较强烈的性行为。

利用假台羊采精，要事先对种公羊进行调教，使其建立条件反射。调教的方法有：在假台羊的后驱涂抹发情母羊的阴道黏液和尿液，公羊则会受到刺激从而引起性兴奋并爬跨假台羊，经过几次采精后即可调教成功；或在假台羊旁边牵一只发情母羊，诱使公羊进行爬跨，但不让其交配而把其拉下，反复多次，待公羊的性冲动达高峰时，迅速牵走母羊，令其爬跨假台羊采精；也可将待调教的公羊拴系在假台羊附近，让其目睹另一头已调教好的公羊爬跨假台羊，然后再诱其爬跨。在公羊调教过程中，要反复进行训练，耐心诱导，切勿施用强迫、恐吓、抽打等不良刺激，以防止性抑制而给调教造成困难。获得第一次爬跨采精成功后，还要经过几次反复，以便使公羊建立巩固的条件反射。此外，还要注意人畜安全和公羊生殖器官的清洁卫生。

（2）假阴道采集精液

① 假阴道的准备　假阴道的安装和消毒。首先检查所用的内胎有无损坏和沙眼。安装时先将内胎装入外壳，使光面朝内，并要求两头等长，然后将内胎一端翻套在外壳上，依同法套好另一端，此时勿使内胎有扭转情况，并使其松紧适度，然后在两端分别套上橡皮圈固定之。用长柄镊子夹上70%酒精棉球消毒内胎，从内向外旋转进行消毒，待酒精挥发后，再用生理盐水棉球多次擦拭。将消毒好的集精杯用生理盐水棉球多次擦拭，然后安装在假阴道的一端（图6-4）。

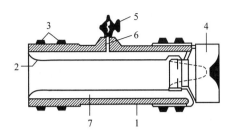

图 6-4　羊采精用假阴道

1—外壳；2—内胎；3—固定胶圈；4—集精杯；

5—气嘴；6—注水孔；7—温水

② 灌注温水　左手握住假阴道的中部，右手用量杯或吸水球将温水（50～55℃）从注水孔灌入，水量约为外壳与内胎间容量的1/3～1/2 为宜。实践中常以竖立假阴道、水达注水孔即可。最后装上带活塞的气嘴，并将活塞关好。

③ 涂抹凡士林　用消毒玻璃棒取少许经消毒的凡士林在假阴道装集精杯的对侧端涂抹一薄层，涂抹深度以假阴道长度的前 1/3～1/2 处为宜。

④ 检温、吹气加压　用消毒的温度计插入假阴道内检查温度，以采精时达 39～42℃ 为宜。若温度过高或过低，可用冷水或热水加以调节。当温度适宜时向夹层注入空气，使涂凡士林一端的内胎壁紧紧贴合，口部呈三角形裂隙为宜。最后用纱布盖好入口，准备采精。

⑤ 采精技术　采精人员右手握住假阴道后端，固定好集精杯（瓶），并将气嘴活塞朝下，蹲在台羊右后侧，让假阴道靠近母羊的臀部，在公羊跨上母羊背侧的同时，将假阴道与地面保持 35°～40°角迅速将公羊的阴茎引入假阴道内，切勿用手抓碰摩擦阴茎。若假阴道内温度、压力、润滑度适宜，公羊后躯会急速用力向前一冲即已射精。此时，顺公羊动作向后移下假阴道，集精杯一端向下，迅速将假阴道竖起，然后打开活塞上的气嘴，放出空气，取下集精杯，用集精杯盖盖好送精液检验室待检。

合理安排公羊采精率是维持公羊健康和最大限度采集精液的重要条件。公羊采精频率要根据精子产生数量、贮存量、每次射精量、精子活率、精子形态正常率和饲养管理水平等因素来决定。随意增加采精次数，不仅会降低精液品质，而且会造成公羊生殖机能降低和体质衰弱等不良后果。在生产上，公绵羊和公山羊射精量少而附睾贮存量大，由于配种季节短，每天可采精多次，连续数周，不会影响精液质量，绵羊、山羊的适宜采精频率见表6-4。对于常年采精公羊，采精频率通常为每周2天采精，每天采精2次。生产上所采精液样品中如出现未成熟精子、精子尾部近头端有未脱落的原生质滴、种公羊性欲下降等，都说明公羊采精次数过高，这时应立即减少或停止采精。

表6-4　正常成年公羊的采精频率及其精液特性

品种	每周采精次数	平均每次射精量/mL	平均每次射出精子总数/亿	平均每周射出精子总数/亿	精子活率/%	正常精子数/%
绵羊	7～25	0.8～1.2	16～36	200～400	60～80	80～95
山羊	7～20	0.5～1.5	15～60	250～350	60～80	80～95

2. 精液品质检查

（1）精液的外观检查

① 精液量　射精量是指公羊一次采精所射出精液的容积，可以用带有刻度的集精瓶（管）直接测出，绵羊、山羊的公羊射精量如表6-4所列。当公羊的射精量太多或太少时，都必须查明原因。若射精量太多，可能是由于副性腺分泌物过多或其他异物（尿、假阴道漏水）混入所致；如过少，可能是由于采精技术不当、采精过频或生殖器官机能衰退所致。凡是混入尿、水及其他不良异物的精液，均不能使用。

② 色泽与气味　羊正常精液呈乳白色或浅乳黄色，其颜色因精子浓度高低而异，乳白程度越重，表示精子浓度越高。若精液颜色异常，表明公羊生殖器官有疾病。如精液呈淡绿色表示混有脓汁；呈淡红色是混有血液；呈黄色是混入尿液等，诸如此类色泽的精液，应该弃去或停止采精。

精液一般无味。有的带有动物本身的固有气味，如羊精液略有膻味。任何精液若有异味，如尿味、腐败臭味时应停止使用。

③ 云雾状　羊正常精液因精子密度大而呈混浊不透明状，肉眼观察时，由于精子运动翻腾滚滚如云雾状。精液混浊度越大，云雾状

越显著，乳白色越浓，表明精子密度和活率也越高。

（2）显微镜检查

① 精子活率检查　精子活率是指精液中呈前进运动精子所占的百分率。由于只有具有前进运动的精子才可能具有正常的生存能力和受精能力，所以活力与母羊的受胎率有密切关系，它是目前评定精液品质优劣的重要指标之一。一般鲜精子活力在 0.6 以下的不可用于配种。

常用的检查方法有：①目测评定法，通常采用光学显微镜放大 200～400 倍，对精液样品进行目测评定。可在普通的玻璃片上滴一滴精液，然后用盖玻片均匀盖着整个液面，做成压片检查标本，在显微镜下目测评定。②精液检查板法，精液检查板是由日本西川义正等人设计，可使被检查的精液样品厚度均匀地保持在 $50\mu m$，因此观察时不易产生误差。使用时将精液滴在检查板中央，过量的精液将会自动流向四周，再盖上盖玻片，即制成检查标本。羊的原精液密度大，可用生理盐水、5% 的葡萄糖溶液或其他等渗稀释液稀释后再进行制片。

精子的活动受室内温度影响极大。温度高了，活动加快；温度低了，则活动减弱。因此，检查时室温应保持在 18～30℃，并在显微镜周围温度为 37～38℃ 的保温箱内或在恒温工作台上进行。

精子运动方式可分为直线前进运动、旋转运动、摆动运动 3 种，精子的直线前进运动最有利于受精。评定精子活力时就是以精液中直线前进运动的精子百分比来衡量。

② 精子密度检查　精子密度通常是指每毫升精液中所含精子数。根据精子密度可以计算出每次射精量中的总精子数，再结合精子活率和每个输精量中应含有效精子数，即可确定精液合理的稀释倍数和可配母羊的只数。因此，精子的密度也是评定精液品质优劣的常规检查的主要项目。但一般只需在采精后对新鲜的原精液作一次性密度检查即可。目前测定精子密度的主要方法是目测法、血细胞计数法和光电比色测定法。

a.目测法　又称估测法，在检查精子活力时同时进行，在显微镜下可根据精子稠密程度，分为密（25 亿/mL 以上）、中（20 亿～25 亿/mL）、稀（20 亿/mL 以下）三级，如图 6-5 所示。"密"指在视野中精子之间距离小于一个精子的长度；"中"指在视野中精子之间

131

距离大约等于一个精子的长度；"稀"指在视野中精子之间距离大于一个精子的长度。

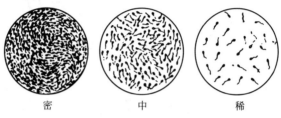

密　　　　　中　　　　　稀

图 6-5　羊精子密度示意图

　　b.血细胞计数法　采用该法计算精子与计算血液中红细胞、白细胞的操作方法相类似。这是一种比较准确的测定精子密度的方法，且设备比较简单，但操作步骤较多，故一般也只对公羊精液品质作定期检查时采用。其操作方法如下：用红血细胞吸管吸至"0.5"，然后再吸入3%氯化钠溶液至"100"刻度，稀释200倍。以拇指及食指分别按住吸管的两端，充分摇动使精液和3%氯化钠溶液混合均匀，然后弃去吸管前端数滴，将吸管尖端放在计算板与盖玻板之间的空隙边缘，使吸管中的精液流入计算室，充满其中。在400～600倍显微镜下观察，用计数器数出5个大方格内精子数。计算时以精子头部为准，在方格四边线条上的精子，只计算上边和左边的，避免重复。选择的5个大方格，应位于一条直角线上或四角各取一个，再加上中央一个。求得五个大方格的精子总数后，乘上1000万或加七个零，即可得每毫升精液所含精子数。

　　c.光电比色计精子密度测定法　美国 Sa Lisbury 等1943年开始研究应用此法，其原理是精子密度越高，其精液越浓，以至透光性越低，从而使用光电比色计通过反射光或透射光能准确地测定精液样品中的精子密度。目前世界各国已较普遍应用于牛、羊精子密度的测定。其优点是准确、快速、使用精液量少，仪器价格一般，经久耐用，操作简便，一般技术人员均可掌握。其方法是事先将原精液稀释成不同倍数，并用血细胞计算其精子密度，从而制成已知系列各级精子密度的标准管，然后使用光电比色计测定其透光度，根据透光度求出每相差1%透光度的级差精子数，编制成精子密度查数表备用。

一般检测精液样品时，只需将原精液按 1:（80~100）的比例稀释后，先用光电比色计测定其透光值，然后根据透光值查对精子密度查数表，即可从中找出其相对应的精子密度值。

③ 精子形态检查　精子的形态正常与否与受胎率有着密切的关系。如果精液中形态异常的精子所占的比例过大，不仅影响受胎率，甚至可能会造成遗传障碍，所以有必要进行精子形态的检查。特别是冷冻精液，对精子的形态检查更有必要。精子形态检查有畸形率和顶体异常率检查两种。

a.精子畸形率　一般绵羊、山羊品质优良的精液，其精子畸形率不超过 14%，普通的也不能超过 20%，超过 20% 以上者，则会影响受胎率，不宜用作授精。

畸形精子一般分四类：头部畸形，如头部巨大、瘦小、细长、圆形、轮廓不明显、皱褶、缺损、双头等；颈部畸形，如颈部膨大、纤细、屈折、不全、带有原生质滴、不鲜明、双颈等；体部畸形，如体部膨大、纤细、不全，带有原生质滴、弯曲、屈折、双体等；尾部畸形，如尾部弯曲、屈折、回旋、短小、长大、缺损、带有原生质滴、双尾等。正常精子及各类型畸形精子如图 6-6 所示。一般头、颈部畸形较少，体、尾部畸形较多。

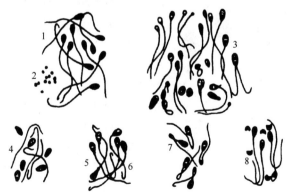

图 6-6　畸形精子类型图

1—正常精子；2—脱落的原生质滴；3—各类畸形精子；4—精子头尾分离；

5,6—带原生质滴精子；7—尾弯曲精子；8—脱落顶体

133

精液中如有大量畸形精子出现，证明精子在生成过程中受到破坏；副性腺及尿道分泌物有病理变化；由精液射出起至检查或保存过程中，因没有遵守技术操作规程使精子受到外界不良影响。

畸形精子检查方法是先将精液用生理盐水或稀释液作适当稀释后，作涂片。干燥后，浸入96%酒精或5%福尔马林中固定2～5min，用蒸馏水冲洗。阴干后可用伊红（美蓝、龙胆紫、红墨水也可以）染色2～5min用蒸馏水冲洗即可，放在600～1500倍显微镜下检查，检查总数不少于300个。畸形精子率的计算为畸形精子占计算总精子数的百分比。在日常精液检查中，不需要每天检查，只有在必要时才进行。

b. 精子顶体异常率　有些研究者认为用精子顶体完整率来评定精液品质及受精力比用活力评定较理想。同畸形率检查一样制成抹片，待自然干燥后再在福尔马林磷酸固定液中固定15min，水冲洗后用姬姆萨缓冲液染色1.5～2.0h，再用水冲洗干燥后，用树脂封装，置于1000倍以上普通显微镜下随机观察500个精子（最少不得少于200个），即可计算出顶体异常率。顶体异常一般表现有膨胀、缺损、部分脱落和全部脱落等情况（图6-7）。

福尔马林磷酸盐固定液的配制：先配制0.89%氯化钠（NaCl）溶液。取2.25g $Na_2HPO_4 \cdot 2H_2O$和0.55g $NaH_2PO_4 \cdot 2H_2O$放入容量瓶中，加入0.89%氯化钠（NaCl）溶液约30mL。在30℃左右待磷酸盐全部溶解，加入经碳酸镁（$MgCO_3$）饱和的甲醛8mL。再用0.89%氯化钠（NaCl）溶液配制到100mL，静止24h后即可使用。

图6-7　精子顶体异常图

1—正常顶体；2—顶体膨胀；
3—顶体部分脱落；4—顶体全部脱落

姬姆萨原液的配制：取姬姆萨染料1g，甘油66mL，甲醛66mL。先将姬姆萨粉剂溶于少量甘油中，在研钵内研磨，直至无颗粒为止，再将全部甘油倒入。置于56℃恒温箱中2h，然后加入甲醛，密封保存于棕色瓶中。

④ 其他检查

a.精子存活时间　是指精子在一定外界环境下的总生存时间，而存活指数是指精液内的精子平均存活时间，亦即表示精液内精子活率下降的速度。精子存活时间越长，活率下降速度越慢，说明精子生活力越强，其精液品质越高。与受胎率呈正相关。

其检查方法是将稀释并经活率检查后的精液分装成若干等份置于一定温度条件下保存，然后每隔一定时间随机抽取同类的一份样品经过升温等适当处理后，在 37℃ 显微镜保温箱中进行活率检查，直至保存的精液中精子全部死亡为止。然后根据记录计算存活时间和存活指数。存活时间计算是由开始稀释检查时间至倒数第二次检查之间的间隔时间，加上最后一次与倒数第二次检查间隔时间的一半，其总和即精子总存活时间。存活指数计算是每相邻前后两次检查的精子平均活率与其间隔时间的乘积相加的总和即为生存指数。

b.精子耗氧量测定　精子呼吸所消耗的氧量与精子活力和密度有密切关系。此外，也受精清中含有的代谢基质量、pH 及保存温度等因素的影响。因此，一般用原精液进行耗氧量测定。耗氧率是以 1 亿精子在 37℃ 下 1h 所消耗的氧气量，是将一定量的原精液放置在 37℃ 的恒温培养箱内孵育 1h，用瓦氏呼吸器测定其耗氧量，精子耗氧量一般为 $5\sim22\mu L$。

c.美蓝褪色实验　美蓝是氧化还原剂，氧化即呈蓝色，还原则为无色。精子在美蓝溶液中，呼吸时氧化脱氢，美蓝即被还原为无色。因此，根据美蓝褪色时间可测知精液中存活精子的多少，判定精子的活率和密度的高低。羊精液美蓝褪色试验，一般是把 0.01% 美蓝溶液与等量精液混合后，装在内径为 $0.8\sim1.0\text{mL}$、长 $6\sim8\text{cm}$ 的细玻璃管内，置于白纸上在 $18\sim25℃$ 下观察。

d. pH 的测定　羊新鲜精液的 pH 为 $6.5\sim6.9$，呈弱酸性。测定 pH 最简单的方法是用万能试纸比色或用酸度计测定。

e.精液果糖分解测定　精液果糖分解能力与精子活力密切相关。因此，测定精液果糖分解系数可作为精子活力评定指标。果糖分解测定是以 1 亿精子每小时消耗果糖的毫克数表示，测定时在嫌气条件下，用一定量的精液（如0.5mL）在37℃温箱中培养3h，每小时取0.1mL精液样本经果糖定量测定，将所得结果与培养前最初果糖含量比较，计算出果糖分解系数。由于精子还可以利用果糖以外的其他简单糖类，因此用含葡萄糖等稀释液稀释过的精液不能据此测定。

f.微生物检查　正常精液内不含任何微生物，但在体外易受污染，受污染的精液其精子存活时间缩短，受精能力降低，严重影响母羊的受胎效果；特别是如果用含有病原微生物的精液进行人工授精，还会造成母羊传染病的人为扩散。因此，精液微生物的检查已被列为精液品质检查的重要指标之一，也是精液交换和贸易的重要检验项目。

检查方法严格按照常规微生物学检验操作规程进行，检测精液的菌落数和病原微生物。取样要求具有代表性，对新采集原精液和液态保存精液，要取样1mL立即送检，对批量生产和贮存的各种剂型冷冻精液可随机抽检1%（即100粒或支抽1份），若不足100份，可按5%~10%随机抽样，每份取样的精液应为1mL，若不足1mL时，如每颗粒精液0.1mL，细管0.25mL、0.3mL、0.5mL，安瓿0.5mL，可多解冻几粒或支（同一头种公羊的或同一批的冻精），加以混合至1mL。已取出的精液样品要尽快送检，液态精液应在6h之内送到检验室；对贮存在液氮罐内的冷冻精液，应携带液氮罐去送检，送检时间不受限制，可随检随取，其中颗粒冻精取样过程中应严格控制，不要受外界的污染。将样品用灭菌生理盐水10倍稀释，取0.2mL倾倒于血琼脂平板，均匀分布，在普通培养箱中37℃恒温培养48h，观察平皿内菌落数并计算每剂量中的细菌菌落数，每个样品做两个，取平均值。计算公式：

每剂量中细菌数＝菌落数×取样品量的倍数

例如：细管0.25mL中细菌数＝菌落数×12.5（取样品的倍数）；颗粒0.1mL中细菌数＝菌落数×5（取样品的倍数）。

目前在家畜精液内已发现的病原微生物有：布鲁氏杆菌、结核杆菌、副结核杆菌、钩端螺旋体、衣原体、支原体、传染性阴道炎病毒（IPV）、蓝舌病毒、白血病毒、传染性肺炎病毒、传染性流产菌、胎儿弧菌、溶血性链球菌、化脓杆菌、葡萄球菌等。此外，还有假性单孢子菌、毛霉菌、白霉菌和曲霉菌等。精液中不应含有病原微生物，每毫升精液中的细菌菌落数不得超过 1000 个，否则为不合格精液。

此外，还要检测谷草转氨酶（GOT）、乳酸脱氢酶（DH）及精液的渗透压、导电性、比重（即相对密度）、黏度等指标，以反映精液品质状况。

3. 精液的稀释

（1）精液稀释的目的　绵羊、山羊的精液密度大，一般 1mL 原精液中约有 25 亿个精子，但每次配种，只要输入 5000 万～8000 万个精子，就可使母羊受胎，精液稀释以后不仅可以扩大精液量，增加可配母羊只数，更重要的是稀释液可以中和副性腺的分泌物，缓解对精子的损害作用，同时供给精子所需要的营养，为精子生存创造一个良好的环境，从而达到延长精子存活时间、便于精液的保存和运输的目的。

（2）稀释液的主要成分和作用　主要用于扩大精液容量，各种营养物质和保护物质的等渗溶液都具有稀释精液、扩大容量的作用。一般单纯用于扩大精液量的物质多采用等渗氯化钠、葡萄糖、果糖、蔗糖及奶类等。根据稀释液中不同成分所起的主要作用，可分为营养剂和保护剂。

营养剂主要提供营养以补充精子生存和运动所消耗的能量。常用的营养物质有葡萄糖、果糖、乳糖、奶和卵黄等。

保护剂指对精子能起保护作用的各种制剂，如维持精液 pH 的缓冲物质，防止精子发生冷休克的抗冻物质以及创造精子生存的抑菌环境等抗菌物质、其他添加剂等。

① 缓冲物质　在精液保存过程中，随着精子代谢产物（如乳酸和 CO_2）的积累，pH 会逐渐降低，超过一定限度时，会使精子发生不可逆的变性。因此，为防止精液保存过程中的 pH 变化，需加入适量的缓冲剂。常用的缓冲物质有柠檬酸钠、酒石酸钾钠、磷酸二氢钾等。

② 抗冻物质　在精液的低温和冷冻保存中，必须加入抗冻剂以防止冷休克和冻害的发生。常用的抗冻剂为甘油和二甲基亚砜（DM-SO）等。此外，奶类和卵黄也具有防止冷休克的作用。

③ 抗菌物质　在精液稀释中必须加入一定剂量的抗菌素，以抑制细菌的繁衍。常用的抗菌素有青霉素、链霉素和氨苯磺胺等。

④ 其他添加剂　主要作用是改善精子外在环境的理化特性以及母羊生殖道的生理机能，以利于提高受精概率，促进受精卵发育。常用的添加剂有以下几类：酶类，如过氧化氢酶具有能分解精子代谢过程中产生的过氧化氢，消除其危害以提高精子活率的作用，β-淀粉酶具有促进精子获能、提高受胎率的作用；激素类，如催产素、PGE 等可促进母羊生殖道蠕动，有利于精子运行而提高受胎率；维生素类，如维生素 B_1、维生素 B_2、维生素 B_{12}、维生素 C、维生素 E 等，具有改善精子活率、提高受胎率的作用；另外，如 CO_2、己酸、植物汁液等可调节稀释液的 pH，ATP、精氨酸、咖啡因、冬眠灵等具有提高精子保存后活率的作用。

（3）稀释液的种类和配方　根据稀释液的性质和用途，稀释液可分为现用稀释液、常温保存稀释液、低温保存稀释液和冷冻保存稀释液四类。

① 现用稀释液　以扩大精液容量、增加配种头数为目的的现用稀释液适用于采精后稀释，立即输精用。在牧场、农村饲养种公羊的单位开展人工授精可采用这种稀释液。现用稀释液以简单的等渗糖类和奶类物质为主体配制而成，也可将 0.85% 或 0.89% 氯化钠溶液高压灭菌后使用。

② 常温保存稀释液　适于精液常温短期保存用，一般 pH 较低。肉羊常温保存稀释液有鲜乳稀释液、葡萄糖-柠檬酸钠-卵黄稀释液。鲜乳稀释液是将新鲜牛奶或羊奶用数层纱布过滤，然后水浴加热至 92～95℃，维持 10～15min，冷却至室温，除去上层奶皮，每毫升加青霉素 1000IU、链霉素 1000μg，用于山羊、绵羊精液的稀释。葡萄糖-柠檬酸钠-卵黄稀释液是用 100mL 蒸馏水加 3g 无水葡萄糖、1.4g 柠檬酸钠溶解过滤后煮沸消毒 15～20min，降至室温加入 20mL 新鲜卵黄，每毫升加入青霉素 1000IU、链霉素 1000μg，适用于绵羊精液稀释；100mL 蒸馏水加 5g 乳糖、3g 无水葡萄糖、1.5g 柠檬酸钠，或加入 5.5g 葡萄糖、0.9g 果糖、0.6g 柠檬酸钠、0.17g 乙二胺四乙酸二钠，溶解过滤消毒冷却后每毫升加青霉素 1000IU、链霉素

1000μg，适用于山羊精液稀释。

③ 低温保存稀释液 适于精液低温保存用，其成分较复杂，多数含有卵黄和奶类等抗冷休克作用物质，还有的添加甘油或二甲基亚砜等抗冻害物质。

绵羊精液保存稀释液配方为：10g 奶粉加 100mL 蒸馏水配成基础液，取 90% 基础液和 10% 卵黄再加上 1000IU/mL 青霉素和 1000μg/mL 双氢链霉素制成稀释液。山羊精液保存稀释液配方为：葡萄糖 0.8g，二水柠檬酸钠 2.8g，加蒸馏水 100mL 配成基础液，取 80% 基础液、20% 卵黄、青霉素 1000IU/mL、双氢链霉素 1000μg/mL 配成稀释液。

④ 冷冻保存稀释液 该稀释液用于羊精液的冷冻保存。由于精液冷冻保存仅在生产冻精的种羊场使用，故在这里不做介绍。

（4）配制各种稀释液的注意事项 配制稀释液所使用的用具、容器必须洗涤干净、消毒，用前经稀释液冲洗。

稀释液必须保持新鲜。如条件许可，经过消毒、密封，可在冰箱内存放 1 周，但卵黄、奶类、活性物质及抗生素必须在用前临时添加。

所用的水必须清洁无毒性，蒸馏水或去离子水要求新鲜，使用沸水应在冷却后用滤纸过滤，经过实验对精子无不良影响才可使用。

药品成分要纯净，称量需准确，充分溶解，经过滤后进行消毒。高温易变性的药品不宜进行高温处理，应用细菌滤膜过滤以防变性失效。

使用的奶类应在水浴中灭菌（90～95℃）10min，除去奶皮。卵黄要取自新鲜鸡蛋。取前应对蛋壳消毒。

抗生素、酶类、激素、维生素等添加剂必须在稀释液冷却至室温时，按用量准确加入。

（5）稀释方法和倍数

① 稀释方法 精液稀释的温度要与精液的温度一致，在 20～25℃时进行稀释。将与精液等温的稀释液沿精液瓶壁缓缓倒入，用经消毒的细玻璃棒轻轻搅匀。如作 20 倍以上高倍稀释时，应分两步进行，先加入稀释液总量的 1/3～1/2 作低倍稀释，稍等片刻后再将剩

余的稀释液全部加入。稀释完毕后，必须进行精子活力检查，如稀释前后活力一样，即可进行分装与保存。

② 稀释倍数 精液进行适当倍数的稀释可以提高精子的存活力。绵羊、山羊的精液一般稀释比例为 1∶(2～4)；精子密度在 25 亿以上的精液可以 1∶(40～50) 稀释。根据试验，山羊精液以 1∶10 稀释的常温精液受胎率达 95.16%，甚至以 1∶20、1∶30、1∶40、1∶50、1∶80、1∶100 等 6 种稀释比例，输精后的情期受胎率均在 80% 以上。其中 1∶(20～40) 的情期受胎率达 91.74%～97.23%，1∶(50～100) 的情期受胎率达 81.82%～89.38%。

4. 精液的保存

精液保存方法，一般可按保存温度分为常温（15～25℃）保存、低温（0～5℃）保存、冷冻（-79℃或-196℃）保存等。

（1）常温保存 保存温度为 15～25℃，允许温度有一定的变动幅度，所以也称变温保存或室温保存。常温保存无需特殊的温控和制冷设备，比较简便。特别是绵羊精液采用常温保存，比低温或冷冻保存的效果相对较好。一般绵羊、山羊精液常温保存 48h 以上，活力仍可达原精液活力的 70%。其缺点则是保存时间较短。

常温保存方法是将稀释后的精液装瓶密封，用纱布或毛巾包裹好，置于 15～25℃温度中避光保存。通常采用隔水保温方法处理。也可将贮精瓶直接放在室内、地窖或自来水中保存。

（2）低温保存 将羊的精液保存于 0～5℃环境下，称为低温保存。低温保存时间较常温保存时间延长。由于绵羊精液的特异性，采用低温保存效果尚不理想，还有待于进一步研究。

低温保存是精液稀释后缓慢降温至 0～5℃保存，利用低温来抑制精子活动，降低代谢和能量消耗，抑制微生物生长，以达到延长精子存活时间的目的。当温度回升后，精子又恢复正常代谢机能并维持其受精能力。为避免精子发生冷休克，在稀释液中须添加卵黄、奶类等抗冷物质，并采用缓慢降温的方法。

① 降温处理 精子发生冷休克的温度是 10～0℃。稀释后的精液，为避免精子发生冷休克，必须采取缓慢降温方法，从 30℃降至 5.0℃时，每分钟下降 0.2℃左右为宜，整个降温过程需 1～2h 完成。

方法是将分装好的精液瓶用纱布或毛布包缠好，再裹以塑料袋防水，置于 0～5℃ 低温环境中存放，也可将精液瓶放入 30℃ 温水的容器内，一起置放在 0～5℃ 低温环境中，经 1～2h，精液温度即可降至 0～5℃。

② 低温保存方法　最常用的方法是将精液放置在冰箱内保存，也可用冰块放入广口瓶内代替；或者在广口瓶里盛有化学制冷剂（如尿素、硫酸铵等）的凉水内；还可吊入水井深处保存。无论哪种方法，均应注意维持温度的恒定。

③ 升温处理　低温保存的精液在输精前要进行升温处理。升温的速度对精子影响较小，故一般可将贮精瓶直接投入 30℃ 温水中即可。

（3）冷冻保存　是将采集的新鲜精液经过特殊处理，将其冻结为固态精液，然后放入液态氮（－196℃）或干冰（－79℃）内长期保存，是羊精液保存中较理想的一种方法。但是由于羊精液的冷冻保存需要特殊的仪器设备，并且要求的技术水平较高，在这里不做介绍。

5. 精液的运输

（1）液态精液的运输　用塑料细管盛装和运输液态精液非常方便，值得大力推广。运输精液的细管可用内径 0.3cm、长 20cm 的灭菌软塑料管，每管装稀释精液 0.44～0.5mL，在酒精灯上将细管两端加热，待管端熔化时，用镊子夹一下，将两端密封。运输距离在一两个小时的路程时，可用干净的毛巾或软纸包起来，装在运输人衣袋内带走。输精时，将精液细管一端的封口剪开，沿阴道上壁插入母羊阴道底部，再将另一端剪开，精液就会流入发情母羊的阴道，保持一两分钟后放开母羊。应注意的是，不能沿阴道下壁插入，否则有可能将细管插入尿道。如果运输距离在 4～6h 以上的路程时，就要将装有精液的细管放入盛有凉水和冰块的保温瓶中运输，到达目的地后，从保温瓶中取出细管，使温度回升，按上述方法输精。

液态精液运输时应注意以下事宜：盛装精液的器具应安放稳妥，做到避光、防湿、防震、防撞；运输途中，必须维持精液保存的温度恒定，切忌温度升降变化；运输精液应附有精液运输单，其内容有：发放的站名、公羊品种和羊号、采精日期、精液剂量、稀释液种类、

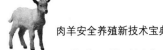

稀释倍数、精子活率和密度等内容。

（2）冷冻精液的运输　冷冻精液一般用盛满液氮的液氮罐运输，专车运输可采用较大一些的液氮罐，非专车运输可采用较小的液氮罐（3～10L）运输冷冻精液，也可用3.2L保温瓶代替（最好用新购买的）。运输过程中应持有冻精生产单位出具的液氮无害证明，以防客运部门将其误认为危险品而拒绝上车，耽搁日程，造成不必要的损失。液氮罐应有外套保护，装卸时要小心，轻拿轻放。液氮罐装上车（或带上车）后，应将其安放平稳、不可斜放，严防撞击和倾斜。专车运输应避免日光暴晒，夏季选择早晨或晚上运输。长途运输，在途中要注意补充液氮。

6. 输精

（1）输精前的准备

① 母羊准备　将发情母羊两后肢担在输精室内离地高度50cm左右的横杠式输精架上或站立在输精坑边。若无输精架或输精坑时可由工作人员保定母羊，其方法是工作人员倒骑在羊的颈部，用双手握住羊的两后肢飞节上部并稍向上提起，以便于输精。在输精前先用0.1/1000的高锰酸钾或2％的来苏尔消毒输配母羊外阴部，再用温水洗掉药液并擦干，最后以生理盐水棉球擦拭。

② 器械准备　各种输精用具在使用之前必须彻底洗净消毒，用灭菌稀释液冲洗。玻璃和金属输精器，可置入高温干燥箱内消毒或蒸煮消毒。阴道开张器及其他金属器材等用具，可高温干燥消毒，也可浸泡在消毒液内或利用酒精火焰消毒。

输精枪（图6-8）以每只母羊使用一支为宜。当不得已需数只母

图6-8　羊用注射输精枪

1—注射器活塞夹；2—刻度板；3—注射器圆筒夹；4—螺旋转轮；

5—容量2mL羊用导管注射器

羊共用一只输精枪时，每输完一只羊后，先用湿棉球（或卫生纸、纱布块）由尖端向后擦拭干净外壁，再用酒精棉球涂擦消毒，其管内腔先用灭菌生理盐水冲洗干净，后用灭菌稀释液冲洗方可再使用。

③ 精液准备　用于输精的精液，必须符合羊输精所要求的输精量、精子活率及有效精子数等。

④ 人员准备　输精人员要身着工作服，手洗干净后以75％酒精消毒，待酒精完全挥发干再持输精器。

（2）输精要求

① 输精时间　母羊输精时间一般在发情后10～36h。在生产上，一般早晨发现母羊发情，可在当天下午输精；傍晚发现母羊发情，可于第二天上午输精。为提高母羊受胎率，可第一次输精后间隔12h再输精一次，此后若母羊仍继续发情，可再输精1次。

② 输精量　原精液可为0.05～0.1mL，稀释后精液或冷冻精液应为0.1～0.2mL。要求每个输精剂量中有效精子数应不少于2000万个。

③ 输精方法　将发情母羊两后肢担在输精室内离地高度50cm左右的横杠式输精架上或站立在输精坑边。若无输精架或输精坑时可由工作人员保定母羊，其方法是工作人员倒骑在羊的颈部，用双手握住羊的两后肢飞节上部并稍向上提起，以便于输精。输精时将开膣器插入阴道深部，之后旋转90度，开启开膣器寻找子宫颈口，如果在暗处输精，要用额灯或手电筒光源辅助。开膣器开张幅度宜小（2～3cm），从缝里找子宫颈口较容易；否则开张越大，刺激越大，羊努喷，越不易找到子宫颈口。子宫颈口的位置不一定正对阴道，但其在阴道内呈一小突起，附近黏膜充血而颜色较深。找到子宫颈口后，将输精器插入子宫颈口内1～2cm处将精液缓缓注入。有些羊需用输精器前端拨开子宫颈外口上、下2片或3片突起皱襞方可将输精器插入子宫颈口内。若子宫颈口较紧或不正者，可将精液注到子宫颈口附近，但输精量应加大一倍。输完精后先将输精器取出，再将开膣器抽出。

注意：输精瞬间，应缩小开膣器开张程度，减少刺激，并向外拉1/3，使阴道前边闭合，容易输精。输精完毕母羊在原保定位置停留一会儿再放开，将母羊赶走。输精总的原则要求做到"适时""深部"

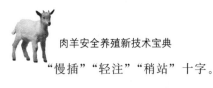

"慢插""轻注""稍站"十字。

四、提高人工授精受胎率的技术措施

授精母羊受胎率的高低是衡量肉羊人工授精技术水平的关键指标，人工授精母羊受胎率受公羊精液的质量、母羊的体质、发情情况及输精技术许多环节的影响。因此要想使肉羊人工授精的受胎率得到大幅度提高，不但应从公羊方面着手，保证输精用精液的品质；也应从母羊方面着手，调整输精母羊的膘情及进行准确发情鉴定；此外还应努力提高输精技术水平。

1. 提高精液品质

肉羊人工授精操作技术过程中，用于输精的精液品质的高低直接影响母羊的受胎效果。因此，要想提高母羊的受胎率，首先必须设法提高公羊的精液品质。提高公羊精液品质，可以从以下方面采取措施：

（1）加强种公羊的饲养管理　具有正常繁殖机能的公羊由于饲养管理不当，可导致公羊发生饲养管理性不育，轻者使公羊生育力低下，降低公羊精液品质；重者可导致公羊完全失去生育能力。公羊饲养管理性不育包括营养性不育和管理性不育。

良好的营养是保持公羊具有旺盛的性欲、优良的精液品质、充分发挥其正常繁殖力的前提。种公羊应保持中上等营养状况，其日粮要求具有全价的蛋白质和充足的维生素。公羊营养性不育可由营养不足、营养过度、营养不平衡所引起。因此，必须加强公羊的饲养。

公羊因管理措施不当而引起的不育称为管理性不育。种公羊的不合理利用、运动不充足、外界环境温度不适宜、季节及光照变化、各种应激均可降低公羊的精液品质，导致不育。因此，必须强调公羊的科学管理。

（2）规范采精操作　采精技术不规范也可导致所采集公羊精液品质的下降。如采精技术不熟练可能损伤公羊外生殖器官，降低公羊的性欲；假阴道温度不适宜，可导致公羊不射精或射精不充分；与精液直接接触的假阴道、集精杯等洗涤和消毒不彻底，会造成公羊精液的人为污染，降低精液的品质。因此，一定要严格按肉羊人工授精操作技术规程进行采精。

精液处理涉及精液的品质检查、稀释、保存等全过程，精液处理方法不当会降低公羊的精液品质。采集的原精液、稀释后的精液、经保存后待输精的精液都要进行严格的检查，采用不合格的精液进行输精必然会降低母羊受胎率；精液稀释过程中，如果稀释液的种类、稀释方法、稀释温度等不适宜，均可显著降低精子活率；精液保存过程中温度的剧烈变化，如低温保存和冷冻精液制作过程中温度下降过快、冷冻精液保存过程中从液氮中频繁取出精液或在空气中停留时间过长等也会导致精液品质下降。可见，对精液进行正确处理，也是提高母羊受胎率的重要措施。

2. 加强母羊的饲养管理及进行准确发情鉴定

（1）加强母羊的饲养管理　具有正常繁殖机能的母羊由于饲养管理不当，可导致母羊饲养管理性不育，对于输精母羊则表现为受胎率下降。母羊饲养管理性不育包括营养性不育和管理性不育。营养性不育一般是由于饲养不当，母羊营养缺乏、营养过剩或营养不平衡而使生殖机能衰退或受到破坏，从而使生育力降低。研究表明限制母羊的能量摄入时，体况差的青年及老年母羊受到的危害最大，延缓胚胎的发育；妊娠早期营养水平过高，则会引起血浆孕酮浓度下降（可能是营养水平增高时，流向肝脏的血量增加，孕酮的清除率升高所致），也会妨碍胚胎的发育，甚至引起死亡，注射外源性孕酮可以消除这种影响。日粮中蛋白质水平过低，也会对母羊生育力产生不利影响；此外，也有人认为，如果饲喂高蛋白饲料会使瘤胃中氨的含量增高，会对胚胎产生毒性作用，还可能对生育力产生其他不利影响。又如，维生素缺乏，尤其是维生素 A 的缺乏容易导致输精母羊受胎率降低或母羊发生流产。母羊管理性不育常见情况是由于泌乳过多引起母羊生殖机能减退或暂时停止。因此，必须加强母羊的饲养管理。

（2）准确鉴定发情　母羊排卵后卵子通过输卵管及受精都有一定的时限。超过与这些时限相应的最适输精时间，就会降低受胎率。对母羊发情症状的认识不足和工作中疏忽大意，不能及时发现发情母羊，均可导致配种时机不适宜，致使人工授精配种受胎率降低。

3. 提高授精技术水平

除公羊精液品质不良、母羊的饲养管理不当及发情鉴定不准确外，输精技术水平不高也是导致母羊人工授精受胎率降低的重要原因。可通过培训输精技术人员、严格按照操作规程进行输精操作、改进输精方法、进行深部输精（如利用腹腔镜进行深部输精）来提高人工授精母羊的受胎率。

4. 合理使用生殖激素

（1）促排卵激素　LH（促黄体素）、hCG（绒毛膜促性腺激素）和 LRH-A$_3$（促排卵 3 号）均具有促进母羊排卵的作用，配种时给母羊注射这一类激素，可促进排卵，有利于调整精子和卵子在受精部位的结合时间，同时还具有促进黄体形成和分泌的作用，对提高配种受胎率有良好的效果。由于目前这类激素的价格较高，多用于经济价值较高的动物。山羊应用剂量为 LH 50IU、hCG 500IU、LRH-A$_3$ 40～60μg。

（2）促精子运行的激素　催产素、前列腺素具有促进子宫收缩的生理作用。配种前给母羊子宫颈内输入或在精液中使用催产素或前列腺素，可以加快精子在母羊生殖道中的运行速度，提高配种受胎率。

五、评定人工授精效果的主要指标和计算方法

1. 评定指标及计算方法

评定人工授精效果的主要指标有受胎率和不返情率。

（1）受胎率　指在本年度内配种后妊娠母羊数占参加配种母羊数的百分率。实际工作中又可分为总受胎率和情期受胎率。

① 总受胎率　指本年度末受胎母羊数占本期内参加配种母羊的百分率。反映母羊群中受胎母羊数的比例。计算方法为：

$$总受胎率 = \frac{受胎母羊数}{参加配种母羊数} \times 100\%$$

② 情期受胎率　指在一定期限内受胎母羊数占本期内参加配种的总发情母羊的百分率。反映母羊发情周期的配种质量。计算方法：

$$情期受胎率 = \frac{受胎母羊数}{情期配种数} \times 100\%$$

（2）不返情率　指在一定期限内，配种后未再出现发情的母羊数

占本期内参加配种母羊数的百分率。根据配种后再出现发情时间的长短，不返情率可分为 30 天不返情率、60 天不返情率、90 天不返情率。计算方法如下：

$$X\ 天不返情率 = \frac{配种后\ X\ 天不返情母羊数}{配种\ X\ 天的母羊数} \times 100\%$$

2. 记录表格

包括种公羊采精及冻精生产记录表、母羊人工授精记录表、母羊配种繁殖记录表等（表 6-5～表 6-7）。

表 6-5　种公羊采精及冻精生产记录表

品种：　　　　公羊号：　　　　出生日期：

采精日期（年月日）	精液编号	采精量/mL	颜色	活力	密度	稀释倍数	稀释后活力	冻精生产数	冻后活力	备注

表 6-6　母羊人工授精记录表

畜主	村	羊号	羊发情情况		配种情况				备注
			发情时间	黏液状况	输精日期	公羊号	输精剂量	精液活力	

表 6-7　母羊配种繁殖记录表

| 配种母羊号 | 配种前体重 | 第1情期 | | 第2情期 | | 第3情期 | | 预产期 | 实际分娩日期 | 产羔 | | | | | | 配种公羊号 |
		种公羊号	日期	种公羊号	日期	种公羊号	日期			羔羊号	性别	羔羊号	性别	羔羊号	性别	

第四节　胚胎移植技术

一、胚胎移植的意义

胚胎移植也称受精卵移植，是指将一头良种母羊配种后的早期胚胎取出，或者由体外受精及其他方式获得的胚胎，移植到另一头同种的生理状态相同的母羊体内，使之继续发育成为新个体，因此又称为人工受胎或借腹怀胎。提供胚胎的个体称为供体，接受胚胎的个体称为受体。胚胎移植实际上是产生胚胎的供体和养育胚胎的受体分工合作共同繁殖后代的过程。

如果说人工授精是提高良种公畜配种效率的有效方法，那么胚胎移植则为提高良种母羊的繁殖力提供了新的技术途径。胚胎移植的意义主要体现在以下几个方面：

1. 充分发挥优良母羊的繁殖潜力，提高繁殖效率

作为供体的优良母羊，通过超数排卵处理，一次即可获得多枚胚胎，所以，无论从一次配种还是从一生来看，都能产生更多的后代，比在自然情况下增加若干倍。

2. 缩短世代间隔，加快遗传进展

通过超数排卵和胚胎移植技术（multiple ovulation and embryo

transfer，MOET）可使供体繁殖的后代增加 7～10 倍。在羊育种工作中，应用 MOET，可以加大选择强度，可以提高选择准确性，并缩短世代间隔，对于加快遗传进展尤为重要。

3. 替代种羊的引进

胚胎的冷冻保存可以使胚胎的移植不受时间和地点的限制，通过胚胎的运输代替种羊的进出口，节约购买和运输种羊的费用。此外，通过引进胚胎繁殖的种羊，由于在本地生长发育，较容易适应本地区的环境条件，也可从受体母羊得到一定的免疫能力。

4. 保存品种资源

胚胎的长期保存是保存某些特有品种和野生动物资源的理想方式，把优良品种的胚胎贮存起来，还可以避免某一地区的良种一旦因遭受自然灾害或战争的意外打击而绝种，而且比保存活羊的费用低得多，容易实施。冷冻胚胎、冷冻精液和冷冻卵母细胞共同构成动物优良性状的基因库。

二、胚胎移植的生理学基础和基本原则

1. 胚胎移植的生理学基础

（1）母羊发情后生殖器官的孕向发育　大多数自发排卵的动物，发情后不论是否配种，或配种后是否受精，生殖器官都会发生一系列变化，如卵巢中黄体的形成、孕酮的分泌及其高水平的维持、子宫内膜的组织增生和分泌机能的增强等现象，这些变化都是为了给可能存在的胚胎创造适宜的发育条件，为妊娠作准备。只是到了一定时期（相当于母羊周期黄体的寿命）才发生变化，受精的母羊生殖系统继续发生进行性变化，如黄体的存在和孕酮的分泌保持高水平，子宫内膜的持续发育和为胚胎提供营养等，以适应胚胎发育的需要。未受精母羊，这时则发生退化性变化，如黄体消失、子宫内膜复原等，此后发情又重新到来，继而生殖器官再一次开始为受精和妊娠作准备，重复出现相同的变化。

由此看来，在发情后的最初一段时间里（周期性黄体期），母羊不论是否受精，生殖系统均处于相同的生理状态之下，妊娠与未孕并无区别。所以，发情后母羊生殖器官的孕向变化，是进行胚胎移植、

不配种的受体母羊可以接受胚胎并为胚胎发育提供所需各种条件的主要生理依据。只要移植到受体后的生理环境与胚胎的发育阶段相适应，胚胎就会继续发育成长。

（2）早期胚胎在母羊生殖道内处于游离状态　胚胎在发育早期的一段时间内（附植之前），在输卵管或子宫处于游离状态，和子宫还没有建立实质性的联系，它的发育基本上靠本身贮存的养分，因此可以脱离母体而被取出，在短时间内和适当的条件下仍能够存活，放回到与供体相同的环境中后，能够继续发育。

（3）胚胎的遗传特性　胚胎的遗传特性（基因型）是由供体决定的，受体只影响胚胎的体质发育，因此，受体对胚胎并不产生遗传上的影响，不会改变新生个体的遗传特性，或减弱其固有的优良性状。

（4）胚胎移植与免疫耐受性　受体母羊的生殖道（子宫或输卵管）对于具有外来抗原物质的胚胎和胎膜组织，一般来说，在同一物种之内有耐受性，并没有排斥现象，所以胚胎由一个体转移至另一个体可以存活下来。然而，移植的胚胎有时不能成活，除了其他因素之外，是否有免疫学上的原因，仍有待研究。

2. 胚胎移植的基本原则

（1）胚胎移植前后所处环境的同一性　这种同一性包括下述几个方面：

① 供体和受体在分类学上的相同属性　即二者属于一个物种，但这并不排除异种（在动物进化史上，血缘关系较近，生理和解剖特点相似）之间胚胎移植成功的可能性。

② 动物生理上的一致性　即受体和供体在发情时间上的同期性，也就是说移植的胚胎与受体在生理上是同步的，在胚胎移植实践中，一般供、受体发情同步差要求在±24h内。发情同步差越大，移植妊娠率越低，以至不能妊娠。

③ 动物解剖部位的一致性　即胚胎移植后与移植前，所处的空间部位应有相似性。也就是说，如果胚胎采自供体的输卵管，那么把胚胎也要移植到受体的输卵管；如果胚胎采自供体的子宫角，那么胚胎也需移植到受体的子宫角。

（2）胚胎发育的期限　胚胎采集和移植的期限（胚胎的日龄）不

能超过周期黄体的寿命。最迟要在受体周期黄体退化之前数日进行，不能在胚胎开始附植之后进行。通常是在供体发情配种后 3～8d 内采集胚胎，受体也在相同时间接受胚胎移植。

（3）胚胎的质量　从供体采到的胚胎并不是每个都具有生命力，胚胎需经过严格的鉴定，确认发育正常者（可用胚胎）才能移植。此外，在全部操作过程中，胚胎不应受任何不良因素的影响而危及其生命力。

（4）供受体的状况　包括以下两个方面：

① 生产性能和经济价值　供体的生产性能要高于受体，经济价值要大于受体，这样才能体现胚胎移植的优越性。

② 全身及生殖器官的生理状态　供、受体应健康，营养良好，体质健壮，特别是生殖器官具有正常生理机能，否则会影响胚胎移植的效果。

三、胚胎移植的准备工作

1. 胚胎移植羊的准备

胚胎移植技术的目的是"借劣种母羊之腹怀良种母羊之胎"，快速扩繁良种母羊。因此开展胚胎移植应具备的首要条件是对供体羊和受体羊的充分准备。

（1）供体母羊的准备　胚胎移植技术中，准备供体母羊的目的是为了采用超数排卵技术使其提供高质量且数量丰富的可供移植的胚胎。供体母羊的准备是羊胚胎移植的一个重要环节，供体羊品种质量的优劣会严重影响胚胎移植的实际效果。

供体母羊应具有优良的遗传特性和较高的育种价值，其档案资料齐全、可靠，系谱清楚，经血液检查和检疫证明确无布鲁氏杆菌病、结核病、副结核病、蓝舌病、传染性鼻气管炎等疫病。作为供体的母羊，要求健康状况良好，膘情适中，生殖系统机能正常，若有卵巢炎、卵巢囊肿和子宫炎等疾病或屡配不孕生殖系统疾病的羊只均不能用作供体。要求供体母羊至少有一胎以上的正常繁殖史，繁殖力较高，断乳一个月以上。青年后备母羊由于超排效果差，一般不宜作供体。过老的母羊由于卵巢萎缩或机能减退，超排效果和胚胎质量也有所下降，也不宜用作供体。有学者对奶山羊的超排试验结果表明，对1～3胎母羊超排时，平均排卵数随胎次增高而增加（$r=0.9402$），3～8胎则随胎次增高而下降（$r=-0.9920$），所以羊的生产性胚胎移植一般选择2～5胎的母羊作为供体。

（2）公羊的准备

① 供体品种的种公羊准备　供体品种的种公羊准备同上面供体母羊的准备。对供体公羊的要求是：供体公、母羊品种相一致；公羊应具有优良的遗传特性和较高的育种价值，其档案资料齐全、可靠，系谱清楚；经血液检查和检疫证明确无布氏杆菌病、结核病、副结核病、蓝舌病、传染性鼻气管炎等疫病；身体健康状况良好，生殖系统机能正常，性欲强，精液品质好，膘情适中。若公羊采用本交配种方式，由于公羊配种任务十分集中，要求公羊与母羊数量比为1:3。

② 试情公羊的准备　对于试情公羊，不要求具有优良的遗传特性和较高的育种价值、档案资料齐全、系谱清楚、精液品质好等，只要求其性欲旺盛、身体健康状况良好、无传染性疾病。试情公羊与受体母羊的数量比为（3～4）:100。

（3）受体母羊的准备　可用作受体羊的绵羊、山羊品种，原则上只要是数量充足、生产性能低下的本地羊品种均可作为胚胎移植的受体，但考虑到需要保障胚胎移植所生纯种羔羊安全分娩和出生后的快速生长发育，一般选用个体大、泌乳量高、抗性强的品种作为受体。

用作受体的母羊多为数量多、价格便宜、体型较大的地方羊品种，其生产性能高低并不重要，但必须是健康状况良好，无生殖器官疾病的适繁母羊，且膘情较好。年龄过大的个体繁殖力降低、生殖器官可能出现不易观察到的疾病，对移植妊娠效果会有一定的不利影响。开展胚胎移植，波尔山羊所需供、受体比例在1:15左右，绵羊在1:10左右。

2. 胚胎移植室的准备

（1）采胚室（移胚室）的建筑要求　采胚室（移胚室）应设有术前准备室。术前准备室用于供、受体羊的保定、术部除毛、术部消毒、麻醉注射、抗生素药物注射及术后处理等工作，要求保温、宽敞（面积在20m²左右，房间的高度在2.5～3.0m较为合适）、明亮、清洁。采胚室（移胚室）用于供、受体羊的外科手术操作、冲胚及胚胎移植等工作，要求清洁（屋顶及墙壁均应光洁无尘，地面用水泥或砖铺成）、宽敞（面积在 $30\sim60m^2$，应能容纳 $3\sim6$ 个手术架同时做手术，房间的高度在 $2.8\sim3.0m$ 较为合适）、明亮（有足够的照明设备）、保温（以 $15\sim25℃$ 为宜）、通风（可设计自然通风或强制通风，同时门窗应密封，防尘良好）、排水良好（有利于清洁和冲洗等）。室内安装紫外线灯来照射消毒，以有效地净化空气。术前准备室与采胚室（移胚室）之间的通道要平整且大小合适以利于羊手术架的通过。采胚室（移胚室）与检卵室之间的墙壁上要有方便开关的窗户，以方便采胚和移胚时传递胚胎。手术前一天采胚室（移胚室）应重新清扫洁净后，用 0.1% 的新洁尔灭溶液或 $3\%\sim5\%$ 煤酚皂（来苏尔）或石炭酸溶液喷洒消毒。夜间用紫外线灯消毒，紫外线灯消毒过程中不要随意开启门窗。

（2）检胚室的建筑要求　检胚室除设备占有面积外，还应有 $15m^2$ 的空间。地板、墙壁应易于清洁、防消毒剂腐蚀。屋顶应为耐久材料，不易损坏，防灰尘沉积。应有足够的存储空间，以避免工作和再工作时的杂乱。最后，人员进入检胚室应获得主管人员的允许，检胚室进出口不应直接与外界相通。检胚室与外界应有缓冲间，检胚室应安装适当的洗涤设备，主要进行换鞋和工作服。工作时，外衣、鞋等放在此屋。工作服可提前在此屋进行消毒。里外间均应设有紫外线灯，定时进行消毒。

（3）所需主要仪器设备及用品　手提高压消毒锅 1 台，恒温工作台 1 台，体视显微镜 2 台，恒温干燥箱 1 台，手术保定架 8 个。

手术器械一套：4 号刀柄 1 把、20 号刀片若干、直尖手术剪 2 把、无齿手术镊 1 把、有齿手术镊 1 把、止血钳 4 把（2 把弯止血钳、2 把直止血钳）、持针钳 2 把（握式持针钳或钳式持针钳）、有孔创巾 1 块、创巾钳 6 把、纱布 6 块、缝合针（弯三棱针 2 个、弯圆针 2 个）、缝合线（10 号、7 号若干）、针盒 1 个、手动或电动剪毛剪 1 把、刮脸刀片 1 片、大止血钳 1 把（剃毛用）。实际操作中根据情况可备 $2\sim5$ 套。

注射器（1mL、2mL、5mL、10mL、20mL、30mL 和 50mL）各

若干支，注射针头若干个，掰直的曲别针若干个，胶皮手套若干副，棉花若干包，纱布若干包，钳子若干把，毛巾若干条，泡手桶 4 个，普通脸盆 6 个，手术器械架 3 个，解剖盘 3 个，冲胚管 3 支，套管针 3 支，集胚皿若干个，手术衣若干套，移植枪头若干个。

（4）所需激素、药品、试剂

① 激素　促卵泡素、氯前列烯醇、孕马血清、促性腺激素释放激素、促黄体素、孕酮、孕酮栓等。

② 药品、试剂　生理盐水（500mL）若干，青霉素（80 万 IU 或 160 万 IU）若干，链霉素（100 万 IU）若干，速眠新（又称为 846 合剂）或 2% 静松灵若干，3% 普鲁卡因若干或 3% 利多卡因若干，碘甘油若干或灭菌液体石蜡若干，5% 碘酊若干，75% 酒精若干，95% 酒精若干，苏醒灵 4 号或苏醒灵 3 号若干，0.1% 新洁尔灭溶液或 3%～5% 煤酚皂（来苏尔）或石炭酸溶液若干，安钠咖若干，氯前列烯醇若干，冲胚液若干，保存液，犊牛血清。

（5）记录表格见表 6-8～表 6-14。

表 6-8　　　　　　供体羊埋栓记录表

序号	羊号	第 1 次				第 2 次			
		埋栓日期	备注	取栓日期	备注	埋栓日期	备注	取栓日期	备注
1									
2									
3									
4									
5									
6									
7									
8									
9									
10									

表 6-9　　　　　　　　供体羊超排记录表

日期	操作内容及注射 FSH 剂量	羊号	羊号	羊号	羊号	羊号
月　　日上午	注射 FSH					
月　　日下午	注射 FSH					
月　　日上午	注射 FSH					
月　　日下午	注射 FSH					
月　　日上午	注射 FSH,取出孕酮栓,注射 PG					
月　　日下午	注射 FSH					
月　　日	试情,交配					
备　　注						

表 6-10　　　　　　　　供体羊发情、交配记录表

供体羊号							
发情情况	开始时间						
	结束时间						
	持续期						
	交配次数	公羊号	交配时间	公羊号	交配时间	公羊号	交配时间
交配情况	第 1 次						
	第 2 次						
	第 3 次						
	第 4 次						
	第 5 次						
	第 6 次						
	备注						

表 6-11　　　　　　　　供体羊采卵情况记录表

序号	羊号	卵巢状况			冲卵情况		胚胎发育情况、等级及数量							超排激素		备注
		卵巢	黄体	卵泡	注入/mL	回收/mL	8～16细胞	桑椹胚	等级	囊胚	等级	退化	未受精	获胚胎数	国别	剂量	
1		左侧															
		右侧															
		小计															

序号	羊号	卵巢状况			冲卵情况		胚胎发育情况、等级及数量								超排激素		备注
		卵巢	黄体	卵泡	注入/mL	回收/mL	8～16细胞	桑椹胚	等级	囊胚	等级	退化	未受精	获胚胎数	国别	剂量	
2		左侧															
		右侧															
		小计															
合计																	

表 6-12　　　　　　受体羊埋栓记录表

序号	羊号	第1次				第2次			
		埋栓日期	备注	取栓日期	备注	埋栓日期	备注	取栓日期	备注
1									
2									
3									
4									
5									
6									
7									
8									
9									
10									

表 6-13　　　　　　受体羊注射 PMSG、PG 及发情记录表

序号	羊号	PMSG		PG		发情			LRH-A₃ 或 LH		备注
		日期	剂量/IU	日期	剂量/mL	开始时间	结束时间	持续期/h	日期	剂量/IU	
1											
2											
3											
4											
5											

续表

序号	羊号	PMSG		PG		发情			LRH-A$_3$ 或 LH		备注
		日期	剂量/IU	日期	剂量/mL	开始时间	结束时间	持续期/h	日期	剂量/IU	
6											
7											
8											
9											
10											

表 6-14 _____ 羊胚胎（鲜胚）移植情况记录表

序号	羊号	卵巢				移植日期	移植者	胚胎来源			移植胚胎			妊否	备注
		黄体		卵泡				品种	母羊号	公羊号	数量	发育阶段	胚胎等级		
		左	右	左	右										
1															
2															
3															
4															
5															
6															
7															
8															
9															
10															

四、胚胎移植技术程序

胚胎移植程序如图 6-9 所示，包括供受体羊选择、供受体羊同期发情处理、超数排卵、供受体羊发情鉴定和供体羊配种、胚胎的检查与鉴定、胚胎的移植。

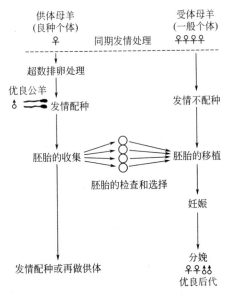

图 6-9 胚胎移植程序示意图

1. 供体羊的超数排卵

（1）绵羊超排方法

① FSH＋PG 法　绵羊发情周期平均为 17 天，在发情周期第 12 天或 13 天开始肌内注射（或皮下注射）FSH，以递减剂量连续注射 3 天 6 次或 4 天 8 次，每次间隔 12h，第 5 次注 FSH 同时肌内注射 PG。FSH 总剂量国产为 150～300IU，超排处理母羊发情后立即静脉注射 LH 100～150IU，有的用 15～25μg LRH 代替 LH，获得同样的效果，有的主张不注射 LH。

② FSH＋孕激素＋PG 法　在供体羊发情周期的任意一天，在阴道放入孕酮栓（CIDR），于埋栓的第 12 天开始注射 FSH，连注 3 天 6 次，第 13 天取出 CIDR，同时肌内注射 PG 0.1mg，观察发情。

③ PMSG 法　在发情周期的 12～13 天，一次肌内注射（或皮下注射）PMSG 800～1500IU，48h 后肌内注射 PG，出现发情后或配种当天肌内注射 hCG 500～750IU。有人不主张注射 hCG。

（2）山羊超排方法

① FSH＋PG 法　山羊发情周期平均为 21 天，在发情周期的第 17 天开始肌内注射 FSH，连注 3 天 6 次，FSH 总剂量为 150～300IU，其他方法同绵羊。

② FSH＋孕激素＋PG 法　即在供体羊发情周期的任意 1 天，在阴道放入第一个 CIDR，于 10 天后将其取出，并放入第二个 CIDR，于放入第二个 CIDR 的第 5 天开始连续 4 天注射 FSH（2 次/天），并于放入第二个 CIDR 的第 8 天取出 CIDR，同时肌内注射 PG 0.1mg，观察发情。

③ PMSG 法　在发情周期的 16～18 天开始，总剂量 800～1500IU，其他方法同绵羊。

2. 受体羊的同期发情和发情鉴定

（1）同期发情　受体羊采用孕激素＋孕马血清＋氯前列烯醇法进行同期发情处理，具有理想的同期发情效果。同期发情的具体操作详见本章第二节发情控制部分中的同期发情技术。

（2）发情鉴定　用试情公羊（带试情布或结扎输精管）进行试情，每天早、晚各一次，受体母羊以接受爬跨并站立不动为发情标准，但不进行配种，将发情母羊挑出，并做好记录，待移植。受体羊发情采用试情公羊进行发情鉴定的具体操作详见本章第二节发情鉴定技术中的试情法。

3. 供体羊发情鉴定与配种

供体羊发情鉴定方法同受体羊发情鉴定。

一般超排处理结束后第 1 天或第 2 天供体即表现发情。用试情羊试情，在观察到供体母羊接受爬跨时，即可用种公羊自然交配或用大剂量精液进行人工授精，间隔 8～12h 再配种或输精 1 次，直至供体母羊拒绝交配为止，并填写供体羊配种记录表做好记录。

4. 胚胎采集

（1）采胚前的准备

① 检胚（卵）室的准备　胚胎采集前，应先将检胚室（包括地面、屋顶等）打扫干净，用来苏尔等消毒液泼洒地面，关闭门窗，同时打开紫外灯照射 10h 以上，手术开始后，严禁无关人员随意进出检胚室。调试好体视显微镜。配制好的 PBS 液事先在水浴锅内预热到

37℃左右，添加5％的犊牛血清，备用。胚胎保存液一般采用PBS添加10％的犊牛血清。

② 采胚室（移胚室）的准备　紫外线灭菌，地面消毒，配好消毒液和消炎药液。

③ 供体的术前准备

a. 禁食禁水　供体术前禁食24h，术前禁水12h。

b. 供体的保定与麻醉　将供体羊在手术保定架（用前进行消毒）上仰卧保定，固定好四肢。肌内注射速眠新0.4～0.6mL/只，全身麻醉（或每千克体重肌内注射2％静松灵1.0～3.0mg，或用3％普鲁卡因2～3mL或3％利多卡因2mL，在第一、第二尾椎间作硬膜外鞘麻醉），同时每只羊肌内注射青霉素160万IU×2，链霉素100万IU×1。

c. 供体的术部与术部准备　术部：现在常选在脐后部至乳房基部腹白线切口或腹白线旁切口，而以前所用的左腹股沟部、右腹股沟部、左髂部、右髂部已经很少在用。术部先用毛剪将羊毛剪短，再用温肥皂水浸湿被毛（毛稀者直接用温肥皂水浸湿），然后用大止血钳夹着刮脸刀片将毛剃净，范围15～20cm²，再用清水洗净，干净毛巾擦干。术部消毒：先用5％碘酊涂擦，稍待片刻等其完全干后，再以75％酒精脱碘。以上工作均在术前准备室内进行。术部隔离：用有孔创巾覆盖于术区，4～6把创巾钳固定，仅在中央露出切口部位，使术部与周围隔离，此项工作在采胚室内进行。

④ 手术器械及药品的准备

a. 手术器械的准备　4号刀柄1把、20号刀片若干、直尖手术剪2把、无齿手术镊1把、有齿手术镊1把、止血钳4把（2把弯止血钳、2把直止血钳）、持针钳2把（握式持针钳或钳式持针钳）、有孔创巾1块、创巾钳6把、纱布6块（以上器械用0.1％新洁尔灭溶液在解剖盘内浸泡消毒30min或在手提高压消毒锅内高压消毒15～20min）、缝合针（弯三棱针2个、弯圆针2个）、缝合线（10号、7号若干）、针盒1个（以上器械用70％酒精在针盒内浸泡30min）；剪毛剪1把、刮脸刀片1片、大止血钳1把（剃毛用）、一次性注射器3支（10mL1支、20mL1支、50mL1支）、冲胚管1支、套管针1支（以上两种器械提前特殊消毒后并用冲卵液冲洗备用）、注射针头 1 个、集胚皿 2 个（用干烤消毒）（以上手术器械为一套，采胚时可根据具体情况准备若干套）。

b. 药品的准备　青链霉素生理盐水 500mL（其中含青霉素 160 万 IU×3，链霉素 100 万 IU×1）若干瓶、双抗（青链霉素）溶液若干、冲胚液若干、速眠新（846 合剂）若干支（1.5mL/支）、苏醒灵 4 号或苏醒灵 3 号若干支（2mL/支）、氯前列烯醇若干支（0.2mL/支）、160 万 IU 青霉素、100 万 IU 链霉素、生理盐水各若干、75% 酒精棉球、5% 碘酊棉球各若干、碘甘油或灭菌液体石蜡若干、5% 新洁尔灭溶液 500mL 若干瓶。

c. 手术人员的准备　手术人员（术者、助手、器械助手）首先洗刷手、手臂，穿戴好手术衣，然后将手、手臂在 0.1% 新洁尔灭溶液泡手桶中浸泡（若用普通脸盆浸泡则必须不时地用灭菌纱布块或灭菌毛巾浸蘸，轻轻擦洗，使整个手、臂部都保证湿润）5min，除去手上多余药液，稍后自然干燥（注意：手术人员本身，尤其是手、手臂的准备与消毒对防止手术创口的感染与子宫粘连具有很重要的意义，绝不可忽视）。

（2）胚胎采集　又称为胚胎的收集，也称为采胚（embryo collection）、冲胚、取胚、采卵、冲卵或取卵。胚胎的采集就是在配种或输精后的适当时间，利用冲卵液从超排供体的生殖道（输卵管或子宫）中将胚胎冲出，并收集在器皿中，以备给受体移植，亦称胚胎回收或胚胎采集。采胚的数量与采集时间、方法和检胚技术均有关系。

① 采胚时间的确定　采胚时间要考虑到配种时间、发生排卵的大致时间、胚胎的运行速度和胚胎在生殖道的发育速度等因素，只有这样，才能顺利地进行操作，得到较高的采卵率。

采胚时间一般将配种当日定为 0 天。根据采集目的的不同，决定在第几天采胚。一般是在配种后 2~7 天，发育至 4~8 细胞以上为宜。用冲洗输卵管的方法采胚，较适宜的时间是在第一次配种后 48~72h（山羊）或 40~60h（绵羊），此时受精卵处于 2~8 细胞阶段。用冲洗子宫的方法采胚，较适宜的时间是在第一次配种后 120~

158h（山羊）或 96～144h（绵羊），此时受精卵处于桑葚胚或囊胚期。

② 手术采胚过程　手术法分为输卵管法和子宫法两种。手术操作过程（以腹白线切口为例）：首先打开腹腔。术者用左手的食指和拇指在腹白线的两侧将皮肤撑紧固定，右手用手术刀将皮肤切开 4～6cm，显露腹白线，右手持手术刀靠近乳房基部处戳透腹膜（亦可用手术刀在腹白线上切一小口，用刀柄戳透腹膜）后退出手术刀，将手术剪的一个剪股经小切口伸入腹腔内，剪开腹白线，扩大腹白线切口；其次显露子宫与卵巢。术者右手的食指和中指伸入腹腔在与骨盆腔交界的前后位置触摸寻找子宫角（子宫壁由于有较发达的肌肉层，故质地较硬，其手感与周围的肠管及脂肪组织很容易区分），摸到后并用二指夹持，将子宫角因势利导地拉出切口外，然后沿一侧子宫角找到该侧的输卵管，在输卵管的末端弯转处找到该侧卵巢，进行观察并做好记录（卵巢的大小、卵巢表面排卵点的数量、有无卵泡及其发育情况和数量等），另一侧卵巢也用此法找到后观察并做好记录。注意：不要直接用手去捏卵巢，也不要去触摸呈充血状态的卵泡，更不要去用力牵拉卵巢，以免引起卵巢出血，甚至卵巢被拉断的事故。对乳腺较大的羊在切开时尽量把乳腺向后推移（因乳腺基部与腹壁相连部分除乳房动、静脉相对固定位置外，其余部分都是由结缔组织相连接，向后推移是很容易的）使切口在乳腺下方，这样的切口距离卵巢、子宫角更接近，更易于摸取和牵引子宫角。如不后推乳腺，切开牵拉子宫角时，应尽量将羊的后躯提高，方可容易摸取拉出，如膀胱有积尿则摸取拉出子宫角较困难，且有少数绵羊在腹中线或靠近腹中线有一条较大的静脉管，手术时应尽量避开；再次是冲胚（见下文详细介绍）；最后是关闭腹腔。关腹前倒入温青链霉素生理盐水 500mL 来消炎并防止粘连。腹膜用 7 号丝线连续缝合，喷双抗后，腹白线、皮肤用 10 号丝线结节缝合。最后整理创缘，涂 5% 碘酊消毒，作一结系绷带，再涂 5% 碘酊消毒。注射苏醒灵 4 号或苏醒灵 3 号 2mL 和氯前列烯醇 0.1mL，解除保定。

a. 输卵管采胚操作　将冲卵管（内径为 2mm 的塑料导管）一端由输卵管伞部的喇叭口插入 2～3cm 深，用钝圆的夹子固定，另一端接集卵皿。用10mL或20mL注射器吸取37℃的冲胚液5~10mL，在子宫角靠近输卵管的部位，将针头朝输卵管方向扎入，一人操作，一只手在针头后方捏紧子宫角，另一只手推压注射器，使冲胚液由子宫与输卵管结合部流入输卵管，经输卵管流入集卵皿（图6-10）。该法的优点是胚胎回收率高，冲胚液用量少，检胚省时间。缺点是容易造成输卵管特别是伞部的粘连和损伤，甚至影响繁殖能力。

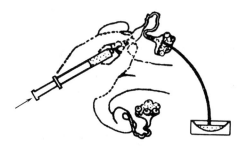

图6-10　输卵管采胚法（由子宫角向输卵管伞部冲洗）

输卵管采胚法操作中要注意以下几点：第一，针头从子宫角进入输卵管时必须仔细。要看清输卵管的走向，留心输卵管与周围系膜的区别，只有针头在输卵管内进退通畅时，才能冲胚。如果将冲胚液误注入系膜囊内，就会引起组织膨胀或冲胚液外流，使冲胚失败。第二，冲洗时要注意将输卵管，特别是针头插入的部位应尽量撑直，并保持在一个平面上。第三，推注冲胚液的力量和速度要持续适中，过慢或停顿，胚胎容易滞留在输卵管弯曲和皱襞内，影响胚胎回收率。若用力过大，可能造成输卵管壁的损伤，可能使固定不牢的冲卵管脱落和冲胚液倒流。第四，冲胚时要避免冲胚的针头刺破输卵管附近的血管，把血带入冲胚液，给检胚造成困难，故冲胚管的针头稍钝些为好。

b.子宫采胚操作　子宫法采胚包括导管法和冲胚胎管法两种。

ⅰ.采用导管法收集胚胎，术者先将羊子宫暴露于创口外，然后用肠钳（套上胶皮套）夹在子宫角分叉处，注射器吸入37℃的20~30mL冲胚液（一侧多的可用液50~60mL），用钝形针头从子宫角尖端插入，推注冲胚液，将回收胚针头从肠钳钳夹基部的上方扎入，冲胚液经导管收集于集液杯内。另一侧子宫角用同样方法冲洗［图6-11(a)］。另一方法是：在子宫角的顶端靠近输卵管的部位用钝的针头刺开一小口，然后由此口插入冲胚导管并使之固定，导管下接集卵试管。在子宫角与子宫体相邻的远端将装有37℃的20～30mL冲胚液的注射器插入，针头后方的子宫角用手指捏紧，迅速推注冲胚液，使之经过子宫角流入集卵试管。另一侧子宫角用同样方法冲洗［图6-11(b)］。后法也可由二人配合进行。甲自子宫角近输卵管的一端插入一个连有12号针头的注射器，封死子宫向输卵管的通路，在乙推冲胚液的同时，甲抽拉注射器，使子宫角内造成负压，这样配合得当，冲胚液易携同子宫内的胚胎一并进入甲的注射器中。子宫法对输卵管损伤甚微，尤其不涉及伞部。但其缺点是胚胎回收率较输卵管法低，用液较多，检胚费时。

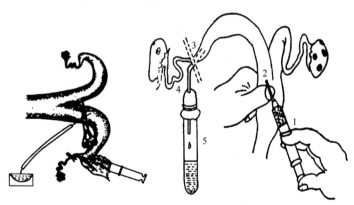

(a)由子宫角上端向基部冲洗　　　　　(b)由子宫基部向子宫角上端冲洗

图6-11　子宫采胚法

1—注射器；2—注射器冲洗部位；3—冲胚管插口部位；4—输卵管；5—集卵管

ⅱ.采用冲胚管法收集胚胎，术者先将羊子宫暴露于创口外，然后在子宫角基部扎孔，将冲胚管（二路式冲胚管剖面结构如图6-12）插入，用注射器注入气体5～10mL，使气囊在子宫角基部固定，然后由冲胚管进液孔，分次冲洗子宫角，每次进液10～20mL，一侧用

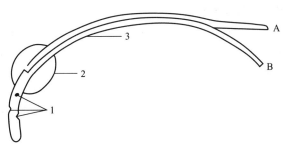

图 6-12　二路式冲胚管剖面结构

A—气路；B—水路；

1—进出水路；2—气囊；3—进出水通道

液为 50～60mL，将回收液接于平皿中，用同样方法冲洗另一侧子宫角。另一方法是术者先在暴露的一侧子宫角基部用止血钳或镊子等穿透子宫角壁，然后将冲胚管插入子宫角方向，根据子宫角基部内径的大小经冲胚管的气路给冲胚管充气 5～10mL，鼓起气囊使之固定并阻止冲胚液流入阴道内，末端接集胚皿。再在子宫角尖端用套管针插入子宫角腔内，拔出针芯，接上装有 37℃的冲胚液 20～40mL 的注射器，注入冲胚液进行冲胚，注意：注射器推动时稍有阻力，并匀速注入冲胚液。集胚皿要端平，将冲胚管的水道放在集胚皿中。冲胚液注完后拔出套管针，待冲胚液将流尽时，用拇指、食指和中指稍挤压子宫角让冲胚液尽量流尽。然后给冲胚管放气，拔出冲胚管，并将其中的冲胚液挤入集胚皿中。用同样方法冲取另一侧子宫角内的胚胎。冲胚完成在子宫角尖端、子宫角基部及其他部位涂上碘甘油或灭菌液体石蜡，防止粘连，最后把子宫送回腹腔内。

　　子宫采胚法操作中注意事项：一是在子宫角尖端插入套管针或其他冲胚管时，确定确实插入子宫角腔内，然后再注射冲胚液，以免冲胚液注入子宫浆膜与黏膜之间，使冲胚失败；二是冲胚管气路中冲气大小要合适，太小起不到固定和阻止冲胚液流入阴道内的作用，太大会使子宫壁受压过大而损伤，并且此处的气囊易坏；三是注入冲胚液时一定要匀速推注，阻力大时要调整套管针的位置或冲胚管的位置使之通畅。

5. 胚胎的检查与鉴定

胚胎的检查和鉴定是两个不同的概念。胚胎的检查是指在立体显微镜下，从冲卵液中寻找胚胎。胚胎的鉴定则是应用各种方法对受检胚胎的质量和活力进行评定（或等级分类）。

（1）胚胎的检查　为了减少体外不利因素对胚胎造成的影响，从母羊生殖道冲出来的冲卵液应保持在37℃环境中，冲卵结束后将冲卵液置于30℃的无菌箱中，最好在箱内检查，如果条件不具备，可在20～25℃的无菌操作室内检查。为了缩短检卵时间，最好用2～3台立体显微镜同时检查。检查出的胚胎用吸卵器移入含有20%犊牛血清的PBS中进行鉴定。发育至不同阶段的正常早期胚胎以及异常胚胎的形态请参阅图6-13和图6-14。

（2）胚胎的特征和分级

① 胚胎发育期的划分和特征　母羊早期胚胎各发育期的划分和

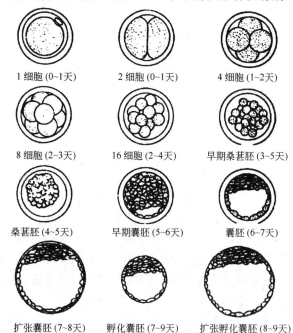

1 细胞 (0~1天)　　2 细胞 (0~1天)　　4 细胞 (1~2天)

8 细胞 (2~3天)　　16 细胞 (2~4天)　　早期桑葚胚 (3~5天)

桑葚胚 (4~5天)　　早期囊胚 (5~6天)　　囊胚 (6~7天)

扩张囊胚 (7~8天)　　孵化囊胚 (7~9天)　　扩张孵化囊胚 (8~9天)

图 6-13　发育至不同阶段羊的正常胚胎（天数指排卵后天数）

卵圆形透明带　　　卵裂球脱离　　　　卵裂球不规则　　　桑葚胚破碎

卵裂球分散　　　　不规则细胞团　　　胞质中有空泡　　　透明带破裂

图 6-14　形态异常胚

（北京农业大学.家畜繁殖学，第二版.1990）

特征如下：

桑葚胚（morula）：卵裂球隐约可见，细胞团的体积几乎占满卵周间隙。

致密桑葚胚（compacted morula，CM）：卵裂球进一步分裂变小，看不清卵裂球的界线，细胞团收缩至卵周间隙的 60%～70%。

早期囊胚（early blastocyst，EB）：出现透亮的囊胚腔，但难以分清内细胞团和滋养层，细胞团占卵周间隙的 70%～80%。

囊胚（blastocyst，BL）：囊胚腔增大明显，内细胞团和滋养层细胞界线清晰，细胞充满了卵周间隙。

扩张囊胚（expanded blastocyst，EXB）：囊胚腔充分扩张，体积增至原来的 1.2～1.5 倍，透明带变薄，相当于厚度的 1/3。

孵化囊胚（hatched blastocyst，HB）：透明带破裂，内细胞团脱出透明带。

② 胚胎的分级　胚胎一般分为 A、B、C 和 D 四个等级。

A 级：胚胎发育阶段与胚龄一致，胚胎形态完整，轮廓清晰，呈球形，分裂球大小均匀，结构紧凑，色调和透明度适中，无游离的细胞和液泡（或很少），变性细胞比例<10%。

B 级：胚胎发育阶段与胚龄基本一致，轮廓清晰，分裂球大小基本一致，色调和透明度及细胞密度良好，可见到一些游离的细胞和液泡，变性细胞占 10%～30%。

C级：胚胎发育阶段与胚龄不太一致，轮廓不清晰，色调变暗，结构较松散，游离的细胞或液泡较多，变性细胞达 30%～50%。

D级：有碎片的卵，细胞无组织结构，变性细胞占胚胎大部分，约 75%。

A、B、C级胚胎为可用胚胎，D级为不可用胚胎。

③ 胚胎的鉴定方法　移植前正确鉴定胚胎的质量，是移植能否成功的关键之一。目前鉴定胚胎质量和活力的途径主要有形态学方法、体外培养法、荧光法、测定代谢活性和胚胎细胞计数等。这里仅对生产中最为常用的形态学方法进行介绍。

胚胎不像精子那样具有活动能力，其活力的评定主要是根据形态来进行。一般是在 50～80 倍的实体显微镜下或 120～160 倍的生物显微镜下进行综合评定，评定的主要内容是：①卵子是否受精。未受精卵子的特点是透明带内分布匀质的颗粒，无卵裂球（胚细胞）；②透明带的规则性即形状、厚度、有无破损等；③胚胎的色调和透明度；④卵裂球的致密程度，细胞大小是否有差异以及变性情况等；⑤卵黄间隙是否有游离细胞或细胞碎片；⑥胚胎本身的发育阶段与胚胎日龄是否一致（表 6-15），胚胎的可见结构如胚结（内细胞团）、滋养层细胞、囊胚腔是否明显可见。

表 6-15　排卵后胚胎发育阶段的不同时间

胚胎发育阶段	排卵后天数/d	
	绵羊	山羊
1 细胞	0～1	0～1
2 细胞	0～1	0～1
4 细胞	1～2	1～2
8 细胞	2～3	2～3
早期桑葚胚	2～4	2～4
致密桑葚胚	4～5	4～5
早期囊胚	5～6	5～6
扩张囊胚	7～8	7～8
脱去透明带囊胚	8～9	7～9

应该指出，形态鉴定在很大程度上是凭经验进行鉴定，因此往往也带有一定的主观性。另外，细胞的形态和内在的生命力并不完全存在必然的相关性，单靠胚胎的形态不能完全说明其活力。但对于经验丰富的观察者，此方法还是相当可靠的，并且由于形态鉴定胚胎方法简单易行，在胚胎移植实践中大都采用此方法。

6. 胚胎移植

胚胎的移植也称为胚胎的植入，是整个胚胎移植技术中关键环节之一，所以，一定要按照胚胎移植的基本原则所规定的去做，胚胎的移植也有手术法和非手术法两种。对羊而言，目前主要是以手术法为主。移植胚胎给受体，胚胎的发育必须和子宫的发育相一致。既要考虑供体和受体发情的同期化，又要考虑子宫发育与胚胎的关系。实际上，由于供体羊采用的是超数排卵，其单个卵子排出的时间往往有差异，因此，不能只考虑发情同期化。在移植前，要对受体羊仔细进行检查，如果黄体发育到所要求的程度，即使与发情后的天数不吻合也可以移植，反之，就不能移植。一般将第一次配种后 48～72h（山羊）或 40～60h（绵羊）从输卵管采集的胚胎从伞部移入输卵管中；将第一次配种后 120～158h（山羊）或 96～144h（绵羊）从子宫采集的胚胎应当移植到子宫角前 1/3 处。

手术法移植分为输卵管移植和子宫移植两种。受体羊的术前准备工作同供体羊采胚的术前准备。吸胚胎时，先用吸胚管吸入一段培养液，再吸一个小气泡，然后吸取胚胎，胚胎吸取后再吸一个小气泡，最后吸一段培养液（图 6-15 A）。这样可以防止移动吸管时丢失胚胎。

（1）输卵管移植　将卵巢上有黄体的一侧或黄体好的一侧的输卵管引出，找到喇叭口并固定好，将吸有胚胎的移植枪头由喇叭口插入 2cm，注入胚胎（图 6-15 C）。输卵管移植可直接使用捡胚管，按子宫移植的方法将胚胎吸入捡胚管并将捡胚管插入输卵管的喇叭口处，慢慢将胚胎送入输卵管。也可用一个截断的 12 号针头，接一段外径 1～1.5mm 的塑料软管或硅胶管，再接在 1mL 的注射器上，吸取和移植胚胎。术后把输卵管送回腹腔内。

输卵管移植前要注意到输卵管前近伞部处，往往因输卵管系膜的牵连形成弯曲，不利于移胚。因此术者应使伞部的输卵管处于较直的

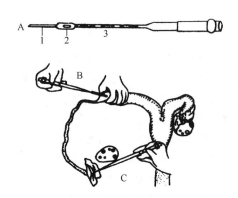

图 6-15 山羊手术法移胚

A—子宫移胚器；B—将胚胎移入子宫；C—将胚胎移入输卵管
1—移植针；2—硅胶管；3—吸有胚胎的移胚吸管

状态，以便于移植者能见到牵出的输卵管部分处于输卵管系膜的正上面，并能见到喇叭口的一侧，此时，移胚者将移胚管前端插入输卵管内，然后缓缓加大移胚管内的压力，把带有胚胎的保存液输入输卵管内。如果原先移胚管内液体过多，则多量的液体进入输卵管时会引起倒流，易导致胚胎流失。输卵后一定要保持输卵时的指压，同时抽出移胚管。若在输卵管内放松移胚管的指压，移胚管内的负压就会将输卵管内的胚胎再吸出来。为了保证移胚确实完成，移胚后还要再镜检移胚管，观察是否还有胚胎的存在，若没有说明胚胎已移入输卵管，则可将输卵管等送回腹腔。

（2）子宫移植 子宫移植的一种方法是将卵巢上有黄体的一侧或黄体好的一侧的子宫角尖端固定好，用曲别针钝头等细钝性物在子宫角前 1/3 无血管处刺透子宫角壁，然后将移植枪头从针孔插入子宫腔内，摆动枪头，确认枪头在子宫腔内时，推动连接移胚管的注射器活塞注入胚胎，然后撤出移胚管。最后把子宫角送回腹腔内（图 6-15 B）。

子宫移植的另一种方法是腹腔镜移植。腹腔镜的主体为观察镜（望远镜和内窥镜）镜筒、光导纤维和光源系统，另外配有组合套管以及送气、排气、照相、电视监测及录像系统等附件。利用腹腔镜，可以在不将羊卵巢及子宫暴露在腹腔外的情况下，完成羊卵巢上黄体存在与否的检查与胚胎的移植操作，因此显著降低手术所造成的损伤和术后粘连的发生。术者首先按外科手术方法剔除术部羊毛并消毒，在耻骨前缘腹中线旁两侧皮肤上各做一小切口，在一个切口内将消毒导管针穿过切口刺入腹腔；然后接上送气胶管后向腹腔内轻轻打气，压迫胃肠前移；拔出导管针，从导管内插入内窥镜。在另一个切口内插入手术钳或卵巢固定钳或拨棒等，与内窥镜协作寻找卵巢，并观察卵巢上面有无黄体。对于卵巢上有黄体者，用手术钳仅将黄体侧的子宫角拉出切口外，将胚胎移植入子宫，然后慢慢取出各种器械，从排气孔放出腹腔内气体，最后拔出导管针，必要时缝合切口。

第五节　妊娠诊断及接产技术

一、妊娠诊断技术

妊娠诊断就是借助母羊配种或输精后所表现的各种变化来判断是否妊娠以及妊娠的进展情况。对确诊已妊娠的母羊，应注意加强饲养管理，保证胎儿正常发育，防止流产以及预测分娩日期。对未妊娠的母羊及时进行检查，找出未孕原因，采取相应治疗或管理措施，以把握下一次发情时的配种时机，提高母羊繁殖效率。

羊的妊娠诊断方法虽然较多，但在养羊生产实践中应用最广泛的还是外部观察法和腹壁触诊法。有条件的羊场或单位，可购兽用 B 超仪，对羊进行准确的妊娠诊断。

1. 外部观察法

是在问诊的基础上，对被检母羊进行观察，注意其体态及胎动等变化，判断是否妊娠。问诊的内容包括母羊的发情情况、配种次数、最后一次配种日期、配种后是否再发情、一定时期后食欲是否增加、营养是否改善、乳房是否逐渐增大等。如果配种后没再出现发情，食欲有所增加，被毛变得光泽，乳房逐渐增大，则一般认为是怀孕了。配种三个月后，则要注意观察羊的腹部是否增大，右侧腹部是否突出下垂，腹壁是否常出现震动（胎动），从而判定是否妊娠。需要指出的是，有些羊妊娠后又出现发情现象，称为假发情。出现这种情况

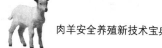

时，应结合其他方法，综合分析后才能作出诊断。

2. 腹壁触诊法

检查者双腿夹住羊的颈部，面向后躯，双手紧兜下腹壁，并用左手在右侧下腹壁前后滑动，感觉腹内有无硬块，该硬物即为胎儿。妊娠三个月以上时，可触及胎儿，腹壁薄者还能感觉到子叶。

3. 超声波探测法

使用超声波 D 型多普勒诊断仪，利用其多普勒效应原理，探测母羊妊娠后子宫血流的变化、脐带的血流、胎儿的心跳和胎儿的活动，并以声响信号显示出来。羊的探测部位在乳房两侧或乳前的少毛区，母羊站立保定，将被毛向两侧分开，在皮肤和探头上涂以耦合剂，将探头朝着对侧后方（即骨盆入口处），紧贴皮肤进行探测，并缓慢活动探头，调整探射波的方向，使探查的范围成为扇形。在妊娠母羊可探听到慢音（子宫动脉血流音）、快音（胎儿心音和脐带血流音）和胎动音（不规则的犬叫音）3 类音响信号。出现上述任何一种音响信号即可诊断为怀孕。

目前，生产中普遍使用 B 超仪进行妊娠诊断（图 6-16）。它以扇形或线形扫描方法利用声波反射回来的光点明暗度显示子宫切面图像，可以直接观察子宫变化及胎儿发育状况。这种影像诊断方法，具有很强的直观性和准确性。

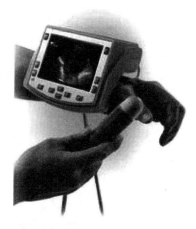

图 6-16　Tringa 便携式兽用 B 超仪

二、接产技术

1. 产前准备

（1）接羔棚舍及用具的准备　由于各地生态条件和经济发展水平差异很大，该准备应因地制宜，不能强求一致。一般来说，300 只产羔母羊至少应有接羔室 $90m^2$。没条件者可在羊舍内搭建接羔棚，尽量宽敞明亮，温度在 15℃ 以上。地面一角应备有木板或草帘。产羔开始前 2~3 天，对接羔棚舍、运动场、饲草架、饲槽、分娩栏等进行彻底修理、清扫和消毒。消毒后的接羔棚舍应地面干燥、空气新鲜、光线充足、挡风御寒。

（2）饲草饲料的准备　无论是羊场，还是农牧民饲养户，均应为冬春产羔的母羊备足青干草、优质的农作物秸秆、多汁饲料和精料等。

（3）接羔人员的准备　接羔是一项繁重而细致的技术性工作，而且胚胎移植的母羊分娩期集中，因此，每圈（群）产羔母羊除专职饲养员外，还必须配备一名技术人员，以确保接羔工作的顺利进行。还应对饲养员进行技术培训，明确责任，落实到人，24h 坚守岗位，认真负责地完成自己的工作任务。

（4）兽医人员及药品的准备　胚胎移植数量较多或规模较大的羊场，或养羊比较集中的乡村，应当设置兽医室（站），购足产羔期间必需的药品和器材。兽医人员应轮流值班，巡回检查，做到发现问题及时解决，发现疾病及时治疗。

2. 分娩预兆

随着胎儿发育成熟和分娩期逐渐接近，母羊的精神状态、全身状况、生殖器官、乳房及骨盆部发生一系列变化，以适应排出胎儿及哺育羔羊的需要。通常将这些变化称为分娩预兆。根据预兆可预测分娩时间，以便做好接产准备工作。

（1）乳房的变化　乳房在分娩前迅速发育，腺体充实。临近分娩时，可从乳头中挤出乳汁。如果乳头由松软状快速变粗、变大且变得充盈，则预示在 1~2 天内分娩。

（2）外阴部变化　临近分娩时，羊的阴唇变得柔软、肿胀、皱襞展平，颜色稍变红；封闭子宫颈管的黏液塞逐渐软化，流入阴道并排出阴门外，呈透明状垂吊于阴门处；阴道黏膜潮红，子宫颈开始松软、肿胀。

（3）骨盆韧带变化　临近分娩时，尾根两侧的荐坐韧带由硬变软，荐髂韧带也变得松软，荐骨的活动性增大。由于骨盆韧带的松

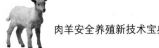

弛，臀部肌肉出现明显的塌陷。

（4）行为变化　羊在分娩前数小时或分娩之前，表现精神烦躁，徘徊不安，前肢刨地，频频起卧。有的羊离群咩叫，有的羊选择圈内一隅，等待分娩。

3. 分娩过程

是指从子宫开始出现阵缩到胎衣完全排出的整个生理过程。为了描述方便，可人为地将其分为三个连续的时期，即子宫开口期、胎儿产出期和胎衣排出期。

（1）子宫开口期　是指从子宫开始阵缩至子宫颈完全开张为止的一段时间。这一期子宫颈变软扩张，一般仅有阵缩，没有努责。母羊表现徘徊不安，离群或站立一隅，前蹄刨地，咩叫，时起时卧，常做排尿姿势。由于子宫阵缩逐渐地增强，迫使胎膜带着胎儿、胎水移向已松软的子宫颈，并进一步促使子宫颈扩张。

（2）胎儿产出期　是指从子宫颈完全开张至胎儿全部排出为止的一段时间。这一时期，阵缩和努责共同发生作用。母羊表现极度不安，时常起卧，拱背努责，当胎儿进入并通过盆腔及其出口时，由于骨盆反射而引起更强烈的努责。这时母羊一般为侧卧，四肢伸直，腹肌强烈收缩，呼吸及心跳加快，努责数次后，休息片刻，再继续更强烈地努责，直至将胎儿产出。

胎儿产出期中，子宫阵缩的力量、频率及持续时间均增加，与此同时，胎囊及胎儿的前置部分对子宫颈及阴道发生刺激，使垂体后叶催产素的释放骤增，引起腹肌和膈肌的强烈收缩。努责比阵缩出现的晚，停止的早，每次持续约1min，但与阵缩密切配合，且逐渐加强。由于强烈阵缩与努责，胎膜带着胎水移向产道，最后胎膜破裂，排出胎水。羊的胎膜大多是尿膜绒毛膜先露到阴门外，其中的尿水为褐色。此囊破裂，排出第一胎水后，尿膜羊膜囊才突出阴门之外，颜色淡白、半透明，囊内有羊水（第二胎水）和胎儿。随着阵缩和努责的加强，尿膜羊膜囊在阴门口处破裂，流出淡白色或微黄的黏稠的羊水。有时羊膜绒毛膜囊先排出到阴门口外，偶尔也有两个胎囊同时露出阴门外的情况。随着胎水排出，胎儿也随着努责向产道内移动，间歇时，胎儿又稍退回子宫，但在胎头楔入盆腔后，间歇时则不能再退回。胎头的排出，需要较长的时间，通过盆腔及其出口时，母羊努责十分强烈，这时有的羊表现张口伸舌、呼吸促迫、四肢痉挛样伸直，使人担心有发生危险的可能。当胎头露出阴门后，母羊往往稍事休息，随之继续努责，将整个胎儿排出。如为倒生，臀部排出后，其余部分即可随之排出。如果同时怀两个以上胎儿，则排出前一个胎儿后，休息10～30min后，再努责等排出后面的胎儿。

（3）胎衣排出期 是指从胎儿排出后至胎衣完全排出为止的一段时间。胎衣是胎膜的总称。胎儿排出后，母羊即安静下来，几分钟后，子宫再次出现阵缩，最后将胎衣排出。这时母羊不再努责或偶有轻微努责。

羊的胎盘属于上皮结缔组织绒毛膜胎盘，母、子的胎盘结合比较紧密，而且又是子叶型，母体胎盘呈盂状（绵羊）或盘（山羊）状，所以母、子胎盘分离需要的时间较长，胎衣排出的时间也较长。山羊的胎衣排出期为0.5～2h，绵羊的胎衣排出期为0.5～4h。

4. 接产与助产技术

母羊由于圈养，运动相对减少，环境干扰增多，胎儿相对较大，这些都会影响母羊的分娩过程。因此，加强分娩过程的监视，必要时稍加帮助，减少母羊的体力消耗，异常时及早助产，可避免母子受到危害。但不要过早、过多地干预分娩。主要按以下步骤进行。

（1）清洗和消毒 用0.1%的新洁尔灭或高锰酸钾，清洗和消毒接产人员的手臂、母羊的外阴部及其周围。

（2）临产检查 当胎囊已破、胎水流出或胎膜囊呈拳头大露出阴门外时，将手臂伸入产道，隔着胎膜检查胎儿的胎向、胎位、胎势，对胎儿的反常做出早期诊断并矫正。如果胎儿正常，两前蹄和唇部俱在，或者两后肢是伸直的，并且软产道和硬产道均没问题，可待其自然排出。如果胎儿有反常，可顺势进行矫正，这时羊水还在，子宫壁还未紧贴胎儿，子宫内空间相对较大，矫正比较容易。如果发现胎儿及产道严重的异常，综合分析后认为胎儿不可能从产道产出时，则应不失时机，果断采取剖宫产手术，以挽救胎儿和母羊的生命。

（3）及时助产 遇到下述情况时，可以帮助拉出胎儿：母羊努责和阵缩微弱，无力排出胎儿；产道稍狭窄或胎儿较大，产出滞缓；正生时胎头通过阴门困难，迟迟没有进展；倒生臀部产出时。

（4）难产的处理　分娩过程中胎儿排出受阻，母体不能将胎儿由产道顺利产出时称为难产。从临床实践分析，难产的原因主要是阵缩无力，胎位、胎向、胎势不正，子宫颈狭窄及骨盆狭窄，胎儿过大、畸形等，应针对导致难产的原因采取相应措施。

阵缩和努喷微弱：可肌内注射或静脉注射催产素 10～20IU，观察母羊分娩进程，等待其自然娩出或者将外阴部和助产者的手臂消毒后，伸入产道，抓住胎儿的两前肢，护住胎儿的头部，缓慢均匀地用力把胎儿拉出。

胎向、胎位、胎势异常：胎儿横向、竖向，胎儿下位、侧位，头颈下弯、侧弯、仰弯，前肢腕关节屈曲，后肢跗关节屈曲等，术者手臂消毒后伸入产道，将异常的胎位、胎向、胎势进行矫正，抓好胎儿的前肢或后肢把胎儿拉出。

阴门狭窄或胎头过大：这种情况往往是胎头的颅顶部卡在阴门口，母羊虽经使劲努喷，但仍然产不出胎儿。遇此情况可在阴门两侧上方，将阴唇剪开 1～2cm，术者两手在阴门上角处向上翻起阴门，同时压迫尾根基部，以使胎头产出而解除难产。

双羔同时楔入产道：术者手臂消毒后伸入产道将一个胎儿推回子宫内，把另一个胎儿拉出后，再拉出推回的胎儿。如果双羔各将一肢体伸入产道，形成交叉的情况，则应先辨明关系，可通过触诊腕关节和跗关节的方法区分开前后肢，再顺手触摸肢体与躯干的连接，分清肢体的所属，最后拉出胎儿解除难产。

子宫颈狭窄、扩张不能、骨盆狭窄：遇此情况可果断施行剖宫产手术，以挽救羊母子的生命。

5. 新生羔羊的护理

（1）擦干羊水　羔羊产出后，先要擦净鼻孔和口腔内的羊水及黏液，防止发生窒息和异物性肺炎。同时观察呼吸是否正常，如无呼吸必须立即进行抢救。

（2）处理脐带　新羔产出后，将脐带血捋向羔羊体内数次，在脐孔下 3cm 处，将脐带扯断，断端用 5% 碘酊涂擦或浸泡消毒，无需结扎。

（3）舔羔保温　断脐后，将新生羔羊放于母羊头部，或将母羊拉于羔羊处，让母羊舔干羔羊身上的黏液，既增加母子亲情，又能减少羔羊热量的散失，有利于保温。恋羔差的母羊，可将新羔身上的黏液涂擦在母羊的嘴里，引诱其舔羔。棚舍内温度低时，要生火保温。

（4）辅助羔羊吃上初乳　羔羊出生后30min左右，跪立挣扎欲站起来，摇晃不稳易摔倒，这时要人为扶助，防止摔伤。还要把母羊的乳房乳头擦洗消毒，协助新羔吃上初乳。对于吃不到奶的弱羔，要人工协助吃奶。母羊无乳时，要做好羔羊的寄养工作或进行人工哺乳。

（5）注射疫苗　在破伤风疫区，对新生羔羊和母羊，都要注射破伤风抗毒素或类毒素。

（6）假死羔羊的抢救　新生羔羊假死时，应立即进行抢救。可倒提羔羊两后肢、拍打其胸背部或使羔羊平卧、有节律地压迫胸部两侧，使之尽快出现呼吸。同时可注射尼克刹米、肾上腺素等进行抢救。

6. 产后母羊的护理

母羊产后一般比较疲乏，应尽量减少人为刺激，让母羊得到充分休息；为增强泌乳，可饮数次温米汤水，加入适量红糖更好。适量增加精料和多汁饲料，增强适口性。保证适量的运动，光照充足，避免受寒受潮受风，以确保母子健壮。

第六节　提高母羊繁殖力的技术措施

一、母羊繁殖成绩评定指标

羔羊断奶后要及时根据各项记录总结这一繁殖年度的繁殖成绩，总结生产上的经验和所存在的问题，分析原因，并针对问题制定相应的措施，为下一年度提高繁殖成绩打下基础。评定母羊繁殖成绩的指标有配种率、受胎率、分娩率、产羔率、羔羊成活率、繁殖率和繁殖成活率七项，下面简要介绍这七项指标的意义及计算方法。

1. 配种率

配种率是指本年度发情配种的母羊数占本年度全部适繁母羊数的百分率。例如，某羊场在某年度适合繁殖的母羊数为100只，其中有95只母羊发情配种成功，那么配种率为95％。

2. 受胎率

受胎率是指受胎母羊数占配种母羊数的百分率。例如，95只配种母羊中有90只母羊受胎，那么其受胎率为94.74％。

3. 分娩率

分娩率是指分娩母羊占受胎母羊数的百分率。例如，90只受胎母羊中有3只流产、有2只死亡，只有85只受胎母羊产羔，则其分娩率为94.4％。

4. 产羔率

产羔率是指产羔数占分娩母羊数的百分率。例如，85只分娩母羊产出255只羔羊，则其产羔率为300％。

5. 羔羊成活率

羔羊成活率是指断奶时存活的羔羊数占产活羔羊数的百分率。例如，产活羔羊255只，死亡25只，到断奶时存活230只，则其羔羊存活率为90.2％。

6. 繁殖率

繁殖率是指产活羔羊数占适繁母羊数的百分率。例如，产活羔羊数为255只，适繁母羊数为100只，则其繁殖率为255％。

7. 繁殖成活率

繁殖成活率是指断奶存活的羔羊数占适繁母羊数的百分率。例如，断奶存活羔羊230只，共有100只适繁母羊，则其繁殖成活率为230％。

二、提高母羊繁殖力的技术措施

1. 增加能繁母羊的比例

在羊群的结构中，能繁母羊所占比例的大小，对羊群的增殖和养羊业的效益有很大的影响。因此，每年都要对羊群进行整顿，及时对老龄羊和不孕羊进行淘汰。能繁母羊的年龄以2～5岁为宜，7岁以后的母羊即为老龄羊，将能繁母羊在羊群中的比例调整到70%以上。同时，母羊必须是乳房发育好、泌乳量较高的。

2. 选留多胎母羊

母羊的繁殖力是具有遗传性的。在选留母羊时，应该选留第1～2胎产羔多、羔羊初生重大、泌乳量高的母羊，再选留其所生的多胎羔羊作为种用，将来的多胎性也会高，这是提高多胎性的重要途径。

3. 频密产羔

对于常年繁殖的母羊要缩短其空怀期，使母羊6～7个月产羔一次，一年产羔两次或两年产羔三次；对羔羊进行提早断奶，由4个月断奶改为2个月断奶，使哺乳的母羊可以早发情配种；还可以适当地提早母羊的初配年龄，继而使母羊一生的产羔数量增加。频繁产羔是增加羔羊数量的有效方法，但要对母羊和羔羊都加强饲养管理。

4. 导入多胎基因

多胎基因的导入，用多胎品种与地方品种羊杂交是提高繁殖力最快、最有效和最简便的方法。湖羊、小尾寒羊作为我国优良的多胎、早熟地方品种在不少省份相继引种，以改进当地羊的繁殖性能。选择多胎品种的公羊与单胎品种的母羊进行杂交，其所生的后代多具有多胎性，以此可以提高以后的产羔率。在同一品种内，也可以将多胎公羊作为种羊使用。

5. 做好配种工作

要做好配种工作，既要做好对配种公羊、母羊的选育和选配，又要掌握好配种时机，做到适时配种和多次配种。

对于种用的公羊和母羊要进行严格的选择。对于种用的公羊，要选择体型外貌符合种用要求、体格健壮、睾丸发育良好、性欲旺盛的个体，并且要适时对其精液进行检查，及时发现并剔除不符合要求的公羊。除此之外，还要注重从繁殖力高的母羊的后代中选择培育适合作为种用的公羊。种用母羊的选择，应从生产的角度进行考虑，着重从多胎的母羊的后代中选择出优秀的个体，以获得多胎性强的母羊。此外，还要注意母羊的泌乳量、哺乳性能和母性。母羊的繁殖力随着年龄的增长而增长，在4～5岁时母羊的繁殖力达到最高，在选择过

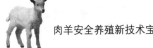

程中，应特别注意初产母羊的多胎性对后代繁殖力的影响。

母羊的发情期持续时间短，尤其是绵羊，因而要把握好配种时机，及时发现羊群中发情的母羊，以免造成漏配。大量的生产实践证明，在繁殖季节开始后的第1、2个发情期，母羊的配种率和受胎率是最高的，而且在此时期所配母羊所生羔羊的双羔率也高。一些高产母羊的排卵量高，但是所产的卵子不是同时成熟和排出，而是陆续成熟然后排出，因而要对母羊进行多次配种或输精，可利用重复简配、双重交配和混合输精等方法，令排出的卵子都能有受精的机会，从而提高产羔率。

6. 因地制宜合理采用繁殖新技术

为提高受胎率，有条件的可借助腹腔镜将精液输入到子宫角内。人工授精技术的推广，大大降低了公羊的饲养量，提高了种公羊的配种能力和配种效率。

同期发情技术除用于胚胎移植技术外，还多应用于肉羊生产，可有计划地进行羔羊的同期育肥和出栏，有利于减少管理开支，降低生产成本。常用的药物有氯前列烯醇、孕激素海绵栓、孕马血清、三合激素等。

超数排卵对提高母羊产羔数，特别是发挥优良母羊的遗传潜力及使用效率具有重要意义，同时也是胚胎移植技术的核心技术之一。具体方法：在成年母羊发情到来的前4天，肌内注射或皮下注射孕马血清促性腺激素200～400IU，出现发情后立即配种，并在当天肌内注射或静脉注射人绒毛膜促性腺激素500～700IU，以达到超数排卵的目的。

胚胎移植技术在肉羊生产中的运用，充分发挥了优良母羊的繁殖潜力，保护了稀有品种资源，减少了种羊的引进，降低了生产成本，提高了生产效率。

利用诱导发情技术，可打破母羊的季节性繁殖规律，缩短其繁殖周期，提高母羊的繁殖率和养羊的经济效益。

7. 加强饲养管理

在配种前期及配种期，应该对公羊、母羊给予充足的蛋白质、维生素和矿质元素等营养物质。营养状况不但影响公羊精子的产生和精子的质量，也会对母羊卵子和早期胚胎的发育产生很大的影响。增加配种前体重，还可以使母羊发情整齐、排卵数量多，继而可以提高母羊的配种率、受胎率和多胎性。在母羊妊娠期尤其是妊娠后期加强饲养管理，可以降低母羊的流产率、死亡率和死胎率，初生羔羊的体重也会增加。哺乳期饲养管理的加强，可以使母羊的泌乳力提高，羔羊生长发育快，成活率也会提高。

第七章　疫病防控技术

第一节　肉羊保健技术

　　品种、饲料、饲养管理、疾病和市场因素等是决定养羊业能否实现高效益的关键。由于疾病而导致的损失最具直观性，可以使羊在一夜之间失去自身价值，甚至经营者还要为此支付一定的尸体处理费。疾病防治工作也是养羊业中技术难度很大的一项工作。羊快疫、猝狙、蓝舌病、羊肠毒血症等发病快、致死率高。有不少羊病，发病初期不易被觉察，等到病入膏肓又往往来不及治疗就死亡。因此，必须认真做好羊群保健工作。

一、环境卫生

　　羊喜欢干燥卫生的生活环境，日常管理中应严格按照防疫工作的标准，及时进行羊舍、手术室、采精室等的日常清洁工作。保持羊舍清洁卫生，及时清理粪便，提供和保持良好的环境条件，对现代集约化养羊场来说非常重要，可降低羊呼吸道疾病以及寄生虫感染的发生概率。

　　因羊粪和垃圾的污染程度高，又是感染的主要病原来源，所以粪便和垃圾应及时收集处理。同时，要注意清洗死角和污物积聚的地方。

供水系统一般都存在微生物污染，其中水池是尘埃和脏物容易堆积的地方，应坚持每天使用前对水池进行清洁。

二、消毒

消毒即将病原微生物在侵入羊体之前，于羊体外杀死，以减少和控制疾病的发生，杀灭病原体是预防和控制羊疫病的重要手段。环境和用具器械一般要经先打扫、再清洁、最后再消毒才能达到消毒的目的。

羊舍消毒用 $10\%\sim20\%$ 石灰乳或 10% 的漂白粉或 3% 的来苏尔或 5% 的草木灰或 10% 石炭酸水溶液喷洒消毒。运动场消毒用 3% 的漂白粉或 4% 的福尔马林或 $2\%\sim5\%$ 的氢氧化钠水溶液喷洒消毒。门道（出入口处）消毒用 $2\%\sim4\%$ 氢氧化钠或 10% 克辽林喷洒消毒，或在出入口处经常放置浸有消毒液的麻袋或草垫；皮肤和黏膜消毒用 $70\%\sim75\%$ 的酒精或 $2\%\sim5\%$ 的碘酒或 $0.01\%\sim0.05\%$ 的新洁尔灭水溶液，涂擦皮肤或黏膜。创伤消毒用 $1\%\sim3\%$ 的龙胆紫或 3% 的过氧化氢或 $0.1\%\sim0.5\%$ 的高锰酸钾水溶液，冲洗污染或化脓处。粪便消毒采用发酵法杀灭病菌和虫卵，即在离羊舍 100m 以外的地方，把羊粪堆积起来，上面覆盖 10cm 厚的细土，发酵 1 个月即可；污水消毒，把污水引入污水处理池，加入漂白粉或生石灰（一般每升污水加 $2\sim5g$）进行处理。

每年春、秋季，对羊舍、场地和用具各进行一次全面大清扫、大消毒。平时羊舍每月消毒一次，产房每次产羔前都要消毒。传染病扑灭后及疫区（点）解除封锁前，必须进行一次终末大消毒，以消灭疫区内可能残存的病原体。定期对羊舍及羊群进行喷雾消毒，定期对料槽、水槽等清洗消毒，及时清理垫料和粪便，防止通过粪便传播病原微生物及寄生虫。成羊出售、羔羊转群后，羊舍及用具要进行消毒、药物喷洒、熏蒸或火焰喷射彻底消毒，待空闲 $10\sim14$ 天后再启用，以防止传播媒介和中间宿主与羊群接触。搞好环境卫生、消灭蚊蝇孳生、杀虫、灭鼠，消灭疫病的传播媒介。

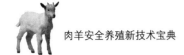

三、疫病监测

疫病监测是应用各种诊断方法对羊进行疫病检查，并根据检查结果采取相应措施，以杜绝疫病发生。这对于净化羊群、防止疫病扩散具有重要意义。检疫包括生产性检疫和产销地检疫。

生产性检疫是根据当地羊的疫病流行情况和国家有关规定，把当地危害较大的传染病作为建议内容。重点检疫疾病有布鲁氏杆菌病、口蹄疫、小反刍兽疫、结核病、蓝舌病、羊痘等。每年春、秋定期检疫。一经发现人羊共患的布鲁氏杆菌病、结核病、蓝舌病等羊只应做淘汰处理。肉羊养殖场应积极配合当地畜牧兽医行政管理部门按照《中华人民共和国动物防疫法》及其配套法规的要求，结合当地实际情况，制定疫病监测方案。

产销地检疫是为了防止疾病传播，在购买和出售羊时必须进行检疫。购羊时，要了解产地羊的传染病流行情况，不能到疫区购买。购买时，要做好产销地检疫。购回后隔离观察，再次确认健康无病后方可混群饲养。

四、免疫接种

免疫接种是激发动物体产生特异性抵抗力，使易感动物转化为不易感动物的一种防疫手段，是预防和控制羊传染病的主要措施。免疫接种可分为预防接种和紧急接种两类。

预防接种：在某些传染病易发地区和潜在发生的地区，或受到邻近地区传染病威胁的地区，为防患于未然，给当地健康羊只进行免疫注射称之为预防接种。预防接种前应掌握当地易发传染病的流行情况拟订每年的预防接种计划，做到有的放矢。如果在某一地区从未发生过的某种传染病，也没有从别处传进来的可能时，则没有必要进行该传染病的预防接种。在同一地区、在同一季节内，同一种家畜往往可能有两种以上疫病流行，可以采用使用多联多价制剂和联合免疫的方法进行预防接种。免疫接种必需按程序进行。在生产实践中，一个地区或羊场内，往往需要接种几种疫苗。免疫期长短不一，先接种什么，后接种什么，一定要根据当地（场）的具体情况，制定一个具体的免疫程序。

紧急接种：在发生传染病时，为了迅速控制和扑灭疫病的流行，对已感染疫病和受威胁尚未发病的羊群常常采用紧急接种。紧急接种以使用免疫血清较为安全有效，但血清用量大，价格昂贵，免疫期短，因此实践中常采用疫（菌）苗进行紧急接种。

肉羊养殖场应制定和执行适合本场具体情况的疫病防疫程序，科学地进行免疫接种。

五、定期驱虫

驱虫一般分春秋两季进行，根据羊群实际情况选用相应的驱虫药。定期进行全面的预防性驱虫（计划性驱虫）或药浴，或对临床上发病的羊进行治疗性驱虫或药浴，是防治寄生虫病的重要环节。预防性驱虫或药浴，通常在春秋两季进行。驱虫工作的有效实施，不仅有利于促进羊群的快速增重，降低春季羊只的死亡率，还有利于防止各种寄生虫虫卵对草场的污染。

针剂驱虫通常可注射伊维菌素、阿维菌素、左旋咪唑、丙硫咪唑、虫克星等药物，使用驱虫药时，要求剂量准确。一般注射驱虫药后，隔7天重复注射一次，确保驱虫彻底。

药浴驱虫通常采用药浴设施。常用药液有 0.1%～0.2% 杀虫脒、0.05% 辛硫磷、0.03% 林丹乳油、0.2% 的消虫净、0.04% 蜱螨灵和0.05% 蝇毒磷和石硫合剂浴液（取生石灰 7.5kg，硫黄粉 12.5kg，用水搅成糊状，加水 150L，边煮边搅，直至煮沸呈浓茶色为止，弃去沉渣，上清液即为母液，给母液加 500L 温水，即成为药浴液）。

羊群药浴应在晴朗无风天进行。药浴前 8h 停止放牧或喂料。入浴前 2～3h 给羊饮足够量的水，以免羊在药浴中吞饮药液中毒。药液的温度应在 30℃ 左右。先浴健康羊，后浴有皮肤病的羊，病、伤和怀孕 2 个月以上的羊不宜药浴。浴液的深度以浸没羊体为好。羊鱼贯而行，每只羊药浴时间不少于 3min，应将羊头按入药液中 1～2 次。药浴后在滴流台沥干羊体，然后让羊在阴凉处和圈舍内休息。药浴完毕 6h 后，才能投喂饲草或放牧。

六、药物防治

有些疾病尚无疫苗或不宜用疫苗预防，在这种情况下可采用药物预防。药物预防仍是预防和控制羊病的一项重要的措施。同时，许多药物对羊体有调节代谢、促进生长、改善消化吸收、提高饲料利用率等作用，所以越来越多的药物预防用于养羊业中，成为科学养羊、提高生产效率的重要手段。

各种药物由于其性质和应用目的的不同，使用方法有所不同，常见方法有混于饲料、溶于饮水、经口投药、体内注射、体表用药、环境用药等。常用的药物有磺胺类药物（如磺胺嘧啶、磺胺甲基嘧啶、磺胺二甲基嘧啶、磺胺脒等）、抗菌增效剂（如三甲氧苄氨嘧啶和二甲氧苄氨嘧啶）、抗生素（如青霉素、链霉素、阿莫西林、土霉素、四环素、新霉素、卡那霉素、庆大霉素、红霉素、泰乐菌素、多黏菌素 B、制霉菌素、克霉唑等）、喹诺酮类（恩诺沙星、环丙沙星等）、抗寄生虫药（丙硫苯咪唑、吡喹酮、贝尼尔、阿维菌素、溴氰菊酯等）、饲料添加剂（如各种维生素、无机盐、氨基酸、抗氧化剂、抗生素、中草药等）、微生态制剂（如促菌生、乳康生、调痢生、健复生等）。鉴于羊瘤胃是通过发达的微生物区系来维持旺盛的消化能力，因此不建议通过口服抗生素方法进行疾病预防，以免导致羊消化系统的功能紊乱。

药物预防的注意事项：根据疾病发生情况选用合适的药物种类和使用方法；最好使用经药敏试验测定的敏感药物和毒副作用小、经济易得的药物；注意合理配伍用药；且忌使用过期变质的药物；本着高效、方便、经济的原则建立科学的用药体系；多数病原微生物和原虫易产生抗药性，所以用药时间不可过长，且应与其他药物交替使用，以防产生抗药性；避免药物残留，注意休药期。

七、疫病报告制度

饲养人员应随时留心观察羊群的状态，尤其要注意采食量、饮水量、粪便的异常，反刍、呼吸及步态的异常。羊场兽医每日定期深入羊舍观察羊采食、反刍情况，每日早、中、晚各一次。

发现异常羊后，饲养人员应立即报告兽医人员，报告人要准确说明病羊的位置（几号舍几号圈）、羊号、发病情况；兽医人员接到报告后应立即对病羊进行诊断和治疗；在发现传染病和病情严重时，应立即报告羊场领导，并提出相应的治疗方案和处理方案。

八、病羊隔离制度

羊场应建立病羊隔离圈，其位置应在羊场主风向的下方，与健康羊圈有一定距离或有墙隔离；病羊进入隔离圈后应有专人饲喂；严禁隔离圈的设备用具进入健康羊圈；饲养病羊的饲养员严禁进入健康羊圈；病羊的排泄物应经专门处理后再用作肥料；兽医进出隔离圈要及时消毒；病羊痊愈后经消毒方可进入健康羊圈；不能治愈而淘汰的病羊和病死羊尸体应合理处理，对于淘汰的病羊应及时送往指定的地点，在兽医监督下加工处理；死亡病羊、粪便和垫料等送往指定地点销毁或深埋，然后彻底消毒。

九、病情档案制度

建立健全病羊病情报告档案记录。及时、准确、真实的档案记录，不但有助于饲养管理经验的总结和成本预算，而且是分析和解决羊群疾病防治问题的可靠依据。档案记录内应包括与病羊病情有关的一切材料，如病羊羊号、圈位、发病时间、临床特征、诊断、治疗经过、处方等，还应包括预后、死亡羊只的原因、解剖变化及羊尸处理结果等。

十、药物及疫苗使用规范

兽药分为兽用处方药和非处方药，处方药是指凭兽医处方方可购买和使用的兽药。非处方药是指由国务院兽医行政管理部门公布的、不需要凭兽医处方就可以自行购买并按照说明书使用的兽药。

临床兽医和畜禽饲养者应遵循《兽药管理条例》的有关规定使用兽药，应凭专业兽医开具的处方使用经国务院兽医行政管理部门规定的兽医处方药。禁止使用国务院兽医行政管理部门规定的禁用药品。从具有《兽药生产许可证》，并获得农业农村部颁发《中华人民共和国兽药 GMP 证书》的兽药生产企业采购兽药。在使用兽药过程中应严格按照停药期的规范进行。具体参照《无公害食品 畜禽饲养兽药使用准则》(NY 5030—2006)。

有计划地对健康羊群进行免疫接种，是预防和控制羊传染病的重要措施之一。各地区、各羊场可能发生的传染病各异，而可以预防这些传染病的疫苗又不尽相同，免疫期长短不一。因此，羊场要根据各种疫苗的免疫特性和本地区的发病情况和规律、羊场的病史、羊的日龄和饲养管理条件以及疫苗的相互干扰等多种因素制定出科学合理的免疫程序。所制定的免疫程序还应根据疫病流行特点、羊群动态等情况，对免疫程序及时进行修改和补充，并根据免疫程序定期接种疫（菌）苗。各种生物制品的具体保存和使用方法，应严格按照各生物生物制品瓶签或说明书上的规定执行。

第二节　羊病分类及防治原则

一、羊病分类

1. 羊病分类

根据羊病发生的原因，可将羊病分为传染病、寄生虫病和普通病三类。传染病是指由病原微生物侵入机体，并在体内生长繁殖而引起的具有传染性的疾病。传染病一旦发生，常可造成严重的经济损失。寄生虫病是指寄生虫侵入体内或侵害体表而引起的疾病。当寄生虫寄生于羊体时，通过虫体对羊的器官和组织造成机械性损伤、掠夺营养或产生毒素，使羊消瘦、贫血、生产性能下降，严重者可导致死亡。普通病是指由非生物性致病因素引起的疾病。普通病又可分为内科病、外科病和产科病等。

2. 发生特点

（1）季节性和阶段性明显　羊的死亡主要发生在冬、春季节，尤其是母羊产羔前后最为集中，这与此季节的饲草饲料来源缺乏、气候条件恶劣及特定的生理影响等有关。

（2）年龄和性别特征明显　由于在饲养过程中，不同年龄和性别的羊对自然条件、饲草饲料、寄生虫、昆虫和病原微生物等的适应性和敏感性不同，使致病因子对羊所造成的后果也不相同，表现出明显的年龄和性别特征。

（3）寄生虫病高发导致经济损失严重 随着疫苗的广泛使用，多种传染病被有效控制。然而由于羊存栏数量和饲养密度的增加，加剧了寄生虫在羊群中的重复感染，但由于寄生虫病的死亡率并不高而不被重视，因此所造成的经济损失却越来越高。

（4）营养不良疾病所造成的经济损失日益突出 牧区超载严重造成草场退化和饲草饲料紧张，而舍饲养羊则由于饲草品质差、种类单一和配合日粮不科学等引起羊只营养不良而使生产性能下降，主要表现为母羊繁殖率降低、弱羔羊增多、羔羊成活率下降、羊生长受阻以及在寒冷季节冻饿死亡和羊对疫病抵抗力下降，造成不易察觉的经济损失。

二、羊病防治原则

1. 羊病临床诊断的特殊性

羊病临床诊断与其他动物相比较的不同之处是：①当致病因素刺激达到一定程度后，大部分羊会表现出一过性或迟钝反应，从而掩盖疾病的临诊表现和行为变化，会使诊断变得困难；②对羊呼吸次数、脉搏、体温进行检查，对疾病诊断的价值不大。因为羊生性胆小，捕捉或处置等均会引起羊脉搏和呼吸频率发生很大变化，体温也会升高至正常体温之上。因此，平时要注意观察羊群，对可疑羊只进行细致的检查，及时挑出体征异常者。

羊对疾病的抵抗能力比较强，病初症状表现不明显，不易及时发现，然而一旦发病，往往病情较重，给养殖户造成较大的经济损失。因此，要勤观察羊只的神态和表现，以便及时发现病羊，尽早进行隔离和诊治，有利于控制疾病的发展、传播、蔓延和流行，使损失降低到最低限度。观察内容包括：

（1）看精神 健康羊采草时争先恐后，抢着吃草料。病羊则精神萎靡，不愿抬头，听力、视力减弱，或流鼻涕、淌眼泪，行走缓慢，重者离群掉队。

（2）看动态　健康羊不论采食或休息，常聚集在一起，休息时多呈半侧卧势，人接近即行起立。病羊则常掉群卧地，出现各种异常姿势。

（3）看鼻镜　健康羊的鼻镜湿润、光滑，常有微细的水珠。若鼻镜干燥、不光滑，表面粗糙，即为羊的不健康症状。

（4）观毛色　健康羊被毛光亮且整洁、有光泽、富有弹性。病羊则体弱，被毛粗硬、蓬乱易折、暗淡无光泽。健康羊的皮肤在毛底层或腋下等部位通常呈粉红色，病羊则颜色苍白或潮红。

（5）查大、小便　健康羊的粪便呈椭圆形粒状，成堆或呈链条状排出，粪球表面光滑、较硬。饲喂精料较多的羊的粪便呈较软的团块状，无异味。健康羊小便清亮无色或微带黄色，并有规律。病羊大小便无度，大便或稀或硬，甚至停止，小便黄或带血。若患寄生虫病，多出现软便，颜色异常，呈褐色或浅褐色且有异臭，重者带有黏液，粪便多粘在肛门及尾根两侧。

（6）观眼状　健康羊眼珠灵活，明亮有神，洁净湿润，望得远，看得清；病羊眼睛无神，两眼下垂，反应迟缓。健康羊眼结膜呈鲜艳的淡红色，若结膜苍白，可能是患贫血、营养不良或感染了寄生虫；若结膜潮红是发炎和患某些急性传染病的症状；若结膜发绀，呈暗紫色，多为病情严重。

（7）看反刍　反刍是健康羊的重要标志，一般在采食后 30～50min 进行第一次反刍。反刍时每个食团要咀嚼 50～60 次，每次反刍持续 30～60min，24h 内要反刍 4～8 次。健康羊嗳气（反刍后将胃内气体从口腔排出体外为嗳气）10～12 次/h；病羊则反刍无力、嗳气次数减少，甚至停止。

（8）听声音　健康羊的叫声洪亮而有节奏。病羊叫声的高低常有明显变化，有时不用听诊器即可听见呼吸声、咳嗽声及肠音，将耳朵贴在羊胸部肺区，可清晰地听到肺脏的呼吸音。健康羊每分钟呼吸 10～20 次，能听到间隔匀称且带"嘶嘶"声的肺呼吸音；病羊则出现"呼噜、呼噜"节奏不齐的拉风箱似的肺泡音。

（9）观舌　健康羊的舌呈粉红色且有光泽、转动灵活、舌苔正常。病羊的舌则活动不灵、软绵无力、舌苔薄而色淡或舌苔厚且粗糙无光。

（10）看口腔 健康羊口腔黏膜呈淡红色，触摸感觉温暖，无异味。病羊口腔时冷时热，黏膜淡白流涎或潮红干涩，有恶臭味。

2. 羊病防治原则

由于羊的传染病、寄生虫病、营养代谢性病具有群发性，一旦发生即可造成严重的经济损失；另外，羊对疾病的抵抗能力强，病初症状表现不明显，不易及时发现，然而一旦发病，往往病情较重，难以治愈。因此，为了有效控制疾病的发生，使经济损失降低到最低限度，强调羊病防治的原则是"预防为主，防重于治"。

综合预防包括：合理选择羊场厂址、合理布局、科学设计和建造羊舍、羊场环境卫生及消毒，供应营养全面的饲料，进行科学饲养管理，培育健康羊群，搞好药物预防，有计划地进行免疫接种等。综合治疗包括：疫情检疫、监测、诊断、隔离、消毒、免疫接种、药物防治、淘汰和处理尸体等。

第三节 常见疾病的诊治技术

一、传染病

1. 羊布鲁氏杆菌病

布鲁氏杆菌病，又叫布鲁氏菌病，简称布病，是由布鲁氏杆菌引起的人畜共患的慢性传染病。以母畜流产、不孕和公畜关节炎、睾丸炎为特征。病原是布鲁氏杆菌，为革兰氏阴性球杆菌或短杆菌，不形成芽孢。根据其病原性、生化特性等不同，可分为6个种20个生物型，其中羊种布鲁氏杆菌3个型、牛种布鲁氏杆菌9个型、猪种布鲁氏杆菌5个型，还有犬种布鲁氏杆菌、绵羊附睾种布鲁氏杆菌和沙林鼠种布鲁氏杆菌。布鲁氏杆菌对各种物理和化学因子比较敏感。

羊布病的传播：病羊和带菌动物，特别是流产母畜是最危险的传染源。病菌存在于流产的胎儿、胎衣、羊水及阴道分泌物中，病畜乳汁或精液中也有病菌存在，也可从粪尿向外排泄。羊是人类散发性布鲁氏杆菌病的主要传染源。本病主要经消化道感染，也可经伤口、皮肤和呼吸道、眼结膜和生殖器黏膜感染。因配种致使生殖系统黏膜感染尤为常见，也可因昆虫叮咬而感染。当羊采食了被病羊污染的饲料、饮水、乳汁，接触了污染的环境、土壤、用具、粪便、分泌物，以及屠宰过程中对废弃物、血水、皮肉等处理不当等，均可造成感染。由公羊与病母羊或病公羊与母羊配种，或在人工助产输精过程中消毒不严，以及人工输精使生殖道损伤而造成的感染发病尤为常见。本病一年四季均可发生，但有明显的季节性。羊种布鲁氏杆菌病以夏秋季节发病率较高。成年母羊的易感性较羔羊高，母羊的易感性较公羊高。

临诊症状：绵羊及山羊呈隐性传染而不表现症状，最明显、且易注意到的症状是流产。流产通常发生于妊娠后 3～4 个月。有的出现前驱症状，即阴道黏膜和阴唇潮红肿胀，流出黄色液体，以及乳房肿胀等；有的突然流产，或产出弱羔、死羔。羊群感染本病后，开始时仅有少数孕羊流产，以后逐渐增多，严重的可有 50%～90% 的孕羊发生流产。病羊流产后出现子宫炎、乳房炎，屡配不孕。经过 1 次流产后，病羊能够自愈，并可获得终身免疫。有些羊发生不明原因的关节炎、黏液囊炎和跛行，公羊还出现睾丸炎、附睾炎，配种能力下降。

病理变化：胎盘呈黄色胶冻样浸润，有些部位覆有纤维蛋白絮片和脓液，有的增厚，夹杂有出血点。绒毛叶部分或全部呈苍白色，或覆有灰色或黄绿色纤维蛋白或脓汁絮片，或覆有脂肪状渗出物。胎儿胃（主要是真胃）内有淡黄色或白色黏液絮状物，肠胃和膀胱的浆膜下可能见有点状或线状出血；皮下呈出血性浆液性浸润；淋巴结、脾脏、肝脏有程度不等的肿胀，有的散在炎性坏死灶。脐带常呈黏液性浸润、肥厚。胎儿和新生羔羊可见肺炎病灶。

防治：

① 预防措施　应当着重体现"预防为主"的原则，坚持自繁自养，引种时要严格检疫 2 次，确认健康者才能混群。疫苗接种是预防布病的重要措施。我国主要使用猪布鲁氏杆菌 S2 株疫苗和羊型 5 号（M5）弱毒活菌苗。病畜的流产物和死畜必须深埋，对其污染的环境用 20% 漂白粉或 10% 石灰乳或 5% 热火碱水严格消毒；病畜乳及其

制品必须煮沸消毒；皮毛可用过氧乙烷熏蒸消毒并放置 3 个月以上再运出疫区；病畜用过的牧场需经 3 个月自然净化后才能供健畜使用。兽医、病畜管理人员、助产员、屠宰加工人员，要严守卫生防护制度，特别是产羔季节更要注意，最好在从事这些工作前 1 个月进行预防接种，且需年年进行。

② 治疗方法　对阳性动物一般不予治疗，直接淘汰。

2. 羊快疫

羊快疫是由腐败梭菌引起绵羊的一种最急性传染病。由于发病突然，病程急剧，死亡很快，所以称为"羊快疫"。本病以 6 个月到 2 岁的绵羊最易感，山羊也有发病。一般多发生于 4～9 月份，常流行于低洼地区，特别是洪水泛滥之后多发。本病主要经消化道感染。当剪毛、感冒等机体抵抗力降低时，易诱发本病。

临诊特征：本病的特征表现就是突然发病，病羊来不及出现临诊症状就突然死亡。有的羊呈疝痛症状，臌气，结膜显著潮红，磨牙，痉挛而死。也有的病羊衰弱，离群，不食，口流血色泡沫；排粪困难，粪内混杂黏液或血丝，恶臭；头、喉及舌肿胀。体温一般不高。病程仅为几分钟到几小时。很少有耐过的。

病理变化：本病的典型病变是迅速腐败、臌胀，天然孔流出血样液体，可视黏膜蓝紫色，皮下有胶样浸润；肝脏肿大，土黄色，肝包膜下有出血点，断面有淡黄灰色坏死。真胃和十二指肠黏膜呈现出血性炎症。

防治：

① 预防措施　由于本病的病程短促，往往来不及治疗，因此必须加强平时的饲养管理和防疫措施。在本病常发区，每年应定期注射 1～2 次"羊快疫、羊猝疽"二联苗或"羊快疫、羊猝疽、羊肠毒血症三联苗"，或"羊快疫、羊猝疽、羊肠毒血症、羔羊痢疾四联苗"，或"羊快疫、羊猝疽、羊肠毒血症、羔羊痢疾、羊黑疫五联苗"，或"羊快疫、羊猝疽、羊肠毒血症、羔羊痢疾、羊黑疫、肉毒中毒、破伤风七联苗"。当本病发病严重时，应及时转移放牧地。对所有尚未发病的羊加强饲养管理，防止受寒感冒，避免采食冰冻饲料，早晨出牧不要太早。同时用菌苗进行紧急接种。

② 治疗方法 对病程稍长的病羊，可选用青霉素肌内注射，剂量每次为 80 万～240 万 IU，每天 2 次；或内服磺胺嘧啶，每次 5～6g，每天 2 次，连服 3～4 次；也可内服 10％～20％石灰乳，每次 50～100mL，每天 1 次，连服 1～2 次。对价值较高的种羊，在使用上述抗菌药的同时还可将 10％安钠咖 10mL 加于 500～1000mL 5％葡萄糖溶液中静脉滴注。但若发病超过两天，粪便已发软或已拉稀，治疗多无效。

3. 羊猝疽

羊猝疽是由 C 型魏氏梭菌所引起的一种毒血症，以急性死亡、腹膜炎和溃疡性肠炎为特征。

流行特点：本病发生于成年绵羊，以 1～2 岁绵羊发病较多。常见于低洼、沼泽地区，多发生于冬、春季节。主要经消化道感染。常呈地方性流行。

临诊特征：病程短促，常未见到临诊症状即突然死亡。有时发现病羊掉群、卧地，表现不安、衰弱、痉挛，眼球突出，在数小时内死亡。本病常与羊快疫混合感染，表现为突然发病、病程短，几乎看不到临诊症状即死亡。

病理变化：主要见于消化道和循环系统。十二指肠和空肠黏膜严重充血、糜烂，有的区段可见大小不等的溃疡。胸腔、腹腔和心包大量积液，积液暴露于空气后，可形成纤维素絮块。浆膜上有小点状出血。病例刚死时骨骼肌表现正常，但在死后 8h 内，细菌在骨骼肌内增殖，使肌间隔积聚血样液体，肌肉出血，有气性裂孔。本病与羊快疫混合感染时，胃肠道呈出血性、溃疡性炎症变化，肠内容物混有气泡，肝脏肿大、质脆，色多变淡，常伴有腹膜炎。

预防措施：可参照羊快疫的预防技术。

4. 羊肠毒血症

羊肠毒血症是由 D 型魏氏梭菌在羊的肠道中大量繁殖、产生毒素而引起绵羊的一种急性毒血症。本病发病急、死亡突然，其临诊症状类似羊快疫，因此又称"类快疫"。死后剖检病羊，肾脏呈现软泥状，肠道出血，所以又称"软肾病""血肠子病"。魏氏梭菌为革兰氏阳性的厌气性粗大杆菌，在动物体内能形成荚膜，故又称产气荚膜杆菌，可产生强烈的多种外毒素。

发病原因：本病的病原为土壤常在菌，可存在于污水中，也可存在于病羊的十二指肠、回肠内容物和粪便中；羊若采食了被病原菌芽孢污染的饲料、饮水，芽孢便会进入消化道而使羊体感染。本病有明显的季节性和条件性。在牧区，多发于春末夏初青草萌发和秋季牧草结籽后的一段时间；在农区，则常常在收菜季节，羊只采食多量菜根、菜叶，或收了庄稼后羊群抢茬吃了大量谷类的时候发生本病。本病多呈散发，绵羊发生较多，山羊较少。2～12月龄的羊最易发病，发病羊多为膘情较好的羊。

临诊特征：本病多突然发病，很少见到临诊症状，往往在出现临诊症状后便很快死亡。症状可分为搐搦型和昏迷型两种类型。两种类型在临诊症状上的差别是因机体吸收毒素多少不一致。

① 搐搦型　以抽搐为特征。在倒毙前，四肢出现强烈的划动，肌肉震颤，眼球转动，磨牙，口水过多，随后头颈显著抽搐，往往于2～4小时内死亡。

② 昏迷型　以昏迷和静静死去为特征。病程不太急，其早期临诊症状为步态不稳，随后卧倒，并有过敏，流涎，上下颌咯咯作响。继而昏迷，角膜反射消失，有的病羊发生腹泻，通常在3～4h内静静地死去。

病理变化：特性病变是肾脏表面充血，实质松软，呈不定形的软泥状（一般认为是死后的变化）；回肠的某些区段呈急性出血性炎症变化，重症病例整个肠段变为红色或有溃疡；另外，可见真胃内含有未消化的饲料；心包常扩大，内含灰黄色液体和纤维素絮块，左心室的心内外膜下有多数小点出血；肺脏出血和水肿。

预防措施：本病重在预防。在常发地区定期注射羊三联苗、四联苗、五联苗或七联苗。加强饲养管理，在农区、牧区春夏之际，应尽量避免抢青、抢茬，秋季避免吃过量的结籽饲草、蔬菜等多汁饲料，精、粗、青料要搭配合理。当羊群中出现本病时，如有条件，可立即搬圈，转移到高燥的地区放牧。

治疗方法：当羊群发病后多数羊来不及治疗便迅速死亡，即使病程较慢的，至今还没有较好的治疗方法。可选用青霉素肌内注射，剂

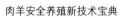

量每次为 80 万～240 万 IU，每天 2 次；或内服磺胺脒，每次 8～12g，第一天 1 次灌服，第二天分 2 次灌服，连服 3 次；也可灌服 10%石灰水，大羊 200mL，小羊 50～80mL，每天 1 次，连服 1～2 次。对价值较高的种羊，在使用上述抗菌药的同时还可将 10%安钠咖 10mL 加于 500～1000mL 5%葡萄糖溶液中静脉滴注。以上方法有时能治愈少数病羊。

据报道，当羊群发生羊肠毒血症时，除立即进行菌苗紧急接种外，可灌服中药。每只羊苍术 10g、大黄 10g、贯仲 5g、龙胆草 5g、玉片 3g、甘草 10g 及雄黄 1.5g（单包）。使用时，按羊数量称药，将前 6 味药加水煎汤，然后加雄黄，分灌羊只。灌中药后再加服一些食用植物油，能收到一定的预防效果。

有些定期使用大黄小檗配方防治羊肠毒血症，效果良好，能有效控制本病的流行。其方法：用大黄 500g（干品）加水 4000mL，用砂锅煎至 1500mL，过滤备用；小檗（三根针）500g 加水 4000mL，煎至 1500mL，过滤备用。烟草 500g 加水 2500mL，煎至 1500mL，过滤备用。将以上 3 种药液混合搅匀，再加菜籽油或黄豆油 600mL 即成。使用时，对发病羊群，成羊灌服 35mL，育成羊灌服 25mL，小羊灌服 15mL，一般灌服 1 次，即可控制死亡。灌服后第 4 天，若病情尚未完全控制，再重灌 1 次。

5. 羔羊痢疾

羔羊痢疾是由 B 型产气荚膜梭菌所引起的初生羔羊的一种急性毒血症。该病以剧烈腹泻、小肠发生溃疡和羔羊发生大批死亡为特征。

发病原因：发病因素较复杂。引起本病的病原菌可以通过羔羊吮乳、饲养员的手和羊的粪便而进入羔羊消化道，也可通过脐带或创伤感染。细菌在小肠（特别是回肠）里大量繁殖，产生毒素引起发病。本病主要危害 7 日龄以内的羔羊，其中尤以 2～3 日龄的发病最多，7 日龄以上的很少患病。该病的诱发因素有：母羊怀孕期营养不良，羔羊体质瘦弱；气候寒冷，羔羊受冻；哺乳不当，羔羊饥饱不均。纯种细毛羊的适应性差，发病率和死亡率最高，杂种羊则介于纯种与土种羊之间，其中杂交代数愈高者，发病率和死亡率也愈高。因此，羔羊痢疾的发生和流行，有明显的规律性，如草料质量差时，羔羊痢疾常易发生；气候寒冷和变化较大的月份，最易流行。

临诊症状：病初精神委顿，低头拱背，不想吃奶。不久就发生腹泻，粪便恶臭，呈糊状或稀薄如水。后期粪便有的还含有血液。病羔逐渐虚弱，卧地不起，不及时治疗，常在1～2天内死亡，只有少数症状较轻的可能自愈。有的病羔，腹胀而不下痢，或只排少量稀粪，也可能带血，主要表现神经症状，四肢瘫软，卧地不起，呼吸急促，口流白沫，最后昏迷，头向后仰，体温降至常温以下。病情严重者，病程很短，常在数小时到十几个小时内死亡。

预防措施：因为羔羊痢疾发病原因较复杂，所以应采取综合性防治措施，才能有效地控制该病。首先应加强孕羊的饲养管理和抓好保膘工作，使所产羔羊体质健壮，增强羔羊抗病能力。其次要做好接羔工作，避免羔羊受寒受湿，天气变冷时注意保暖。脐带用碘酒消毒，给羔羊吃足初乳，产前应注意羊圈消毒。在羔羊痢疾常发地区，每年应定期注射能防羔羊痢疾的四联苗、五联苗或七联苗，产前2～3周可再接种一次。也可采取药物预防，即羔羊出生后12h内灌服土霉素，每次0.05～0.15g，每天一次，连服3～5天。发生羔羊痢疾后，应立即隔离病羔，垫草烧掉，粪便堆积发酵处理，污染的环境、土壤、用具等用3%～5%来苏尔消毒。

治疗方法：可选用如下方法治疗，土霉素0.2～0.3g、胃蛋白酶0.2～0.3g，加水灌服，每天2次，连用2～3天；或土霉素0.2～0.3g、鞣酸蛋白0.2g、次硝酸铋0.2g、碳酸氢钠0.3g，加水灌服，每天3次，连用2～3天；或先灌服含0.5%福尔马林的6%硫酸镁溶液30～60mL，6～8小时后再灌服1%高锰酸钾溶液10～20mL，每天2次；如并发肺炎时可用青霉素、链霉素各20万IU混合肌内注射，每天2次。在使用上述药物的同时，要适当采取对症治疗措施，如强心、补液、镇静，食欲不好的可灌服人工胃液（胃蛋白酶10g，浓盐酸5mL，水1L）10mL或番木别酊0.5mL，每天1次。还可用抗羔羊痢疾血清，剂量为每只羔羊3～10mL，肌内注射，可获得90%的治愈率。

中药疗法：对已下痢的病羔，可服用加减乌梅汤：乌梅（去核）、炒黄连、黄芩、郁金、炙甘草、猪苓各 10g，诃子肉、焦山楂、神曲各 12g，泽泻 8g，干柿饼（切碎）1 个，上药研碎，加水 400mL，煎至 150mL，加红糖 50g 为引，1 次灌服。或服加味白头翁汤：白头翁、黄连、诃子肉、茯苓、白芍各 10g，秦皮、山萸肉各 12g，生山药 30g，白术 15g，干姜 5g，甘草 6g，将上药水煎 2 次，每次煎汤 300mL，混合后每个羔羊灌服 10mL，每天 2 次。

6. 羔羊白痢

羔羊白痢即羔羊大肠杆菌病，是由致病性大肠杆菌引起的羔羊急性细菌性传染病。其临诊特征是呈现剧烈的腹泻和败血症，因病羊常排出白色稀粪，所以又称羔羊白痢。

羔羊白痢多发生于新生羔羊至 3 月龄的绵羊和山羊，致病性大肠杆菌在发病羔羊肠道或各组织器官内增殖，随粪便等排泄物散布于外界。本病主要通过消化道传播，呈地方性流行或散发，常见于冬春舍饲期间，在放牧季节很少发生。母羊在分娩前后营养不良、饲料中缺乏足够的维生素或蛋白质、乳房部污秽不洁、羔羊出生后未及时吃初乳、圈舍阴冷潮湿、通风不良、气候突变等，都能促使本病的发生流行或使病情加重。

临诊症状：潜伏期一般为几小时或 1～2 天。根据临诊表现分为肠炎型和败血型。

① 肠炎型　常见于 7 日龄内羔羊，病初体温升高到 40.5～41℃，随后出现下痢。初期粪便呈糊样，由黄色变为灰白色，随后粪便为液状，带气泡，有时混有血液和黏液。病羊腹痛，拱背，卧地。如不及时治疗，常在 24～36h 死亡。致死率 15%～75%。不死的羔羊发育迟缓。

② 败血型　多见于 2～6 周龄至 3 月龄的羔羊，病初体温升高达 41.5～42℃，精神委顿，结膜充血、潮红，呼吸浅表，随后出现明显的中枢神经系统紊乱，病羊口吐白沫，四肢僵硬，运步失调，视力障碍，继而卧地磨牙，头向后仰，一肢或数肢泳动。病羔很少下痢，少数排出带血的稀粪。死前腹部膨胀，肛门外凸，可视黏膜发绀，多数于发病后 4～12h 内死亡，很少有恢复者。

预防措施：对怀孕母羊要加强饲养管理，给予足够的营养，产前补喂些胡萝卜、食盐及青草等，确保新生羔羊的健壮，抗病力强。改善羊舍的环境卫生，做到定期消毒，尤其是分娩前后对羊舍应彻底消毒1～2次。做好接产的消毒工作，防止在接产过程中造成感染，特别要注意断脐后的消毒处理，对污染的环境、用具，可用3％～5％来苏尔液消毒。注意羔羊的保暖，及时吃到足够的初乳。内服链霉素、土霉素、金霉素或氟哌酸粉剂等进行药物预防，也可自由饮用0.01％～0.05％的高锰酸钾水，可收到较好的预防效果。

治疗方法：由于本病发病急，应以预防为主，发病后及时隔离治疗，对病程稍长者在确诊后应及时采取综合疗法。大肠杆菌容易产生抗药性，对大肠杆菌有抑制作用的抗生素或磺胺类药物，如盐酸土霉素、痢菌净、盐酸四环素、硫酸新霉素、硫酸庆大霉素、恩诺沙星、氨苄青霉素、硫酸黄连素、磺胺类药物等，上述任何一种药物经使用5～7天后，如需继续治疗则应及时改用其他药物。如选用土霉素，以每天每千克体重30～50mg剂量，分2～3次口服；或以每天每千克体重10～20mg，分两次肌内注射。磺胺脒，第1次1g，以后每隔6h内服0.5g。也可使用微生态制剂如促菌生等，使用此类制剂时，不可同时用抗菌药物。对新生羔羊可同时加胃蛋白酶0.2～0.3g内服；对心脏衰弱的，可皮下注射强心剂25％安钠咖0.5～1mL；对脱水严重的，静脉注射5％葡萄糖生理盐水或5％葡萄糖注射液或生理盐水或复方氯化钠注射液，每次20～100mL，必要时还可加入5％碳酸氢钠5～40mL以防止酸中毒；对于有兴奋症状的病羔，可用水合氯醛0.1～0.2g加水灌服。

中药疗法：大蒜酊（大蒜100g，95％酒精100mL，浸泡15天，过滤即成）2～3mL，加水适量1次灌服，每天2次，连用数天。或用白头翁、秦皮、黄连、炒神曲、炒山楂各15g，当归、木香、杭芍各20g，车前子、黄柏各30g，加水500mL，煎至100mL，候温灌服，每次3～5mL，每天2次，连服数天。

7. 羊链球菌病

羊链球菌病是由羊链球菌引起羊的一种急性热性败血性传染病。

临诊特征：病初精神不振，食欲减少，反刍停止，结膜充血，流泪，以后流出脓性分泌物。鼻腔初流浆液性后变脓性鼻液。体温

41℃以上，脉搏、呼吸增数。症状特征：咽喉部肿大，也有舌肿大，呼吸异常困难，粪便松软带黏液或血液。孕羊流产。有的病羊的眼睑、嘴唇、颊部、乳房肿胀，临死前磨牙、呻吟、抽搐。如治疗不及时，经2～3天死亡。最急性的往往在1天内死亡。

病理变化：本病的突出病变是各脏器广泛出血。淋巴结出血、肿大。鼻、咽喉、气管黏膜出血。肺水肿、气肿和出血，有的呈现肝变区。胸、腹腔及心包积液。胆囊肿大2～4倍。肾脏质地变脆，变软，有贫血性梗塞区。胃肠黏膜肿胀，有的部分脱落，真胃出血，瓣胃内容物干如石灰。

预防措施：羊链球菌病流行有较明显的季节性，多在冬春流行，尤以2～3月间发病最多。为防止本病的发生，每年在发病季节到来之前，应用羊链球菌氢氧化铝甲醛菌苗进行普遍的预防注射。绵羊和山羊不论大小，一律皮下注射3mL，3月龄以下的羔羊，在第1次注射后2～3周再注射1次，剂量仍为3mL。免疫期可达半年以上。

治疗方法：发生本病时，要采取封锁、隔离、消毒、检疫、药物预防及尸体处理等紧急措施，以期就地扑灭。病羊和可疑病羊要隔离治疗，病初应用磺胺及青霉素效果较好，可用青霉素10万～160万IU或磺胺噻唑钠10mL，肌内注射1～2次，也可用磺胺类药物（小羊减半）内服1～3次。在出现最后1只病羊痊愈或死亡1个月后，须彻底消毒，才能解除疫区封锁。消毒药可用含有1%有效氯的漂白粉或10%石灰乳、3%来苏尔。羊粪堆积发酵。皮毛可用15%盐水（内含2.5%盐酸）浸泡两天。对其他未发病的同群羊只，可注射抗羊链球菌血清40mL，有良好的预防效果。

8. 羊李氏杆菌病

羊转圈病，又叫回旋病，即羊李氏杆菌病。李氏杆菌病是由单核细胞增多性李氏杆菌引起的动物和人的一种食源性、散发性人畜共患传染病，其特征是幼羊常呈败血症经过，较大的幼羊和成年羊多呈现脑膜炎或脑脊髓炎。

临床特征：表现典型的转圈运动，面部麻痹，孕羊发生流产。本病易感动物很广，几乎各种家畜、家禽和野生动物都可感染，其中绵羊较山羊易感。可通过消化道、呼吸道、眼结膜、损伤的皮肤及交配而感染，吸血昆虫也能传播。患病动物和带菌动物是本病的主要传染源，病菌随患病动物的分泌物和排泄物排到外界，污染饲料、饮水和外界环境。一般呈散发，发病率低，但病死率很高。冬季缺乏饲料，天气骤变，有内寄生虫或沙门氏菌感染时，均可为本病发生的诱因。本病多发于寒冷季节，夏季少见。

较大的幼羊和成年羊，主要表现精神症状，头颈一侧性麻痹，弯向对侧，该侧耳下垂，唇下垂，眼半闭，以至视力丧失。沿偏头方向旋转（回旋病）或作圆圈运动（转圈病），遇障碍物则抵头于其上。颈项强硬，有的呈现角弓反张，有的共济失调，有的吞咽肌麻痹而大量流涎，有的不能采食也不能饮水。最后卧地不起，呈昏迷状，强行翻身，又迅速反转过来，直至死亡。病程短的2～3天，长的1～3周或更长。妊娠的母羊流产。病初体温升高1～2℃，不久降至常温。幼羊呈急性败血症而迅速死亡，病死率甚高。

预防技术：平时预防工作须注意驱除鼠类和其他啮齿动物，驱除体外寄生虫，不从疫区引进畜禽。发病后，病羊应立即隔离治疗，用漂白粉等消毒剂对羊圈、笼具、用具、环境和饲槽等进行消毒并采取综合防疫措施。

治疗技术：常用磺胺类药物、庆大霉素、链霉素、四环素等药物进行治疗，但对青霉素耐药。早期大剂量使用磺胺类药物（20％磺胺嘧啶钠5～10mL）配合氨苄青霉素（每千克体重1万～1.5万IU）、庆大霉素（每千克体重1000～1500IU）、四环素等都具有良好效果。对于失去饮水能力的患羊要补充碳酸盐和体液，流涎患羊每天需要补液直至流涎停止。一般对于能行走的李氏杆菌病羊，采用抗生素疗法、补液疗法、支持疗法预后良好；躺卧或不能行走的病羊预后不良。

9. 山羊传染性胸膜肺炎

山羊传染性胸膜肺炎，又叫山羊支原体肺炎，是由丝状支原体山羊亚种引起的山羊特有的接触性传染病。本病以高热、咳嗽、纤维蛋白渗出性肺炎和胸膜炎为特征，故又称烂肺病。

临床特征：在自然条件下，只发生于山羊，3岁以下的山羊最易感染。病羊是主要的传染源，其病肺组织、胸腔渗出液中含有大量的病原体，主要经呼吸道排出体外，再通过空气经呼吸道传染。康复羊肺组织内的病原体在相当长的时间内具有生活力，这种羊也有散布病原的危险性。本病一般多从秋末开始发生，在冬季和早春枯草季节，如阴雨、寒冷潮湿、羊群密集拥挤等因素，使得羊只抵抗力降低而大批发病，且传播迅速，死亡率高。发病后，如不及时采取措施，20天左右即可波及全群。

预防措施：提倡自繁自养，加强饲养管理，增强羊的体质。勿从疫区引进羊。新引入的山羊应隔离观察1个月，确定无病后方可混群。对疫区的假定健康羊，每年用山羊传染性胸膜肺炎氢氧化铝苗接种，按说明书进行使用。对病原菌污染的环境、用具等，应进行消毒处理。

治疗方法：初期用"九一四"（新砷凡钠明）静脉注射治疗效果较好。30～50kg体重的成年羊平均剂量为0.4～0.5g，5月龄以下的幼羊剂量为0.1～0.15g，5月龄以上的幼羊用0.2～0.25g，将"九一四"溶解于5％葡萄糖生理盐水内静脉注射。必要时可间隔4～5d再注射1次（用量较第一次为少，即成年羊0.3～0.4g，5月龄以下的幼羊剂量可减至0.05～0.1g，5月龄以上的羊0.15～0.2g），疗效可达95％以上。若仍出现病羊，则仍以第二次用药剂量实行第三次注射，但若呈现过敏反应，应减少剂量。采用大剂量法即成年羊0.6～0.8g，幼羊0.3～0.5g，效果更为显著，每次注射间隔3～4d。此外，可用磺胺嘧啶钠，每千克体重用0.01～0.015g，配成4％水溶液，皮下注射，每天1次，4～5次为1疗程；或安普霉素每次每千克体重20mg，肌内注射，每天2次，连用3～5d。另外，病初使用足够剂量的土霉素、四环素、氟苯尼考、强力霉素、红霉素、复方新诺明、泰乐菌素等也可取得良好的效果。

10. 绵羊巴氏杆菌病

绵羊巴氏杆菌病又称为绵羊出血性败血症。巴氏杆菌病是由多杀性巴氏杆菌引起的各种家畜、家禽和野生动物的一种传染病。绵羊主要表现呼吸道黏膜和内脏出血性炎症。绵羊多发于幼龄羊和羔羊，而山羊不易感染。病羊和健康带菌羊是传染源；病原菌随传染源羊的分泌物和排泄物排出体外，经呼吸道、消化道及损伤的皮肤而感染其他羊。带菌羊在受寒、长途运输、饲养管理不当等条件下致使机体抵抗力降低时，可发生自体内源性感染。

临诊症状：按病程长短可分为最急性型、急性型和慢性型3种。

① 最急性型　多见于哺乳羔羊，往往突然发病，只表现寒战、虚弱、呼吸困难等症状，可于数分钟至数小时内死亡。

② 急性型　病羊精神沉郁，不食，体温升高到41～42℃，咳嗽，眼、鼻流出黏液，鼻孔常有出血。初期便秘后期腹泻，有时粪便全部为血水。病羊消瘦虚脱而死，病程2～5天。

③ 慢性型　主要见于成年羊，病程可达3周。病羊消瘦，不思饮食，流黏脓性鼻液，咳嗽气喘，呼吸困难，有时颈部和胸下部发生水肿。角膜发炎，出现腹泻；临死前极度虚弱，四肢厥冷，体温下降。

预防措施：平时应加强饲养管理，注意通风换气和防暑防寒，避免过度拥挤，减少或消除降低机体抗病能力的因素，并定期进行羊舍及运动场消毒，杀灭环境中可能存在的病原体。发病后，羊舍可用5％漂白粉或10％石灰乳等彻底消毒。必要时羊群可用高免血清或菌苗做紧急免疫接种。

治疗方法：对病羊和可疑病羊立即隔离治疗，可分别选用土霉素以每千克体重20mg、阿莫西林每千克体重4～7mg、庆大霉素每千克体重1000～1500IU、20％磺胺嘧啶钠5～10mL，进行肌内注射，每天2次，连用3～5天；复方新诺明或复方磺胺嘧啶，每次按每千克体重25～30mg剂量灌服，直到体温下降，食欲恢复为止。

11. 羊破伤风

破伤风是由破伤风梭菌经伤口感染引起的急性、中毒性人畜共患传染病。该病主要特征为全身肌肉僵硬、全身骨骼肌持续性或阵发性痉挛以及对外界刺激反射兴奋性增高，所以又称为"强直症""锁口风"。

临诊症状：病初症状不明显，只表现为不能自由卧下或起立，随着病情的发展，四肢逐渐强直，运步困难，头颈伸直，角弓反张，肋骨突出，牙关紧闭，流涎，尾直，常有轻度腹胀。突然的音响，可使骨骼肌发生痉挛，致使病羊倒地。发病后期，常因急性胃肠炎而引起

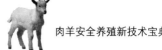
腹泻。病死率很高。

预防措施：发生外伤、阉割或处理羔羊脐带时应及时用 2%～5%的碘酊消毒，或注射破伤风抗毒素。发病较多的地区或养羊场，每年应定期给羊接种破伤风类毒素。

治疗方法：将病羊置于光线较暗、安静、清洁、保暖的环境中，避免惊动；供以易消化的饲料和充足的饮水。对伤口要及时扩创，彻底清除伤口内的坏死组织，可用 5%～10%碘酊和 3%双氧水或 1%高锰酸钾溶液冲洗伤口，再撒以碘仿硼酸合剂，然后用青霉素、链霉素做创围注射。同时用青霉素、链霉素进行全身治疗。病初可先静脉注射 40%乌洛托品 5～10mL，再用破伤风抗毒素 5 万～10 万 IU 静脉或肌内注射，以中和毒素。为缓解肌肉痉挛，可用盐酸氯丙嗪（每毫升含 25mg），剂量按每千克体重 1～2mg 肌内注射，或用 25%硫酸镁 10～20mL，肌内注射，每天 1～2 次，持续 7 天。消除酸中毒可用 5%碳酸氢钠溶液 10～100mL 静脉注射。为缓解牙关紧闭、开口困难，可用 2%普鲁卡因溶液 10mL 加 0.1%肾上腺素 0.2～1mL，混合后分点注入两侧咬肌。如不能采食可进行补液、补糖。当发生便秘时，可用温水灌肠或投服盐类泻剂。

配合中药治疗能缓解症状，缩短病程。可用"防风散"，即防风、羌活各 8g，天麻 5g，天南星、炒僵蚕、炒蝉蜕各 7g，清半夏、川芎各 4g，水煎 2 次，将药液混在一起，待温，加黄酒 50mL。胃管投服，连服 3 剂，隔天 1 次。上述方剂可适当加减，当伤在头部，重用白芷；伤在四肢，加独活 5g；瞬膜外露严重的，重用防风、蝉蜕；流涎量多的，重用僵蚕、半夏；牙关紧闭的，加蜈蚣 1～2 条、乌蛇 3～6g、细辛 1～2g。

12. 羊副伤寒

羊副伤寒就是沙门氏菌病，主要由鼠伤寒沙门氏菌、羊流产沙门氏菌、都柏林沙门氏菌引起的，以羔羊急性败血症和下痢、母羊怀孕后期流产为主要特征的急性传染病。本病各种年龄的羊均可发生，其中以断奶或断奶不久的羊最易感。病原菌可通过羊的粪、尿、乳汁及流产胎儿、胎衣、羊水而污染饲料和饮水等，或通过消化道感染健康羊，也可通过交配或其他途径感染健康羊。各种不良因素均可促进本病的发生。

临诊症状：本病临诊表现可分为下痢型和流产型。下痢型多见于羔羊，体温升高达 40～41℃。食欲减少，腹泻，排出黏性带血稀粪，有恶臭。精神委顿，虚弱，低头拱背，继而卧地。经 1～5 天死亡，有的经 2 周后可恢复。发病率一般为 30％，病死率 25％左右。流产型多在羊怀孕的最后 2 个月发生流产或死产。病羊体温升高至 40～41℃，食欲减退，精神沉郁，部分羊有腹泻症状。病羊产出的活羔多极度衰弱，并常有腹泻，一般 1～7 天死亡。发病母羊也可在流产后或无流产的情况下死亡。羊群暴发 1 次，一般可持续 10～15 天，流产率和病死率可达 60％。

预防措施：加强饲养管理。羔羊在出生后应及早吃初乳，注意羔羊的保暖；发现病羊应及时隔离并立即治疗；流产的胎儿、胎衣及污染物进行销毁，流产场地进行全面彻底地消毒处理；发病羊群进行药物预防；对可能受传染威胁的羊群，注射相应菌苗预防。

治疗方法：采用抗生素治疗，可选用土霉素或新霉素，羔羊每天每千克体重按 30～50mg 剂量，分 3 次内服；成年羊按每次每千克体重 10～30mg 剂量，肌内或静脉注射，每天 2 次，连用 5～7 天。氨苄西林每次每千克体重用 20mg，肌内注射，每天 2 次，连用 3～5 天。也可使用促菌生、调痢生、乳康生等微生态制剂。同时，还应配合护理及对症治疗。

13. 羊传染性无乳症

羊传染性无乳症是由缺乳支原体引起的一种接触性传染病。它是绵羊和山羊的特殊疾病，以山羊最易感。

临诊症状：发病初期，病羊体温上升到 41～42℃，稽留 5～6 天。精神沉郁，拒食，泌乳量下降，孕羊流产。本病按症状表现可分为乳房型、关节型、眼型、混合型。

① 乳房型　泌乳初期，先在一侧乳房发病，而后再发展到另一侧。乳房体积增大，有热痛，泌乳量少、味咸、有凝块，之后分泌出水状物，有时混有血。进一步发展时乳房淋巴结增大，经 1 周时间，急性症状消失，患部萎缩。

② 关节型　泌乳羊在乳房发病后的 2～3 周，出现关节疾病，主

要是腕关节和跗关节发病。发病初期，病羊跛行，体温升高，过2～3天后关节肿大、发热、疼痛，病羊卧地，很快形成褥疮，衰竭而死。

③ 眼型　常发生于断奶羔羊，主要是一侧眼发病。发病初期，病羊眼流泪，结膜和角膜发炎；角膜炎病势进一步发展，形成溃疡，经数日愈合，留有瘢痕；丧失视力的占2%～4%。

④ 混合型　多为乳房型、关节型、眼型的混合症状。

预防措施：在发病的牧场和羊群，禁止分群、交换、出售和流动。检出的病羊和可疑羊，隔离、专人护理。对羊舍、用具，可用3%石炭酸或来苏尔、2%烧碱、3%～5%漂白粉液消毒。粪便、垫草堆积发酵处理。关节型和眼型病羊产的乳，煮熟后可食用，而乳房型病羊产的乳禁用，必须销毁。病死羊皮，要用10%新鲜石灰水消毒。

治疗方法：对于本病目前尚无特效疗法。对乳房型病羊，可用1∶500雷佛奴尔或1∶1 000高锰酸钾清洗乳房病变部位；用"九一四"可按每千克体重0.01g，静脉注射，并配合用10%乌洛托品溶液10～20mL静脉注射；也可向乳房内注入1%碘化钾水溶液。治疗关节型，用罨布和消散性软膏，如碘软膏或鱼石脂软膏、硫黄软膏等。治疗眼型结膜炎时，用弱硼酸液冲洗患眼，并于眼内涂抹黄降汞软膏或土霉素眼膏、红霉素眼膏、金霉素软膏等。

14. 羊红眼病

羊红眼病就是羊传染性角膜结膜炎，是由羊衣原体引起的一种高度接触性、传染性眼病。本病临诊症状是怕光、流泪、眼睑痉挛和闭锁、局部增温，出现角膜炎和结膜炎的体征。眼分泌物量多，初为浆液性，后为脓性并粘在患眼的睫毛上。角膜中央出现轻度浑浊，角膜（尤其中央）呈微黄色，周边可见新生的血管。

预防措施：应避免太阳光直射羊的眼睛，并避免灰尘、蝇的侵袭。将羊放在较暗和无风的地方，可降低羊群发病率。应设法避免饲料和饮水遭受泪液和鼻液的污染。建议用1.5%硝酸银溶液做预防剂，即向所有羊角膜囊内滴入硝酸银液3～5滴，隔4天后重复点眼（每次点眼后应用生理盐水冲洗患眼）。

治疗方法：首先应隔离病羊，消毒羊舍，转移羊群、变换牧场，消灭家蝇和羊体上的壁虱。对症治疗有一定的疗效。可向患羊眼中滴入硝酸银溶液、蛋白银溶液（5％～10％）、硫酸锌溶液或葡萄糖溶液，也可涂擦3％甘汞软膏，抗生素眼膏，或者向患眼结膜下注射庆大霉素10～20mg或青霉素20万IU，每天1次，连续3天，效果比较理想。也可肌内注射长效四环素，每千克体重20mg，3天后重复1次（避免泪液分泌，使眼部抗生素保持一定水平）。

15. 羊痘

羊痘包括绵羊痘和山羊痘，都是由痘病毒引起的一种急性、热性、人畜共患性传染病。绵羊痘是各种动物痘病中危害最严重的一种急性、热性、接触性传染病，临诊特征是在病羊的皮肤和黏膜上发生特异性的痘疹。在自然情况下，绵羊痘病毒主要感染绵羊；山羊痘病毒则可感染绵羊和山羊并引起绵羊和山羊的恶性痘疹。绵羊痘对细毛羊及羔羊的易感性强，羔羊发病后死亡率高。本病一年四季都可发生，但以冬春季节多发。山羊痘比较少见。

临诊症状：分为典型和非典型两种症状。典型羊痘表现为体温升高41～42℃，结膜潮红，鼻孔流出浆液、黏液或脓性分泌物。1～4天后出现本病特征性症状和病变，即多在眼周围、唇、鼻、颊、四肢、尾内侧及阴唇、乳房、阴囊和包皮上形成痘疹。最初局部皮肤出现红斑，1～2天后形成丘疹并突出于表面，随后丘疹逐渐扩大，变成灰白色或淡红色的隆起结节；结节在几天之内转变成水疱，水疱内容物起初为透明液体，后变成脓性。如果没有继发感染，则脓疱破溃后逐渐干燥形成棕色痂块，此痂块脱落后留下红斑，随着时间的推移该红斑逐渐变淡。非典型羊痘全身症状比较严重，有的病例多数脓疱互相融合形成大脓疱（融合痘），或脓疱内部发生出血而后变为溃疡（出血痘），或伴发皮肤坏死或坏疽（坏疽痘），如不及时治疗，病程可能延长或因败血症或脓毒败血症而死亡。

防控措施：发生羊痘后，应立即报告疫情并封锁疫区。对病羊及其同群羊只及时扑杀销毁，并对污染场所进行严格消毒，防止病毒扩散；周围未发病羊只或受威胁羊群用羊痘鸡胚弱毒疫苗进行紧急接种（按说明书使用）。疫区内羊群每年定期进行预防接种。平时加强饲养管理，抓好秋膘管理，特别是冬春季应适当补饲，注意防寒过冬。

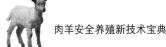

16. 羊口蹄疫

羊的口腔、蹄部、乳房发生水疱大多是得了口蹄疫。口蹄疫俗称口疮、蹄癀，是由口蹄疫病毒引起的偶蹄动物共患的一种急性、热性、高度接触性传染病。该病的临诊特征是传播速度快、流行范围广，成年动物的口腔黏膜、蹄部趾间及乳房皮肤发生水疱和溃烂形成烂斑，幼龄动物多因并发心肌炎使其死亡率升高。常在短时间内形成大面积流行，造成严重的损失。

口蹄疫病毒可侵害多种动物，以偶蹄动物易感，牛尤其是犊牛最易感，绵羊、山羊次之，各种偶蹄兽及人也具有易感性。病畜和带毒畜为主要传染源。病畜的疱液、口涎、乳汁、粪尿、泪液等都含病毒。病畜痊愈较长时间仍可从唾液中排毒，有的长达5个月之久。口蹄疫病毒以直接接触和间接接触方式传播。主要经消化道传染，也可经黏膜、乳头及损伤的皮肤和呼吸道传播，或通过人或犬、蝇、蜱、鸟等动物媒介，或经车辆、器具等被污染物传播。如果环境气候适宜，病毒可随风远距离传播。一般幼畜的易感性高，死亡也较多。羔羊感染后多因出血性胃肠炎和心肌炎而死亡。有时人也能感染。

本病传播迅速，流行猛烈，有时在同一时间内，牛、羊、猪等一起发病，且发病数量很多，对畜牧业危害相当严重。新疫区发病率可达100%，老疫区发病率在50%以上。流行也有一定周期性，一般每隔1~2年或3~5年流行一次。发生季节：牧区常表现为秋末开始，冬季加剧，春季减轻，夏季平息，而农区季节性不明显。

当羊群中发现最初几个疑似口蹄疫的病例时，必须按照《中华人民共和国动物防疫法》及有关规定，采取紧急、强制性、综合性的控制和扑灭措施。应采取的处理措施如下：

（1）应立即向当地动物防疫监督机构报告疫情，包括发病家畜种类、发病数、死亡数、发病地点及范围，临诊症状和实验室检疫结果，并逐步上报至国务院畜牧兽医行政主管部门。当地畜牧兽医行政主管部门接到疫情报告后，应立即划定疫点、疫区、受威胁区。由发病当地县级以上人民政府实行封锁，并通知毗邻地区加强防范，以免扩大传播。

（2）采取水疱皮和水疱液等病料，送检定型。

（3）扑杀病羊和同群羊。按照"早、快、严、小"的原则，进行控制、扑杀。禁止病羊外运，杜绝易感动物调入。饲养人员要严格执行消毒制度和措施。

（4）对全群羊进行检疫，立即隔离病羊。

（5）实行紧急预防接种，对假定健康羊、受威胁区羊实施预防接种。建立免疫带，防止口蹄疫从疫区传出。

（6）严格消毒。羊舍及用具用4％烧碱水消毒，毛皮用饱和盐水加0.2％烧碱液消毒，毛及干皮用甲醛溶液蒸气消毒。粪便送指定地点发酵后利用。

（7）在最后一头病羊痊愈、扑杀后，经14天无新病例出现时，经过彻底消毒后，由发布封锁令的政府宣布解除封锁。

17. 羊口疮

羊口疮就是羊传染性脓疱病，是由羊口疮病毒引起的绵羊和山羊的一种传染病。本病以患羊口唇等部皮肤、黏膜形成丘疹、脓疱、溃疡以及疣状厚痂为特征，故称羊口疮。

临床特征：该病主要危害羊，感染羊无性别、品种差异，以3～6月龄羔羊发病最多，常呈群发性流行；成年羊发病较少，呈散布性传染。人和猫也可感染本病。病羊和带毒动物为主要传染源，主要通过损伤的皮肤、黏膜感染。本病多发生于秋季。一旦发病，在羊群中可连续危害多年。

预防措施：保护羊的皮肤、黏膜勿受损伤，并尽量拣出饲料和垫草中的芒刺和异物，并加喂适量食盐以减少啃土、啃墙；勿从疫区进羊或购入畜产品；如必须从情况不明，特别是可疑的羊场购入羊只，应隔离检疫2～3周，进行详细检查，同时应将蹄部彻底清洗，对蹄部和体表进行多次消毒；发现病羊要及时隔离治疗；被污染的草料应烧毁；圈舍、用具可用2％氢氧化钠、10％石灰乳、20％热草木灰水或0.1％～0.5％过氧乙酸进行喷洒消毒；在本病流行地区，可使用羊口疮弱毒疫苗进行免疫接种，所使用的疫苗株毒型应与当地流行毒株相同。

治疗方法：病羊口腔病患，可先涂以水杨酸软膏将痂垢软化，除去痂垢，用0.2％～0.3％高锰酸钾液冲洗创面或用浸有5％硫酸铜的

棉球擦掉溃疡面上的污物，再涂以2%龙胆紫或碘甘油（5%碘酊加入等量的甘油）或土霉素软膏，每天1～2次。可将病羊蹄部病患处置于5%福尔马林溶液中浸泡1～2分钟，连泡3次。也可隔日用3%龙胆紫、1%苦味酸液或土霉素软膏涂拭患部。

18. 羊狂犬病

狂犬病又称恐水病、疯狗病，是由狂犬病病毒引起的多种动物和人共患的接触性传染病。该病的特征是有被疯狗咬伤的病史，潜伏期较长，病畜表现兴奋，抑郁，舌头外露，流涎，意识障碍，继而局部或全身麻痹，最后倒地不起，衰竭而死。因本病经常发生于犬，所以称为狂犬病。

羊被疯狗咬伤后按以下方法处理：①不要急于止血，要让伤口局部流些血，以便冲出已进入伤口的部分狂犬病病毒；②然后用20%肥皂水或0.1%新洁尔灭溶液反复清洗伤口并用清水洗净，创口小的可用消毒刀片做"十"字形扩创，挤压排出污血，局部再依次用5%碘酊和75%酒精消毒；③有条件的可在咬伤后用狂犬病血清在伤口周围做浸润注射，并尽早注射狂犬病疫苗。

二、寄生虫病

羊寄生虫病从寄生部位来分，一般分为两类，即内寄生虫病和外寄生虫病。内寄生虫病是由寄生在宿主体内的寄生虫引起的，主要有胃肠道线虫病、消化道绦虫病、吸虫病、肺线虫病、棘球蚴病、脑多头蚴病、弓形体病、附红细胞体病、球虫病、羊梨形虫病等。外寄生虫病是由寄生在宿主体外的寄生虫引起的，主要有螨病、蜱病、虱、羊狂蝇蛆病、伤口蛆病等。

1. 内寄生虫病

（1）羊胃肠道线虫病

羊胃肠道线虫种类：羊胃肠道内寄生的线虫种类很多，因为它们的寄生部位有所不同，往往几种线虫混合感染而引起发病。羊胃肠线虫主要包括：捻转血矛线虫（又称捻转胃虫），寄生在皱胃；仰口线虫（又称钩虫），寄生在小肠；食道口线虫（又称结节虫）、夏伯特线虫，寄生于大肠，可在肠黏膜上形成绿豆大小坚硬的结节，所以又称

"结节虫";毛首属线虫（又称鞭虫），寄生于盲肠。

胃肠道内所寄生的线虫，体色有淡红色、乳白色、黄白色等，外形有毛发样、棉线样、短棒状，一般情况下不难区别。胃肠道线虫的感染方式大致相似，都是寄生在消化道中的雌虫产卵，虫卵随粪便排出体外。虫卵在外界环境中遇适当的温度和较大的湿度，经1~2天便发育成幼虫。幼虫破壳而出，在土壤中生活，经过两次蜕皮变成感染性幼虫。羊食入感染性幼虫而被感染（仰口线虫的幼虫还可以经过皮肤感染），感染后即在一定部位发育为成虫而寄生，具有一定的地区性。

临诊症状：本病一般呈现慢性、消耗性疾病的症状，多发生在冬春季节。主要病状表现为消瘦，被毛粗乱，贫血，可视黏膜苍白。下颌、胸部、腹部下面出现浮肿，并出现消化紊乱，排稀便或腹泻，有时粪便带有血液、黏液、脓汁，患羊食欲减退。急性型多见于羔羊，高度贫血，可视黏膜苍白，短期内引起大批死亡。

预防措施：每年春秋两季定期进行驱虫。夏秋季节易感染，羊避免吃露水草，不在低湿地带放牧，草场可和单蹄兽轮牧。加强饲养管理，及时清理羊场粪便，粪便发酵处理以后再利用，冬季注意补饲，搭建棚圈。

治疗方法：可选择下列药物治疗，①丙硫咪唑（阿苯达唑），剂量按每千克体重5~15mg，一次内服；②左咪唑（左旋咪唑），按每千克体重6~8mg，一次内服或注射；③伊维菌素（或阿维菌素），按每千克体重0.2mg，一次皮下注射或口服；④甲苯咪唑，按每千克体重10~15mg，一次内服；⑤精制敌百虫，剂量绵羊按每千克体重80~100mg，山羊按每千克体重50~70mg，加水1次内服。出现副作用时，用阿托品解救。

（2）羊绦虫病

羊绦虫病是由寄生在绵羊、山羊的小肠内的莫尼茨绦虫、曲子宫绦虫及无卵黄腺绦虫引起的一种寄生虫病。其中以莫尼茨绦虫危害最严重，在我国分布很广，常呈地方性流行，对羔羊危害很重，不仅影响羔羊的生长发育，而且可引起死亡。

感染过程：虫体呈乳白色，由头节、颈节和许多体节连成扁平长带子状，最长的可达 5m，一头羊常常寄生几条到几十条。成熟的体节（含有大量虫卵）或虫卵随粪便排出体外，被中间宿主地螨吞食后，在地螨体内以六钩蚴形态穿过消化道壁，进入体腔，发育成具有感染性的似囊尾蚴。反刍动物吃草时吞食了含似囊尾蚴的地螨而被感染。绦虫在动物体内的寿命为 2～6 个月，一般 3 个月以后自动排出体外。莫尼茨绦虫的季节动态与地螨活动规律及似囊尾蚴的发育期有关，因此我国各地感染季节不同，北方多于 5 月份开始感染，9～10 月份达到感染高峰，曲子宫绦虫春、夏、秋季都能感染，而无卵黄腺绦虫只在秋季发生感染。

临诊症状：莫尼茨绦虫主要感染出生后数个月的羔羊，一般以 6～7 个月龄时发病最为严重。曲子宫绦虫不分幼羊或成羊均可感染，而无卵黄腺绦虫通常见于成年羊。病羊严重感染时，表现食欲减退，精神不振，腹泻，粪便中混有成熟的节片。若虫体阻塞肠管时，则出现腹胀和腹痛表现，严重的因肠道破裂而死亡。病羊迅速消瘦，贫血，有时还出现痉挛或回旋运动。

预防措施：因羊多在早春放牧时感染，所以应在放牧后 4～5 周进行"成虫期前驱虫"，第一次驱虫后 2～3 周，最好再进行第二次驱虫；经过驱虫的羊要及时地转移到干净的牧场。放牧的草地或饲草地 3 年左右翻耕 1 次，以杀灭地螨。在感染季节尽可能避免在低洼湿润草地放牧，并尽可能避免在清晨、黄昏和雨后放牧，以减少感染。及时清除圈舍内的粪便，堆积发酵处理，杀灭虫卵，防止传染。

治疗方法：吡喹酮，剂量按每千克体重 10～15mg，1 次口服，疗效较好；阿苯达唑（丙硫咪唑），剂量按每千克体重 10～20mg，配成 1％水悬液灌服；苯硫咪唑（芬苯哒唑），剂量按每千克体重 5～10mg，1 次内服；氯硝柳胺（灭绦灵），剂量按每千克体重 60～70mg，配成 10％水悬液灌服，给药前应隔夜禁食；甲苯咪唑，剂量按每千克体重 15mg，1 次口服。

（3）羊肝片吸虫病

羊肝片吸虫病是由肝片形吸虫寄生于羊的肝脏、胆管中所引起的一种寄生病，俗称肝蛭病，是羊常见的寄生虫病之一，能引起急性或慢性胆管炎、肝炎和肝硬化，并伴有全身性中毒现象和营养障碍。肝片吸虫虫体扁如树叶状，长2～3cm，宽约1cm，新鲜虫体呈淡红色，浸泡后呈灰色，雌雄同体，主要寄生在羊的肝脏胆管中。

成虫在羊的肝脏胆管内产生虫卵，卵随胆汁进入肠道，而后随粪便排出体外，在适宜的条件下，经10～25天孵出毛蚴并游动于水中，遇到中间宿主（淡水螺）便钻入其中，经胞蚴、雷蚴，最后发育成为尾蚴，尾蚴离开螺体，游动于水中，经3～5min便脱掉尾部，黏附于水生植物的茎叶上或浮游于水中而形成囊蚴。羊在吃草或饮水时吞入囊蚴而感染。幼虫穿过肠壁，经肝表面钻入肝内胆管发育成为成虫，需要2～4个月。

肝片形吸虫呈世界性分布，是我国分布最广泛、危害严重的寄生虫之一。本病的流行与中间宿主淡水螺有极为密切关系，呈地方性流行，多发生在低洼地、湖泊、草滩、沼泽地带，干旱年份流行轻，多雨年份流行重。感染多在夏秋季节，感染季节决定了发病季节，幼虫引起的疾病多在秋末冬初，成虫引起的疾病多见于冬末和春季。肝片形吸虫的中间宿主在我国内蒙古地区主要为土蜗螺。

临诊症状：患羊一般表现为营养障碍、贫血和消瘦。急性型（幼虫寄生阶段）病例，多发于夏末、秋末冬初，病势急。表现为体温升高，精神沉郁，食欲减退，走路蹒跚，常落伍于羊群之后，并有腹泻、贫血等症状，肝区敏感，肝半浊音区扩大，严重者几天内死亡。慢性型（成虫寄生阶段）最为多见，多发于冬末初春，表现为逐渐消瘦、贫血和低蛋白血症，眼睑、颌下、胸前和腹下部水肿，腹水。绵羊对片形吸虫最敏感，常发病，死亡率也高。

预防措施：主要是定期驱虫、防控中间宿主和加强饲养卫生管理。

① 定期驱虫　在本病流行地区每年应结合当地具体情况进行1～2次驱虫。一般一次驱虫可选择在秋末、冬初进行；二次驱虫时，则另一次安排在翌年的春季。急性病例随时驱虫。

② 防控中间宿主　对羊经常接触的塘沟进行灭螺工作，可用一般灭螺药物，如5%硫酸铜溶液。此外还可辅以生物灭螺，如养鸭和其他水禽等。

③ 加强饲养卫生管理　对粪便应及时清理并堆积发酵以杀灭虫

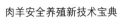

卵；在放牧地区，尽可能选择高燥地区放牧；饮水最好用自来水、井水或流动的河水，保持水源清洁。

治疗方法：治疗肝片形吸虫病时，不仅要进行驱虫，还应注意对症治疗，尤其对体弱的重症患羊。常用药物有：①三氯苯唑（肝蛭净），剂量按每千克体重 5～10mg，一次口服，对发育各阶段的肝片吸虫均有效。对急性肝片吸虫病的治疗，5 周后应重复用药一次。本药品不得用于牛和羊的泌乳期。牛羊的休药期为 28 天。为了扩大抗虫谱，可与左旋咪唑、甲噻吩嘧啶联合应用。②阿苯达唑（丙硫苯咪唑、丙硫咪唑、抗蠕敏），剂量按每千克体重 5～15mg，一次口服。剂型一般有片剂、混悬液、瘤胃控释剂和大丸剂等。本品有致畸作用，妊娠动物慎用；羊屠宰前的休药期不少于 10 天，用药后 3 天内的奶不得供人食用。③硝氯酚（拜耳 9015），剂量按每千克体重 3～4mg，1 次口服；针剂按每千克体重 0.5～1.0mg，皮下注射或深部肌内注射。成虫有效。用药 8 天内，所产奶不得供人食用。④氯氰碘柳胺，剂量按每千克体重 10mg，一次口服；皮下或肌内注射剂量，每千克体重 5～10mg。注射液对局部组织有一定的刺激性，应深层肌内注射；为防止中毒，不得同时使用其他含氯化合物；羊的休药期为 28 天。⑤溴酚磷（蛭得净），剂量按每千克体重 12～16mg，1 次口服，成虫、幼虫有效，可用于治疗急性病例。注意对重症和瘦弱羊，切不可过量应用本品；有中毒症状时，可用阿托品解救；本品溶于水后静置时有微量沉淀，要充分摇匀后再投药；牛羊的休药期为 21 天；用药 5 天内，所产羊奶不得供人食用。

（4）羊肺线虫病

羊肺丝线虫病主要是由大型肺线虫中的丝状网尾线虫或小型肺线虫寄生在羊的气管和支气管或细支气管、毛细支气管、肺泡内所致的一种寄生虫病。发病以支气管炎和肺炎为主要症状，主要危害羔羊和幼龄羊，严重病例可造成死亡。

感染特点：丝状网尾线虫是大型肺线虫，虫体乳白色，丝线状，较长，2.4～10.0cm。寄生于羊的气管和支气管内。发育不需要中间宿主。虫卵产出后随着羊咳嗽，经支气管、气管进入口腔，后被咽下，进入消化道，虫卵多在大肠中孵化，虫卵内含幼虫。幼虫随粪便排出；经过 1 周，第 1 期幼虫发育成为感染性幼虫，经口感染终末宿主。幼虫进入肠系膜淋巴结，随淋巴循环进入心脏，再随血流到肺脏，约经 18 天发育成为成虫。小型肺丝虫种类很多，长 1.2～2.8cm，发育需要中间宿主陆地螺或淡水螺蛳来完成。丝状网尾线虫幼虫所需发育温度较低，4～5℃就可发育，并可保持活力达 100 天，但在 21℃以上时活动会受影响。本病在我国分布广泛，尤以西北等高寒地区为甚，是常见的蠕虫病之一。

临诊症状：病羊病初表现咳嗽，初为干咳后为湿咳，尤以运动时或夜间和清晨出圈时明显，此时呼吸音明显粗粝，如拉风箱。阵发性咳嗽时，咳出的痰液中可含有虫卵、幼虫或成虫。患羊逐渐消瘦、贫血，头部及四肢水肿，被毛粗乱，体温一般不高。严重时，呼吸困难，体温升高，迅速消瘦，死于肺炎或并发症。羔羊和幼龄羊症状较为严重。

预防措施：在本病流行地区，每年春、秋两季进行 2 次计划性驱虫，圈舍和运动场应保持清洁干燥；及时清扫粪便并堆积发酵；应尽量避免到潮湿和低洼的地方放牧；羔羊与成年羊分群放牧。冬季应适当补饲，补饲期间每隔 1 天加喂硫化二苯胺（羔羊 0.5g，成年羊 1g）对预防网尾线虫有效。

治疗方法：①氰乙酰肼（网尾素），剂量按每千克体重 17.5mg，1 次口服；每千克体重 15mg，皮下或肌内注射。羊体重 25kg 以上，总量不超过 0.4g。②阿苯达唑（丙硫咪唑），剂量每千克体重 5～20mg，1 次口服，效果较好。③乙胺嗪，其枸橼酸盐也叫枸橼酸乙胺嗪或海群生，治疗剂量按每千克体重 200mg，1 次口服，适合对感染早期幼虫的治疗。④左咪唑，剂量按每千克体重 10g，1 次口服。⑤伊维菌素或阿维菌素，剂量按每千克体重 0.2～0.3mg，1 次口服、混饲或皮下注射。对注射部位局部有刺激作用；羊内服给药后的屠宰前休药期不少于 14 天。

（5）羊包虫病

包虫病就是棘球蚴病，是由寄生于犬、狼、狐狸等动物小肠的棘球绦虫中绦期幼虫——棘球蚴感染中间宿主而引起的人兽共患寄生虫病。棘球蚴寄生于牛、羊、猪、马等家畜及骆驼等多种野生动物和人的肝、肺及其他器官内，对人畜危害严重，甚至引起死亡。在各种动物中，对绵羊的危害最为严重。

感染及临诊症状：羊的细粒棘球蚴病主要由细粒棘球绦虫之幼虫——细粒棘球蚴所致。本病分布广泛，常呈地方性流行，尤以西北、东北、内蒙古、华北等地较为常见。犬、狼为散播该病原的主要来源，被虫卵污染的饲草和饮水可直接感染宿主。绵羊的平均感染率约为64%，牛55%，猪13%，家犬35%，对我国畜牧业造成的经济损失极大。初期临诊无明显症状，严重感染时患羊表现被毛粗乱，发育不良，消瘦。肺部感染时表现呼吸困难、咳嗽。肝脏感染时，表现消瘦、贫血、黏膜黄染。按压肺、肝区可引起疼痛，严重的常引起死亡。

预防措施：对棘球蚴病应实施综合性防控措施，具体包括：禁止用感染棘球蚴的肝脏、肺脏等组织器官喂犬；对牧场上的野犬、狼、狐狸进行监控，可以试行定期在野生动物聚居地投药；对犬应定期驱虫，驱虫后的犬粪，要进行无害化处理，杀灭其中的虫卵；保持畜舍、饲草、料和饮水卫生，防止犬粪污染；定点屠宰，加强检疫，防止感染有棘球蚴的动物组织和器官流入市场；加强科普宣传，注意个人卫生，在人与犬等动物接触或加工狼、狐狸等毛皮时，防止误食孕节和虫卵。

治疗方法：在早期诊断的基础上尽早用药，可取得较好的效果。绵羊棘球蚴病可用丙硫咪唑治疗，剂量为每千克体重90mg，连服2次，对原头蚴的杀虫率为82%～100%；也可用吡喹酮，剂量为每千克体重25～30mg，每天服1次，连用5天（总剂量为每千克体重125～150mg）。

（6）脑包虫病

脑包虫病，即脑多头蚴病，实际上就是寄生于狗体内的带科多头绦虫的幼虫多头蚴，寄生于牛、羊的脑部及脊髓所引起的一种绦虫蚴病。

感染过程：多头蚴是一个充满着透明液体的囊包，外层覆有一层角质膜，在囊的内膜上有许多头节附着，头节直径2～3mm，其数目为200～250个，囊包大小由豌豆大到鸡蛋大。多头绦虫寄生于狗的小肠内，孕卵节片随粪便排出到外界环境，从孕卵节片内释放大量的虫卵，污染青草和饮水。牛和绵羊吃了被污染的青草和水被感染。虫卵被牛、羊吞食进消化道后，胃肠液溶解卵膜，六钩蚴脱出并钻进肠黏膜的毛细血管内，被血流带到脑和脊髓内，经2～3个月发育成多头蚴。

临诊症状：羊感染后2～7个月，即表现为异常的运动和姿势，其症状取决于虫体的寄生部位。寄生于大脑正前部时，头下垂，向前直线运动或常把头抵在障碍物上呆立不动；寄生于大脑半球时，常向患侧做转圈运动，因此又称回旋病，多数病例对侧视力减弱或全部消失；寄生于大脑后部时，头高举，后退，可能倒地不起，颈部肌肉强直性痉挛或角弓反张；寄生于小脑时，表现知觉过敏，容易惊恐，行走急促或步样蹒跚，平衡失调，痉挛；寄生于腰部脊髓时，引起渐进性后躯及盆腔脏器麻痹；严重病例最后因贫血、高度消瘦或重要的神经中枢受损害而死亡。如果寄生多个虫体而又位于不同部位时，则出现综合性症状。

预防措施：本病只要不让犬吃到含有脑多头蚴患畜的脑和脊髓即可得到控制。对牧羊犬和家犬应用吡喹酮（每千克体重5～10mg，1次内服）或氢溴酸槟榔碱（每千克体重2～4mg，1次内服）进行定期驱虫，排出的犬粪和虫体应深埋或烧毁。

药物预防：将吡喹酮1份、葵花籽油10份，充分研磨混合均匀，用前加温至40～42℃，羊每千克体重50mg，选臀部分两点深部肌内缓慢注射。本药物防治脑包虫病疗效显著，毒性小，如能驱虫2次，可消灭脑包虫的寄生。以在每年7月下旬及10月下旬驱虫为宜。

治疗方法：对脑表层寄生的囊体，可施行手术摘除，在脑深部寄生者则难以去除。可试用吡喹酮（每千克体重50mg）和阿苯达唑（每千克体重75mg）口服或注射治疗。

（7）羊弓形虫病

弓形虫病又称弓形体病、弓浆虫病，是由鼠地弓形虫寄生于人和家畜引起的人、畜共患的寄生虫病。羊弓形虫病多呈隐性感染，显性感染的临床特征是高热、呼吸困难、中枢神经机能障碍、早产和流产。

感染过程：猫既是终末宿主同时也是中间宿主。猫吃下弓形虫的包囊、滋养体或卵囊均可感染，弓形体在猫的小肠上皮细胞内进行裂体增殖和配子增殖的无性繁殖，形成卵囊，并随猫粪排出体外，经过孢子增殖发育为含有 2 个孢子囊的感染性卵囊。羊吞食了猫粪或病畜的肉、内脏、渗出物或乳汁而被感染，也可经过破损的皮肤、黏膜而感染。怀孕动物和人体内的弓形虫可以通过胎盘将其体内虫体传给胎儿。羊弓形虫病感染较为普遍，羊血清抗体阳性率在 5％～30％。

临床症状：成年羊多呈隐性感染，临诊表现以妊娠羊流产为主，常发生在第 1 年。在流产组织内可见有弓形虫速殖子，其他症状不明显。流产常出现于正常分娩前 4～6 周。多数病羊出现神经系统和呼吸系统的症状。显性感染的病羊，表现体温升高，呼吸困难，肌肉震颤，共济失调。

预防措施：防重于治疗，具体技术措施有：①羊圈应经常保持清洁，定期消毒；②严格控制猫及其排泄物对羊舍、饲料和饮水等的污染；③对死于本病或可疑的羊尸，要进行严格处理，防止污染环境或被猫及其他动物吞食；④动物流产的胎儿及其一切排泄物，包括流产现场均须严格处置，不准用上述物品饲喂猫及其他肉食动物；⑤已发生弓形虫病时，全群羊可考虑用药物预防，饲料内添喂磺胺制剂连续 7 天，可防止卵囊感染。

治疗方法：磺胺制剂对本病有极好的疗效，故为临床治疗普遍采用。使用磺胺类药物首次剂量加倍，一般需要连用 3～4 天。可选用下列磺胺类药物。①磺胺嘧啶＋甲氧苄氨嘧啶或二甲氧苄氨嘧啶，前者剂量为每千克体重 70mg，后者为每千克体重 14mg，每天 2 次口服，连用 3～4 天。磺胺嘧啶也可与乙胺嘧啶（剂量为每千克体重 6mg）合用。②磺胺甲氧吡嗪＋甲氧苄氨嘧啶，前者剂量为每千克体重 30mg，后者为每千克体重 10mg，混合后 1 次内服，每天 1 次，连用 3 天。③12％复方磺胺甲氧吡嗪注射液，剂量为每千克体重 50～60mg，每天肌内注射 1 次，连用 4 次。④磺胺六甲氧嘧啶，剂量为每千克体重 60～100mg 口服，或配合甲氧苄氨嘧啶（剂量为每千克体重 10mg）口服，每天 1 次，连用 4 次。

（8）羊附红细胞体病

附红细胞体病是由附红细胞体寄生引起的一种人、畜共患的传染

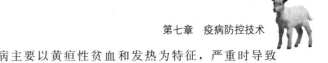

性疾病。羊发生该病主要以黄疸性贫血和发热为特征，严重时导致死亡。

感染过程：病原为附红细胞体，也称血虫体，简称附红体，该病原体寄生于多种动物的红细胞或血浆中，对低温抵抗力强。通过吸血昆虫的叮咬、胎盘的垂直传播感染，也可通过污染的针头、手术器械和交配传播。一年四季均可发生，但也有一定的季节性，每年的 5～8 月份为其感染高峰。

临诊症状：发病初期体温升高，精神沉郁，饮食和饮水减退。随后病羊呈现不同程度的贫血、可视黏膜苍白、发热、黄疸。多数病例经过轻微、短暂，常继发其他感染，严重病例常与各种应激有关。

预防措施：本病目前尚无疫苗免疫，也无特效药物治疗，需采用综合防制措施。①杀灭媒介：即在发病季节，加强消灭蚊、蠓、蜱等吸血昆虫，阻断传播媒介。在夏初，羊场内可采用 1％～2％敌百虫溶液、0.12％蝇毒磷、0.15％敌杀磷、0.5％马拉硫磷或 0.5％毒杀芬等喷洒羊圈及羊体表。②药物预防：发病羊场，每年在发病季节前（5 月份），用贝尼尔（三氮脒），每千克体重 3～5mg，配成 5％～7％的溶液深部肌内注射，隔 10～15 天再注射 1 次，有较好的预防效果。或用新砷凡纳明（914）、四环素注射，可阻止病原体的感染。

治疗方法：对病羊应隔离饲养、精心护理。治疗原则是阻止病原体在体内增殖和感染。可采用全身疗法和对症治疗。

全身疗法：①贝尼尔（三氮脒），每千克体重 3～5mg，以生理盐水配成 5％～7％的溶液，分点于深部肌内注射，每天 1 次，连用 2 次。②新砷凡纳明（914），剂量按每千克体重 10mg（极量每只羊 0.5g），直接溶于生理盐水或 5％葡萄糖溶液中，制成 5％～10％注射液，一次静脉注射，据称效果较好，用药后 15 天，附红细胞体从血液中消失。③四环素，每日剂量按每千克体重 7～15mg，溶于 5％葡萄糖生理盐水中制成 0.5％以下的注射液，每天分 1～2 次静脉注射，连续注射 3～5 天。④土霉素、磺胺类药物等对此病也有效。

对症治疗：治疗中，应注意病羊全身状况，对病情重剧、体质衰弱的，应及时采用静脉注射葡萄糖液、维生素 C、维生素 K 等支持疗法，以增强机体抗病能力，促进病羊康复。

（9）羊球虫病

羔羊血便是一种由球虫引起的，以出血性肠炎为特征的寄生虫病。羊球虫病是由艾美耳属的多种球虫寄生于绵羊或山羊小肠内引起的，以拉稀、便血为主要症状的原虫病。

流行特点：各个品种的绵羊、山羊对球虫病均有易感性。成年羊一般都是带虫者，羔羊极易感染而且发病严重，时有死亡。流行季节多半在春、夏、秋三季，感染率高低视各地气候条件而定。在春、夏季骤然更换饲料，感染率往往较高；在低洼潮湿的牧场放牧或在潮湿的羊圈中饲养很容易感染。羊群拥挤和卫生条件差会增加发生球虫病的危险性。冬季气温低，不利于卵囊发育，很少感染。

临诊症状：1岁以内的羔羊症状最为明显。病羊精神不振，食欲减退或消失，渴欲增加，被毛粗乱，可视黏膜苍白，腹泻，粪便中常杂有血液、黏膜和脱落的上皮，粪恶臭，含大量卵囊。后肢及尾部被粪便污染。病羊贫血，消瘦，时有肚胀、被毛脱落。常发生死亡，死亡率通常在10%～25%，有时高达80%。急性经过为2～7天，慢性的可迁延数周。耐过羊可产生免疫力，不再感染发病。

预防措施：在流行地区，应当采取隔离、治疗、消毒等综合性措施。成年羊多为带虫者，应与羔羊分开饲养与放牧。发现病羊后应及时隔离治疗。哺乳母羊的乳房要经常擦洗。羊场定期用开水、3%～5%热碱水消毒地面、羊栏、饲槽、饮水槽等，一般1周1次。注意饲料和饮水卫生，圈舍保持干燥。粪便每天清扫，并集中进行生物热发酵处理。必要时进行药物预防，可用氨丙啉，以每千克体重10mg混入饲料，连用21天；莫能菌素，以每千克体重1mg混入饲料，连用33天；都可抑制羊球虫病的发生。磺胺药物和金霉素的混合物对羊球虫病也有预防作用。

治疗方法：对病羊选用下列药物治疗。①氨丙啉：每天按每千克体重50～100mg内服，每天1次，连用5～6天。②磺胺二甲嘧啶：第1天剂量为每千克体重200mg，后改为每千克体重100mg内服，每天1次，连用3～5天，配合使用酞酰磺胺噻唑，效果更好。③莫能菌素：山羊，饲料内添加，剂量为每天按每千克体重20～30mg混饲，连用7～10天。④盐霉素：剂量每天按每千克体重10～15mg混饲，连用 7～10 天。⑤拉沙里菌素：剂量每天按每千克体重 15～17mg 混饲，连用 7～10 天。⑥磺胺喹噁啉：剂量为每千克体重12.5kg 配成 10％溶液灌服，每天 2 次，连用 3～4 天。⑦磺胺 5-甲氧嘧啶＋增效剂（TMP）：按 5：1 比例配合，以每天每千克体重 0.1g剂量内服，连用 2 天有治疗效果。⑧地克珠利：每次每千克体重1.0～1.5mg，每天 1 次，连用 7 天。

在给予抗球虫药的同时，应注意对症治疗，如止血、止泻、强心和补液等。注射磺胺类药还可以防止继发细菌性肠炎或肺炎。

（10）羊梨形虫病

羊梨形虫病曾被称作"羊焦虫病"，是由巴贝斯科和泰勒科的多种梨形虫寄生在红细胞内所引起的血液原虫病。其中以莫氏巴贝斯虫和山羊泰勒虫对绵羊和山羊的致病性最强，前者主要见于我国南方各省区，后者引起的疾病常称为绵羊、山羊恶性泰勒虫病，死亡率高，危害严重，主要常见于我国西北、华北等一些省区。它们所引起的梨形虫病都是由蜱传播的，这种病是一种季节性很强的地方性流行病。

临诊特征：在临诊上两种梨形虫病有相同表现，如体温升高到40℃以上，呈稽留热；精神不振，喜卧地，食欲减退或废绝；反刍无力或停止；眼结膜苍白；贫血，黄疸；便秘或下痢，粪便呈黑褐色，有恶性臭味；脉搏加快，呼吸急促，病羊迅速消瘦，行动迟缓或摇摆。但它们又各有其不同特征，如巴贝斯虫病有血尿，尿由淡红色变为棕红色或黑红色。泰勒虫病无血尿，尿呈淡黄色或深黄色，体表淋巴结肿大，特别是肩前淋巴结肿大明显；眼睑下有溢血点，严重者皮肤上还有出血斑块。

预防措施：预防的关键在于消灭动物体及周围环境中的蜱。通常采用以下方法。①杀灭羊身体上的蜱：在蜱活动的季节，对寄生在羊体的腿内侧、乳房等部位的各发育期的蜱，可用手摘除消灭。药物灭蜱效果也很好，可采用敌杀死（2.5％溴氰菊酯乳剂）稀释 250 倍喷洒羊体，每隔 15 天喷 1 次，连续 10 次，可在 1 年内防止梨形虫病的发生。②消灭圈舍内的蜱：从秋末初冬开始，注意观察圈舍内幼蜱的出现活动，用 2％敌百虫溶液进行喷洒，杀死隐藏的蜱，并在春季将圈舍周围的杂草铲除，防止蜱类躲藏和滋生。③避蜱放牧：在蜱大量

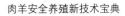

繁殖活动的季节，为避免羊受到蜱的叮咬侵害而得病，可改放牧为舍饲，但要搞好圈舍周围环境的灭蜱工作。④检疫观察：由外地调入的家畜，首先要采血检疫，如发现病畜，应立即隔离治疗，以免将病原传入，并选择无蜱活动季节进行调动。⑤药物预防注射：咪唑苯脲的保护期可达 2～10 周；台盼蓝保护期约 1 个月；三氮脒或硫酸喹啉脲保护期约 20 天。

治疗方法如下：

① 三氮脒（贝尼尔或血虫净），剂量按每千克体重 7mg，临用时将粉剂用蒸馏水配成 5％～7％溶液做深部肌内分点注射，每天 1 次，连用 3 天为 1 疗程。出现副作用时，可灌服茶叶水或肌内注射阿托品解救。休药期为 28～35 天。

② 咪唑苯脲（双咪苯脲、咪唑啉卡普），剂量为每千克体重 1.5～2mg，将药物粉末配成 5％～10％水溶液，可肌内注射或皮下注射，每天 1～2 次，连用 2～4 次。

③ 硫酸喹啉脲（阿卡普林、抗焦虫素），剂量为每千克体重 0.6～1mg，配成 5％溶液，皮下或肌内注射，48h 后再注射一次效果更好。

④ 丫啶黄（黄色素、锥黄素），剂量为每千克体重 3～4mg，动物极限量为每头 2g，以生理盐水或蒸馏水配成 0.5％～1％溶液，静脉注射。必要时隔 1～2 天后再注射 1 次。适用于巴贝斯梨形虫病。

2. 外寄生虫病

（1）羊螨病

羊螨病又叫疥癣或癞、疥疮、疥虫病，是由疥螨（又叫穿孔疥癣虫）寄生在羊的表皮内或痒螨（又叫吸吮疥癣虫）寄生在羊的皮肤表面而引起的一种接触性传染的慢性皮肤寄生虫病，以剧痒、湿疹性皮炎和脱毛，患部逐渐向周围扩展和具有高度传染性为本病特征。本病主要通过健羊和病羊直接接触发生感染，也可通过被螨及其卵污染的墙壁、垫草、饲槽、用具以及饲养员的衣服和手发生感染。本病多发生于秋冬初春季节。羊圈阴暗潮湿，饲养密度过大，皮肤卫生状况不良等因素，易诱发本病。

山羊疥螨病，主要发生于嘴唇四周、眼圈、鼻背和耳根部，可蔓延到腋下、腹下和四肢曲面等无毛及少毛部位。严重时口唇皮肤皲裂，采食困难。山羊痒螨病，主要发生于耳壳内面，在耳内生成黄色痂，将耳道堵塞，使羊变聋，食欲不振，甚至死亡。

绵羊疥螨病，主要在头部明显，常见于嘴唇周围、口角两侧、鼻子边缘和耳根下面。发病后期病变部形成白色坚硬胶皮样痂皮，被农牧民称为"石灰头"病。绵羊痒螨病，常发部位是被毛长而稠密的背部、臀部及体侧、尾根等处，被毛常成束结缕悬于羊体两侧，继之大面积脱落，甚至背毛完全脱光，体躯下部泥泞不洁。

预防措施：在流行地区，控制本病除定期有计划地进行药物预防及药浴驱虫外，还要加强饲养管理，保持羊圈干燥，清洁，通风，定期消毒（10%～20%石灰乳）。饲养管理人员要时刻注意消毒，以免通过手、衣服和用具散布病原。经常注意羊群中皮肤有无瘙痒、脱毛现象，一旦发现须及时隔离治疗。引入羊时，应隔离观察，确认无螨病后，再并入羊群。治疗期间可应用0.1%的蝇毒磷乳剂对环境进行消毒，以防散布病原。

治疗方法：有口服或注射药物疗法、药浴疗法、局部喷洒或涂抹药物疗法。

① 口服或注射药物疗法　伊维菌素或阿维菌素类药物，有效成分一次剂量为每千克体重0.2mg，间隔7～10天重复用药1次，病羊根据病的严重程度来决定注射次数。国内生产的类似药物有多种商品名称，剂型有粉剂、片剂（口服）和针剂（皮下注射）等。

② 药浴疗法　适用于大群发病羊。一般在气候温暖季节无风天气，也是预防本病的主要方法。常用药浴药物0.0025%～0.0050%溴氰菊酯（倍特、敌杀死）溶液、0.006%氯氰菊酯水乳液、0.008%～0.02%杀灭菊酯水乳剂、0.025%～0.075%二嗪农（地亚农、螨净）溶液、0.05%辛硫磷乳油水溶液、0.05%蝇毒磷溶液、0.05%双甲脒溶液、0.005%～0.025%巴胺磷（赛福丁）溶液等。根据实际情况可采用水泥药浴池或机械化药浴池。药液温度维持在36～38℃。成批羊药浴时，要及时补充药液。药浴前让羊饮足水，以免误饮中毒。药浴时间1min左右；注意浸泡头部。药浴后注意观察，加强护理。如一次药浴不彻底，过1周后可再进行第2次。

③ 局部喷洒或涂抹疗法　可用伊维菌素或阿维菌素类药物浇泼剂进行防治。为了使药物能充分接触虫体，治疗前最好应先剪除患部周围被毛，再用肥皂水或煤酚皂液彻底洗刷，清除硬痂和污物后再用药。

需要注意的是：间隔一定时间后应重复用药，以杀死新孵出的虫体；在治疗病羊的同时，应用杀螨药物彻底消毒羊舍和用具，治疗后非病羊应置于消毒过的羊圈内饲养；隔离治疗过程中，饲养管理人员要时刻注意消毒，避免通过手、衣服和用具散布病原。

（2）硬蜱

硬蜱是硬蜱科多种蜱属科的简称，俗称"草爬子""草蜱"，是寄生于各种家畜和多种野生动物体表的吸血性外寄生虫。

硬蜱除直接侵袭、危害畜体外，还可造成间接危害。

① 直接危害　侵袭羊体后，由于吸血时口器刺入皮肤可造成局部损伤、组织水肿、出血、皮肤肥厚，有的还可继发细菌感染引起化脓、肿胀和蜂窝织炎等。当幼羊被大量蜱侵袭时，由于过量被吸血，加之蜱的唾液内的毒素进入机体后，破坏造血器官，溶解红细胞，形成恶性贫血，使血液有形成分急剧下降。此外，由于蜱唾液内的毒素作用有时还可出现神经症状及麻痹，造成"蜱瘫痪"。

② 间接危害　蜱可传播森林脑炎、莱姆病、巴氏杆菌病、炭疽、立克次氏体等多种传染病。蜱也是各种家畜梨形虫病的必需宿主和传播媒介。

防治措施：主要消灭畜体上的蜱和消灭环境中的蜱。

消灭畜体上的蜱可采用人工捕捉或药物杀灭的方法。

① 人工捕捉　适应于感染数量少、人力充足的条件下，要经常检查羊的体表，发现蜱时应及时摘掉（摘取时应与体表垂直向上拔取）销毁。

② 药物杀灭　具体方法有：粉剂涂擦，可用3%马拉硫磷、5%西维因等粉剂，涂擦体表，羊剂量30g，在蜱的活动季节，每隔7～10天处理1次；药液喷涂，可使用1%马拉硫磷、0.2%辛硫磷、0.2%杀螟松、0.25%倍硫磷等乳剂喷涂畜体，剂量是羊每次200mL，

每隔 3 周处理 1 次。也可使用氟苯醚菊酯，剂量是每千克体重 2mg，1 次背部浇注，2 周后重复 1 次。药浴可选用 0.05％双甲脒、0.1％马拉硫磷、0.1％辛硫磷、0.05％毒死蜱、0.05％地亚农、1％西维因、0.0025％溴氰菊酯、0.003％氟苯醚菊酯、0.006％氯氰菊酯等乳剂，对羊进行药浴。皮下注射或口服，可选用阿维菌素或伊维菌素，剂量为每千克体重 0.2mg，皮下注射或口服。

控制环境中的蜱：消灭圈舍内的蜱，有些蜱如残缘璃眼蜱在圈舍的墙壁、地面、饲槽等缝隙中栖息，可先选用上述药物喷洒或粉刷后，再用水泥、石灰或黄泥堵塞缝隙。必要时也可隔离停用圈舍 10 个月以上或更长时间，使蜱自然死亡。消灭自然界的蜱，根据具体情况可采取轮牧，相隔时间 1～2 年，牧地上的成虫即可死亡。也可在严格监督下进行烧荒，破坏蜱的滋生地。有条件时，可选用上述有关杀虫剂的高浓度制剂或原液，进行超低量喷雾。

（3）羊虱子

羊生虱子是健康羊与有虱子的羊直接接触，或者通过管理用具而受到传染。在饲养管理不卫生、羊瘦弱的状态下，常可看到身上有虱子。虱子是羊最常发的外寄生虫。毛虱食毛、皮屑，血虱（或称兽虱）吸血。虱子有严格的宿主特异性，各种家畜的虱子不能相互感染而寄生。羊虱子寄生在羊的体表，主要寄生在颈部、肩部、背部及四肢末端的少毛处。

临诊症状：大量寄生时使皮肤发痒、脱毛、消瘦。冬季虱子比较严重，夏季较轻。在额、耳根、颈、尾根拨开毛，于贴近皮肤处可见芝麻大小的黑色虱子爬动。

预防措施：注意饲养管理，搞好清洁卫生，经常刷拭，保持羊体清洁，定期检查羊，发现有虱子时，及时隔离治疗，对羊圈、用具进行消毒，褥草焚烧，以杜绝虱子的传播。

治疗方法：0.5％～1％敌百虫溶液喷淋 1～2 次，每次间隔 2 周；还可用 45％烟草水擦洗，可达到杀灭虱子的效果。羊体皮肤有损伤时，损伤处涂擦 5％碘酊。

（4）羊狂蝇蛆病

羊狂蝇蛆病是由狂蝇科、狂蝇属的羊狂蝇幼虫寄生在羊的鼻腔及

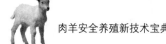

其附近的腔窦所引起的，又称羊鼻蝇蛆病。在我国西北、华北、内蒙古、东北及西南各省区较为常见。主要危害绵羊，对山羊危害较轻，人的眼、鼻也有被侵袭的报道。流行地区的绵羊感染率可达80%以上。

感染过程：每年春夏季节，羊狂蝇的雌蝇待体内幼虫形成后，择晴朗炎热无风白天，飞向羊群，突然冲向羊鼻孔，将幼虫产于羊的鼻孔内或鼻孔周围，一次产20～40个，一只雌蝇数日内可产幼虫500～600个。幼虫逐渐爬入羊鼻腔及其附近的腔窦内，寄生9～10个月，到第二年春天发育为第三期幼虫，再由深部向浅部移行。成熟后随羊打喷嚏落于地面，钻入土中化蛹，尔后羽化为成蝇。本病常在每年的夏季感染，次年春季发病明显。

临诊症状：成蝇侵袭羊群产幼虫时，可引起羊群骚动，惊慌不安，互相拥挤，频频摇头，喷鼻，低头或以鼻孔抵于地面，严重扰乱羊的正常采食和休息。当幼虫在鼻腔或腔窦内固着或移行时，可刺激损伤鼻黏膜，引起黏膜肿胀、发炎和出血，鼻液增加；在鼻孔周围干涸时，则形成硬痂；患羊流脓性鼻涕，打喷嚏，鼻孔堵塞，呼吸困难，体质消瘦，甚至死亡。个别幼虫可进入颅腔或因鼻窦发炎而累及脑膜，可出现神经症状，即所谓"假旋回症"，患羊表现运动失调，做旋转运动。

防治方法：本病防治应以消灭第一期幼虫为主要措施。实施药物防治一般可选在每年的10～11月份进行。其方法如下。

① 阿维菌素或伊维菌素类药物。剂量为有效成分每千克体重0.2mg，1次皮下注射，药效可维持20天，且疗效高，是目前治疗羊狂蝇蛆病最理想的药物。

② 敌百虫。剂量为每千克体重75mg，兑水口服；或以5%溶液肌内注射；或以2%溶液喷入鼻腔或采用气雾法（在密室内）给药，均可收到良好驱虫效果，特别是对第一期幼虫效果较理想。也可用10%敌百虫或1%敌百虫软膏，在成蝇飞翔季节，涂在羊鼻孔周围，有驱避成蝇和杀死幼虫的作用。

③氯氰碘柳胺。剂量为每千克体重5mg，口服；或每千克体重2.5mg，皮下注射，可杀死各期幼虫。

（5）伤口蛆病

羊的伤口蛆病是由很多种蝇类的幼虫寄生于羊体伤口所引起的。现已知道在我国能引起这种病的蝇子有丽蝇、绿蝇、麻蝇等。这些蝇的幼虫长大成熟的虫体长1～1.7cm，全身为12个环节；从伤口里取出的幼虫为乳白色，虫体前端尖细，具有尖锐的口钩1对，后部削平，有后气孔1对。

这些蝇的幼虫必须在动物活的组织内才能发育生存，因此，凡是牲畜身体某一部位因外伤所造成的新鲜伤口及肮脏的眼、耳、鼻孔、阴门、肛门等天然孔内，这种幼虫都可寄生。

伤口蛆病分布很广，危害很大，常见于夏、秋季节。雌蝇产卵生蛆或直接产下的蛆会钻入伤口的健康组织内，以宿主的组织为营养发育长大；幼虫能向组织深部爬行，甚至到接近骨头处。当幼虫严重地损伤和破坏正常组织时，可看到伤口流出血水，伤口周围组织肿胀，伤口范围也会逐渐扩大。若受到细菌感染，便引起组织发炎、化脓或坏死。有的从伤口流出大量的脓血，气味特臭；伤口长期不能愈合。若擦去伤口上面的血迹、脓液，便可看到伤口内活动的蝇蛆，有时数目可达千条，严重者继发蜂窝织炎直至全身性感染。

治疗时先用镊子取出蝇蛆，将腐败组织清除干净；或用3％来苏尔溶液将蝇蛆冲洗出来，再以0.1％高锰酸钾溶液冲洗患部，涂以鱼石脂或松馏油、碘软膏。也可以用少量敌百虫粉撒在伤口上；或直接涂上克辽林，不但可以将伤口内的蝇蛆杀死，还可以预防雌蝇在伤口上产卵生蛆。

平时要搞好圈舍内外的卫生，防止蝇类孳生。

三、普通病

1. 前胃弛缓

前胃弛缓，又称脾胃虚弱，是由各种原因导致的瘤胃、网胃和瓣胃等前胃兴奋性降低、收缩力减弱，瘤胃内容物运转缓慢，菌群紊乱，产生大量腐败分解有毒物质，引起消化障碍和全身机能紊乱的一种疾病。分为原发性前胃弛缓（亦称单纯性消化不良）和继发性前胃弛缓。前者多由饲料过于单纯（如长期饲喂秸秆等）、饲喂难以消化的多纤维饲料后没有给予充足的饮水、草料质量低劣、饲料变质、矿物质和维生素缺乏、饲养失宜、管理不当、应激反应等因素造成。后者由瘤胃臌气、瘤胃积食、创伤性网胃炎、重瓣胃阻塞、肠炎等胃肠道疾病、口腔疾病、外产科疾病、营养代谢病、某些传染病和寄生虫病、治疗中用药不当引起菌群失调等因素继发的。本病在冬末、春初饲料缺乏时最为常见。

临床症状：临诊症状可分为急性和慢性两种类型。

① 急性型　多呈现急性消化不良，精神委顿，神情不活泼，表现为应激状态。食欲减退或消失，反刍弛缓或停止。瘤胃收缩力减弱，蠕动次数减少或正常，瓣胃蠕动音低沉，时而嗳气，有酸臭味，便秘，粪便干硬、呈深褐色。瘤胃内容物充满，黏硬，或呈粥状。

② 慢性　多为继发性因素引起或由急性转变而来，多数病例食欲不定，时好时坏，常常空嚼磨牙，发生异嗜，舔砖吃土，或吃被粪尿污染的垫草污物，反刍不规则，间断无力或停止，嗳气减少，嗳出气体带臭味。病情时好时坏，日渐消瘦，皮焦毛炸，无神无力，体质衰弱。瘤胃蠕动音减弱或消失，内容物停滞，稀软或黏硬。多数病例网胃与瓣胃蠕动音减弱或消失，瘤胃轻度膨胀。腹部听诊，肠蠕动音微弱或低沉。便秘，粪便干硬、呈暗褐色、附着黏液；下痢，或下痢与便秘互相交替。排出糊状粪便，散发腥臭味；潜血反应往往呈阳性。

预防措施：平时要注意改善饲养管理，合理调配饲料，防止长期饲喂过硬、难以消化或单调劣质的草料，防止饲喂霉败变质和过粗、过细（粉质）、过热或冰冻的饲料；还要避免突然变换饲料或饲喂方式。应给予充足的饮水，并创造条件供给温水。应做到及时诊治原发疾病。还要注意羊圈清洁卫生和通风保暖，提高羊群健康水平，防止本病的发生。

治疗技术：

① 节食精心护理。急性病例的初期停食1～2天，多饮清水，然后给予优质干草或者放牧。

② 促进瘤胃蠕动。可用氨甲酰胆碱0.25～0.5mg；毛果芸香碱5～10mg；新斯的明2～5mg，皮下注射。但对病情危急、心脏衰弱、

妊娠母羊，则禁止应用，以防虚脱和流产。

③ 防腐止酵。可用稀盐酸 2～5mL，酒精 10～15mL，来苏尔水溶液 1～3mL，常水 50～100mL，一次灌服；或用鱼石脂 1～5g，酒精 10mL，常水 100mL，一次内服，每天一次。但在病的初期，宜用硫酸钠或硫酸镁或人工盐 20～30g，鱼石脂 1～5g，温水 500mL，一次内服；或用液体石蜡 100～200mL，苦味酊 4～10mL，一次内服。

④ 促反刍。通常用 5％氯化钠溶液 40mL，5％氯化钙溶液 20mL，安钠咖 0.5g，一次静脉注射；或用 10％氯化钠溶液 20mL，5％氯化钙溶液 20mL，20％安钠咖溶液 2.5mL，静脉注射。

⑤ 当瘤胃内容物 pH 值降低时，宜用氢氧化镁 1.5～4g，配成水乳剂，并用碳酸氢钠 10～15g，一次内服。反之，pH 值升高时，可用稀醋酸 5～10mL，或常醋 50～100mL，加常水适量，一次内服，具有较好的疗效。

⑥ 瘤胃积液伴发脱水和自体中毒时，可用 25％葡糖 50～100mL 静脉输入。或者用 5％葡萄糖生理盐水 100mL、40％乌洛托品 5～10mL、20％安钠咖 1～2mL，静脉注射。

⑦ 也可用酵母粉 10g、红糖 10g、酒精 10mL、陈皮酊 5mL，混合加水适量，灌服。

2. 瘤胃积食

瘤胃积食是瘤胃积滞过多的食物，使瘤胃容积增大，胃壁扩张，瘤胃运动机能发生紊乱的疾病。中兽医所称的宿草不转，即属此病。本病多在夏收及秋收时节发生。最常见的原因是采食过量的难消化的饲草或容易膨胀的饲料引起。

临诊症状：病羊初期表现为食欲、反刍消失，不吃草，不反刍，拱背，空口虚嚼，有时出现呻吟。而后精神不安，目光凝视，回顾腹部，间或后肢踢腹，有腹痛表现。听诊瘤胃蠕动音减弱或消失，肠音微弱或沉寂。便秘，粪便少而干黑，间或发生下痢。触诊瘤胃膨满，用拳按压，遗留压痕，病羊表现疼痛。有的病羊瘤胃内容物坚硬如石。晚期病例病情急剧恶化肚腹膨隆，呼吸急促而困难，全身战栗，眼球下陷，黏膜发绀，全身衰弱，卧地不起，陷于昏迷状态。当过食引起瘤胃积食发生酸中毒和胃炎时，精神极度沉郁，瘤胃松软积液，手拍击有拍水感，病羊卧地，腹部紧张度降低，有的可能表现视觉扰乱，盲目运动。全身症状加剧时，病羊呈现昏迷状态。

治疗方法：应消导下泻，止酵防腐，纠正酸中毒，健胃补充体液。

① 消导下泻　内服人工盐或硫酸钠或硫酸镁，成年羊剂量50～80g，加水500～1000mL，1次内服；或石蜡油100～200mL，苦味酊4～10mL，1次内服。同时可用氨甲酰胆碱0.25～0.5mg；毛果芸香碱5～50mg；新斯的明2～5mg，皮下注射。但对病情危急、心脏衰弱、妊娠母羊，则禁止应用，以防虚脱和流产。

② 止酵防腐　可用稀盐酸2～5mL，酒精10～15mL，来苏尔水溶液1～3mL，常温水50～100mL，一次灌服；或用鱼石脂1～5g，酒精10mL，常水100mL，一次内服，每天一次。

③ 纠正酸中毒　可用5％碳酸氢钠100mL，5％葡萄糖200mL，1次静脉注射。也可用氧化镁2～10g，配成水乳剂，并用碳酸氢钠10～15g，一次内服。

④ 健胃补充体液对症治疗　心脏衰弱时，可用10％樟脑磺酸钠4mL，静脉或肌内注射。呼吸系统和血液循环系统衰竭时，可用尼可刹米注射液2mL，肌内注射。

⑤ 中药疗法　以消积化滞、健脾开胃为治疗原则，可选用加减大承气汤：大黄12g、芒硝30g、枳壳9g、厚朴12g、槟榔片1.5g、香附子9g、陈皮6g、千金子9g、木香5g、二丑12g，水煎候温1次灌服。或用健胃散：陈皮10g、枳壳6g、枳实6g、神曲10g、厚朴6g、山楂10g、萝卜子10g，水煎取汁，灌服。

本病的预防，在于加强饲养管理，防止突然变换饲料或过食。

3. 瘤胃臌胀

瘤胃臌胀是瘤胃中的食物迅速发酵产生大量气体而引起瘤胃臌胀的疾病。瘤胃内气体多与液体和固体食物混合存在，形成泡沫臌气。主要发生于夏季放牧的牛和绵羊，山羊少见。

发病病因：原发性病例多因过多吃入开花前的幼嫩多汁的豆科植物，如苜蓿、紫云英、三叶草、野豌豆或新鲜干红薯、萝卜缨子、白菜叶等所引起；或者因大量食入粉状谷物而引起。有时也和瘤胃内的一些细菌代谢产物有关，唾液分泌少的羊容易发生本病。继发性病例最常见于前胃弛缓、食道梗塞、瓣胃阻塞、创伤性网胃炎及腹膜炎等，都可引起嗳气障碍，致使瘤胃壁扩张而发生膨胀。

临诊症状：特征是瘤胃和网胃被气体充满，嗳气停止，左侧腰窝隆起，甚至高出脊梁，触摸有类似皮球样的弹性感觉，敲打时发出类似的声响。严重病例呼吸困难，可视黏膜呈紫红色，站立不稳，不久倒地，呻吟、痉挛。本病多呈现急性发作，如得不到及时救治，往往会发生窒息或心脏麻痹而死亡。

治疗方法：急救贵在及时，排气消胀。治疗原则是排气、抑制发酵、泻下。具体方法如下。

初发或病情轻的病例：应立即单独灌服来苏尔 2.5mL、或福尔马林 1～3mL、或鱼石脂 2～5g（先少加些酒精溶解）或硫酸镁或硫酸钠 30g，加水适量，1 次内服；中药可用萝卜子 30g、芒硝 20g、滑石 10g，煎水，另加清油 30mL，1 次灌服；或用陈皮、香附各 9g，干姜、神曲、麦芽、山楂各 6g，肉豆蔻、砂仁、木香、萝卜子各 3g，水煎，去渣后灌服；在放牧过程中，发现羊患病时，可把臭椿、山桃、山楂、柳树等枝条衔在羊口内，将羊头抬起，利用咀嚼枝条以咽下唾液，促进嗳气发生，排出瘤胃内的气体。

病情较重的病例：用石蜡油 100～200mL，鱼石脂 2～5g，酒精 20～30mL，加水适量，1 次内服。必要时于 15 分钟后再用 1 次药。

急性病例：应立即插入胃导管放气，以缓解瘤胃内的压力，后灌服药液。泡沫性膨气，应先使用杀沫剂，如二甲基硅油（0.5～1g），或消胀片（每次 25～50 片）；也可用松节油（3～10mL），石蜡油（30～100mL），常水适量，一次内服；或者食用油 30～50mL，温水 50～100mL 制成油乳剂，一次内服。对急性者必要时可进行瘤胃穿刺放气，首先在左侧肷部剪毛，用 5% 碘酊消毒，然后以细套管针或兽用 16 号针头刺破皮肤，向前右侧肘部方向插入瘤胃内进行放气。在放气过程中要压紧腹壁，使之与瘤胃壁紧贴，边放气边用力下压，以防胃内容物流入腹腔造成腹膜炎。

预防措施：重点是加强饲养管理，防止贪食过多幼嫩、多汁的豆科牧草，尤其由舍饲转为放牧时，应先喂些干草或粗饲料，适当限制

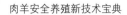

在牧草幼嫩茂盛的牧地和霜露浸湿的牧地放牧时间。

4. 百叶干

百叶干就是瓣胃阻塞。瓣胃阻塞是瓣胃内容物充满而干涸，不能向后推送，引起瓣胃扩张、坚硬、疼痛，导致严重消化不良所引起。因内容物停滞压迫，使胃壁麻痹，瓣叶坏死，引起全身机能变化，是羊的一种严重的胃脏疾病。

发病原因：本病多因长期大量饲喂兴奋刺激性小或缺乏刺激性的细粉状饲料，或长期过多地饲喂粗硬难消化的饲料，或饲料中混有过多的泥沙等所引起；此外，前胃弛缓、瘤胃积食、瓣胃炎、皱胃阻塞、皱胃溃疡、急性热性病以及血液原虫病等，也可继发本病。

临诊症状：无特征性症状，病期较长，逐渐发病，持续 1～2 周。病羊表现食欲不定或减退，瘤胃轻度臌胀，瓣胃蠕动音微弱或消失，鼻镜干燥、龟裂，舌苔黄厚，便秘，粪便干小色暗，或排出恶臭的泥状粪便。这一点可以作为诊断参考。于右侧腹壁瓣胃区（第 7～9 肋间的中央，肩关节线上）触诊，病羊躲避或反抗，显示疼痛。叩诊，浊音区扩张。随病情发展，瓣胃小叶可发生坏死，引起败血症，体温升高，呼吸脉搏加快，全身症状恶化，最后死亡。

预防措施：正确饲养，注意避免长期应用麸糠及混有泥沙的饲料喂养，同时注意适当减少坚硬的粗纤维饲料，增加青绿饲料和多汁饲料，保证足够饮水；糟粕饲料也不宜长期饲喂过多，注意补充矿物质饲料，并给予适当运动。发生前胃弛缓时，应及早治疗，以防止发生本病。

治疗方法：着重增强前胃运动机能，促进瓣胃内容物排出，强心补液，恢复瓣胃功能。

① 轻症病例 可内服泻剂和使用促进前胃蠕动的药物，如成年羊用硫酸镁或硫酸钠 50～80g，加常水 500～800mL，或液体石蜡油 100～200mL，或植物油 50～100mL，一次内服。同时应用 10% 氯化钠溶液 20mL、10% 氯化钙 20mL、20% 安钠咖注射液 2.5mL，1 次静脉注射；也可应用氨甲酰胆碱 0.25～0.5mg；毛果芸香碱 5～50mg；新斯的明 2～5mg，皮下注射。但对病情危急、心脏衰弱、妊娠母羊，则禁止应用，以防虚脱和流产。

② 重症病例　可行瓣胃注射，注射部位在右侧第 8～9 肋间与肩关节水平线相交点下方 2cm 处，选用 12 号 7cm 长的注射针头，略向前下方刺入 4～5cm，为了判断针头是否刺入瓣胃内，可先注入注射用水或生理盐水 20mL，如能抽出少量混有草料碎渣的液体，表明针头已刺入瓣胃内时，方可注入药物。一般可用 25％硫酸镁溶液 30～40mL，液体石蜡或甘油 100mL，配合一次瓣胃内注入。同时再以 10％氯化钠溶液 50～100mL、10％氯化钙溶液 10mL、5％葡萄糖生理盐水 150～300mL，混合 1 次静脉注射。待瓣胃松软后，可皮下注射氨甲酰胆碱 0.25～0.5mg。

③ 中药疗法　可灌服中药健胃、止酵剂，通便、润燥及清热，效果良好。可选用：大黄 9g、枳壳 6g、二丑 9g、槟榔片 3g、当归 12g、白芍 2.5g、番泻叶 6g、千金子 3g、山楂 2g，煎水灌服；或用大黄末 15g、人工盐 25g、清油 100mL，加水 300mL，灌服。

5. 羊创伤性网胃腹膜炎及心包炎

创伤性网胃炎是羊误食了混在饲料中的尖锐金属异物，刺伤网胃壁、心包等引起的化脓性炎症，临诊特征表现为急性前胃弛缓、胸壁疼痛、间歇性瘤胃臌气等消化紊乱。

单纯的创伤性网胃炎症状轻微，难以发现。随着病情发展，病羊则表现精神不振，食欲反刍减少，瘤胃蠕动减弱或停止，并常出现反刍性臌气。用手顶压网胃区或用拳头顶压剑状软骨左后方时，病羊表现有疼痛、躲闪。创伤性网胃炎的特征症状是疼痛引起的异常姿势，如站立时，头颈前伸，肘头开张，磨牙，拱背摇尾，缓慢小心的步态，拒绝下坡，卧地时后躯先卧，起立时前躯先起等反常现象。进食时往往前肢站在食槽上；当发生继发症后，上述现象就看不到了。如果金属异物穿透网胃刺伤膈膜、腹膜引起腹膜炎，甚至发展到迷走神经性消化不良；或者刺伤心包，引起创伤性心包炎的中后期，出现了严重前胃弛缓、间歇性瘤胃臌气，甚至颈静脉隆起，颈下、胸前水肿，食欲减少或废绝，反刍停止，才怀疑本病发生。

若怀疑本病，应尽快请兽医确诊，手术摘除异物。如确诊是迷走神经性消化不良或创伤性心包炎，则无治疗价值，应尽快淘汰，以减少不必要的损失。

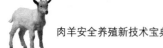

预防本病的关键是加强饲养管理。给予营养全价的饲料，防止异嗜。清除饲料中异物，可在饲料加工设备中安装磁铁，以排除铁器，并严禁在牧场或羊舍内堆放铁器。饲喂人员勿带小而尖细的铁具进入羊舍，以防遗落在饲料中。不用铁丝捆扎草料，不要在工厂或垃圾场附近堆放草料，还要防止羊进入工厂或垃圾场。配料、饲养要认真，发现金属异物要捡出。

6. 羊胃肠炎

羊胃肠炎是指真胃和肠道黏膜及其深层组织的炎性变化，致使胃肠的分泌和运动机能发生紊乱。按病因分为原发性胃肠炎（多因饲养管理不当，采食了霉变、冷冻、有毒的草料和刺激性强的药物，以及误食了化肥等）和继发性胃肠炎（继发于其他前胃疾病、某些传染病或寄生虫病等）。

临诊症状：以消化机能紊乱、腹痛、发热、腹泻、脱水和毒血症为特征。初期病羊多呈急性消化不良，表现磨牙、拱背、口渴喜饮、出现前胃弛缓症状。相继食欲、反刍停止，体温升高，口腔干燥发臭，有黄白色舌苔。肠音初期增强，后期减弱、消失，不时排出稀粪或水样稀便，并伴有腹痛。严重病例，结膜黄染，粪中带血，色黑恶臭，似煤焦油样。由于下泻脱水和肠内毒物的大量吸收，常引起自体中毒。病羊消瘦，呈极度衰竭状态，脉搏微弱，四肢俱凉，昏睡，最后抽搐死亡。慢性胃肠炎病程长，病势缓慢，主要症状同急性，可引起恶病质。

预防措施：首先是消除病因，加强饲养管理，给予优质干草、易消化的饲料和清洁的饮水。其次是平时注意观察，发现羊只采食、饮水及排粪有异常时，应及时治疗，加强护理。

治疗方法：

① 抗菌消炎，制止发酵，保护胃肠黏膜。可使用磺胺脒 4～8g、碳酸氢钠 3～5g；或药用炭 10g、次硝酸铋 3g，加水适量，一次灌服。肠道消炎可选用土霉素 0.5g，口服，每天 2 次。或用庆大霉素 20 万 IU，肌内注射，每天 2 次。

② 强心补液，防止脱水和自体中毒。脱水严重的，可用复方生理盐水或 5% 葡萄糖溶液 200～300mL、10% 樟脑磺酸钠 4mL、维生

素 C 100mL，混合后静脉注射，每天 1～2 次。

③ 中药疗法。黄连 4g、黄芩 10g、黄柏 10g、白头翁 6g、枳壳 9g、砂仁 6g、猪苓 9g、泽泻 9g，水煎去渣候温灌服。

7. 绵羊肠扭转

该病是由于肠管位置发生改变，引起肠腔机械性闭塞，继而肠管出血、麻痹、坏死，剧烈性腹痛；如不及时整复肠管位置，可造成患羊急性死亡，死亡率常达 100%。该病平时少见，多发生在剪毛后，故俗称其为"剪毛病"。

发病原因：一般继发于肠痉挛、肠臌气、瘤胃臌气。在这些疾病中肠管蠕动增强并发痉挛收缩，或因腹痛引起羊打滚、旋转，或因腹压增高后肠管相互间挤压等都是形成肠扭转的原因。另外，剪毛（尤其是机械剪毛）时，剪前羊已吃饱，腹压增大，或倒羊动作粗暴、过猛，或卧地时间过长，引起胃肠臌气，以及不合理的乱翻乱滚等均可造成肠扭转。

临诊症状：初发病时，病羊精神不安，回头顾腹，伸腰或拧腰，起卧，口唇有少量白沫，两肷部内吸，后肢弹腹或踢蹄，不时摇尾和翘唇，不排粪尿；瘤胃蠕动音先增强、后减弱，肠音增强；体温正常或略高；呼吸浅而快，每分钟 25～35 次；心跳快而有力，每分钟 80～100 次。有的病羊瘤胃蠕动音和肠音在听诊部位互换位置。随着时间延长，症状逐渐加剧，病羊急起急卧，腹围逐渐增大，叩之如鼓，卧地时呈昏睡状，起立后前冲后撞，肌肉震颤，角膜发绀，腹壁触诊敏感；使用镇痛剂（如水合氯醛制剂）后，腹痛症状也不能明显减弱；瘤胃蠕动音及肠音减弱或消失；体温 40.5～41.8℃；呼吸急促，每分钟 60～80 次；心跳快而弱，节律不齐，每分钟 108～120 次。后期，病羊腹部严重臌气，精神萎靡，结膜苍白，食欲废绝，拱腰呆立或卧地不起，强迫行走时步态蹒跚；瘤胃蠕动音及肠音废绝；体温 37℃以下；呼吸微弱而浅，每分钟 70～80 次；心跳慢而弱，节律不齐，每分钟 60 次以下；腹腔穿刺时，有洗肉样液体流出。一般病程 6～18h。

预防措施：积极治疗肠痉挛、肠臌气、瘤胃臌气等原发病；在剪毛过程中对羊的保定和翻转动作要温柔，剪毛前不要将羊喂得过饱。

以整复法为主，药物镇痛为辅。

体位整复法：由助手或牧工用两手抱住病羊胸部，将其抱起，使羊臀部着地，羊背部紧挨助手或牧工的腹部和腿部，让羊腹部松弛，呈人伸腿坐地状。术者蹲于羊前方，两手握拳，分别置两拳头于病羊左右腹壁中部，并紧挨腹壁；然后两拳交替推揉腹部，每分钟 60 次左右，助手或牧工同时晃动羊体。推揉 5～6 分钟后，再由两人分别提起羊的一侧前后肢，背着地面左右摆动十余次。放下病羊让其站立，持鞭驱赶，使其奔跑 8～10min，然后观察结果。注意推揉时术者所用力量大小要适中，用力要均匀，应使腹腔内肠管、瘤胃晃动并可听到清脆的撞击音为度。若发现病羊嗳气，瘤胃臌气消散，腹壁紧张性减轻，安静，可视为整复术成功的征兆。若采用上述方法不能达到目的时，应立即请兽医进行剖腹探诊，查明扭转部位，实施手术整复，使扭转的肠管复位。

辅以药物治疗：整复后宜用如下药物治疗。镇痛剂用安痛定注射液 10mL，肌内注射；或用美散痛注射液 5mL，分两次皮下注射；或用水合氯醛 3g、酒精 30mL，一次内服；或用三溴合剂 30～50mL，一次静脉注射。中药可用元胡索 9g、桃仁 9g、红花 9g、木香 3g、大黄 15g、陈皮 9g、厚朴 9g、芒硝 12g、槟榔片 3g、茯苓 9g、泽泻 6g，加水煎成汤剂，一次内服。同时应补液、强心，适当纠正酸中毒。

8. 支气管炎

支气管炎是支气管黏膜表层或深层的炎症，中兽医一般称为风寒咳嗽。它是羊呼吸道最常见的疾病之一，以幼龄和老龄羊常见。

发病病因：主要诱因是气候不正常，冷热不一，引起感冒，从而发病。也有的因吸入刺激性气体、尘埃、霉菌、粉碎性饲料等，或继发于出血性败血症、口蹄疫，或维生素 A 缺乏等。

临诊特征：本病初期，体温稍升高，精神不振，食欲、反刍减少，呈短而干的咳嗽，轻微的刺激常可引起持续的阵发性强咳。胸部听诊，病初肺泡音增强并有干性啰音，随着渗出物的增多，而变为湿性啰音。强而大的啰音，说明是浅在性大支气管炎；弱而远的啰音，则表示是深在性支气管炎。捻发音为毛细支气管炎之征，叩诊常无变化，全身症状轻微。

治疗方法：①增强饲养管理。发病后要改善饲养，增强护理。将病羊置于温暖通风的圈舍内，饲以柔软易消化的草料，勤饮清水，防止各种理化因素的刺激，保护呼吸道的防御机能，及时治疗本病。②消除炎症，控制感染，应用抗生素或磺胺类药物。可用青霉素、链霉素肌内注射，剂量为每千克体重各 1 万～1.5 万 IU，每天 2 次，连用 2～3 天；病情严重者可用四环素，剂量为每千克体重 5～10mg，溶于 5％葡萄糖溶液或生理盐水中静脉注射，每天 2 次；也可用 10％磺胺嘧啶钠溶液 10～20mL，肌内或静脉注射。如直接向气管内注入抗生素效果更佳。还可用红霉素、氧氟沙星、环丙沙星、卡那霉素、丁胺卡那霉素、氟苯尼考、先锋霉素等抗生素。③祛痰镇咳。当病羊频发咳嗽，分泌物黏稠不易咳出时，应用溶解性祛痰剂，如氯化铵 0.2～2g，杏仁水 5～10mL、远志酊 10mL，加温水 50～100mL，1 次内服，每天 1～2 次。病羊频发痛咳，分泌物不多时，可选用镇痛止咳剂，如复方樟脑酊 5～10mL，1 次内服，每天 1～2 次。当病羊呼吸困难时，可用氨茶碱 0.25～0.5g，1 次肌内注射。④抗过敏、补液强心。在使用祛痰止咳药的同时，可以少量使用地塞米松，每次 4～12mg，每天 1 次，用以抑制变态反应；还可选用扑尔敏、苯海拉明等药物。补液可选用 5％葡萄糖溶液或复方氯化钠注射液，强心可用 10％安钠咖或 15％苯甲酸钠咖啡因注射液。

9. 异物性肺炎

异物性肺炎是由于饲料、药液和呕吐物等误咽入肺所引起的支气管和肺的炎症。其临诊特征是咳嗽、气喘和流鼻涕，肺区有捻发音。

发病病因：当患咽炎、咽麻痹、破伤风等疾病时，由于咽壁脓肿和咽后淋巴结肿大以及食管阻塞、咽麻痹和痉挛所引起吞咽动作障碍时，都可发生吸入和误咽现象，从而引起本病。强迫投药，操作失当，常会将一部分药物误投入气管，从而发生异物性肺炎。

预防措施：本病发展迅速，病情难以控制，临诊上疗效不佳，死亡率很高。因此，预防本病的发生就显得非常重要。其措施包括：a.胃导管投药时，必须判断胃管正确进入食道后，方可灌入药液；凡有严重的呼吸困难时，避免强迫灌药；麻醉或昏迷的羊在未完全清醒时，不可让其进食或灌服食物及药物；b.经口投服药物时，要特别小

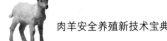

心，不能使羊的头部抬得太高，药量不能太多，要慢慢地灌；绝对避免在骚动不安时灌药；c.绵羊药浴时，浴池不能太深，将头压入药液中的时间不能过长，以免吸入液体。

治疗方法：治疗原则是迅速排出异物，制止肺组织的腐败性分解。①排出异物：首先让病羊站在前低后高的位置，将头放低；横卧时则把后躯垫高，便于异物向外咳出。同时反复注射兴奋呼吸的药物，如尼可刹米或樟脑油、樟脑水等，每隔 6h1 次，并及时皮下注射 2％盐酸毛果芸香碱 0.5～1mL，使气管分泌增加，可促使异物的迅速排出。②制止肺组织腐败分解：应及时应用大量的抗生素，如青霉素 80 万～160 万 IU、链霉素 50 万～100 万 IU，混合肌内注射，每天 2 次，连用 4～7 天。同时配合应用泻肺平喘、镇咳祛痰等中药（如葶苈 9g、贝母 6g、元参 9g、远志 3g、杏仁 2g、甘草 1.5g），对于咳嗽严重不能投水剂的病羊，做成舔剂投服。

肺脓肿时，可用 10％磺胺注射液 20mL，静脉注射；或改用四环素 0.5g，加入注射液中，静脉注射。还要根据情况应用强心剂、葡萄糖和葡萄糖酸钙等进行静脉注射。对食欲不良的病羊应用健胃剂。

10. 绵羊腐蹄病

绵羊腐蹄病是一种急性或慢性接触性、传染性蹄皮炎，特征为角质与真皮分离。本病分布遍及全世界，侵害各种年龄的羊只。由于患病后生长不良、掉膘、羊毛质量受损，偶尔也引起死亡，造成经济损失。其病因是阴雨潮湿、环境不洁，蹄被浸渍，是由结节状梭菌和坏死厌氧丝杆菌相互作用致病，有时也能分离出一些其他细菌。

临诊症状：先是一蹄或几个蹄出现不同程度的跛行，甚至跪行或卧下不愿起立。检查病蹄时发现趾间潮湿、红肿，皮肤可（或）出现坏死，皮肤和角质分离，除去游离角质后，可见组织坏死，并有恶臭脓汁，有的形成潜洞，向远方蔓延。陈旧病例蹄出现变形，蹄仍存在裂隙和空洞。羊可有全身性症状。

预防措施：a.保持良好的环境卫生，以维护蹄角质的硬度和弹性。要加强圈舍卫生，随时清理运动场的粪便。特别要防止长时间站在冰雪融化的泥泞之中，否则会造成蹄质软化，弹性下降，引起微生物感染而发生糜烂和蹄底溃疡。要拣出运动场的碎石杂物，防止石头、砖块等尖硬物体挫伤蹄底。b.建立修蹄护蹄制定。舍饲的羊1～2个月要修蹄1次，放牧的羊在放牧开始前和放牧结束后各进行1次。在护蹄方面，我国长江以北地区，可在5～10月份，用5％硫酸铜或5％福尔马林溶液喷洒与浴蹄，其他月份，可采用生石灰浴蹄。我国南方地区，可常年应用上述药液浴蹄。

治疗方法：将病羊隔离，对环境进行消毒。a.局部治疗，首先用清水或2％来苏尔液洗净蹄部的污物，去除坏死组织，用3％双氧水溶液或1％高锰酸钾消毒液清洗，然后撒布碘仿磺胺粉（1∶5）或硼酸高锰酸钾粉（1∶1）等。外用，将浸有松馏油或3％福尔马林酒精溶液的纱布、棉花压紧患部，绷带包扎，并进行防水。5～7天处理1次。b.全身治疗，全身症状的可全身应用抗生素或磺胺类治疗。

11. 瘤胃酸中毒

瘤胃酸中毒是指反刍动物采食大量易发酵碳水化合物饲料后，瘤胃乳酸产生过多而引起瘤胃微生物区系失调和功能紊乱的一种急性代谢性疾病。临床上有称为乳酸性消化不良、中毒性消化不良、反刍动物过食谷物、谷物性积食、中毒性积食等。该病发病急骤，病程短，死亡率高，高达85％。多发生在产后几天内，产量越高发病率越高。常见病因是饲喂大量谷物；肉羊饲喂方式由饲喂高粗饲料突然改变为饲喂高精料；偷吃了大量的谷物、豆类及配合饲料；采食过多的苹果、青玉米、甘薯、马铃薯、甜菜及发酵不全的酸湿谷物。

临诊症状：①最急性型，一般没明显的前驱症状，常于采食后3～5h内死亡。②轻微中毒病例，表现神情恐惧，食欲减退，反刍减少，瘤胃蠕动减弱，瘤胃胀满；呈轻度腹痛，粪便松软或腹泻。若病情稳定，无需治疗，3～4天后能自动恢复进食。③中度中毒病例，表现精神沉郁，鼻镜干燥，食欲废绝，反刍停止，空口虚嚼，流涎，磨牙，粪便稀软或呈水样，有酸臭味。体温正常或偏低。瘤胃蠕动音减弱或消失，听-叩诊结合检查有明显的钢管叩击音。皮肤干燥，弹性降低，眼窝凹陷，尿量减少或无尿；血液暗红、黏稠。④重剧中毒病例，病羊表现蹒跚而行，碰撞物体，眼反射减弱或消失，瞳孔对光反射迟钝；卧地，头回视腹部，对任何刺激的反应都明显下降；有的病羊兴奋不安，向前狂奔或转圈运动，视觉障碍，以角抵墙，无法控制。随病情发展，后肢麻痹、瘫痪、卧地不起；最后角弓反张，昏迷而死。

预防措施：①严格控制精料喂量，做到日粮供应合理，构成相对稳定，精粗饲料比例平衡；②加喂精料时要逐渐增加，严禁突然增加精料喂量；③饲料中添加缓冲剂或加一些抑制乳酸生成菌作用的抗生素（如莫能菌素）；④防止羊闯入饲料房、仓库、晒谷场，暴食谷物、豆类及配合饲料。

治疗方法：原则为清除瘤胃有毒内容物，纠正脱水和酸中毒，恢复胃肠功能。

① 清除瘤胃有毒内容物 a.采用洗胃或缓泻法或手术疗法。洗胃用1%食盐水、1%碳酸氢钠溶液、自来水或 1：(5～10)石灰水反复洗胃，直到内容物呈碱性。缓泻多用油类泻剂如石蜡油或植物油100～200mL 等。硫酸新斯的明注射液 2～5mg 一次皮下注射，2h 重复一次，同时肌注氯丙嗪注射液（每千克体重 0.5～1mg）。b.手术疗法，开瘤胃直接取出瘤胃内容物，同时放入健康羊瘤胃内容物。

② 纠正脱水和酸中毒 纠正酸中毒可用 5%碳酸氢钠液 200～500mL，1 次静脉注射。纠正脱水可用生理盐水、复方氯化钠液、5%葡萄糖氯化钠液等，每天 800～1500mL，分 2～3 次静脉注射。酸中毒基本解除时，内服酵母粉 30～60g，葡萄糖粉 15g，酒精 10～20mL，加温水 200～400mL 内服。病例轻的，也可灌服胃酸分泌抑制药和缓冲剂如氢氧化镁或碳酸盐缓冲合剂（干燥碳酸钠 50g、碳酸氢钠 420g、氯化钾 40g）50～150g，水 1～2L，一次灌服。

③ 恢复胃肠功能 灌服大黄苏打片 5～10g、人工盐 30g，或给予整肠健胃药或拟胆碱制剂，同时配合抗菌、消炎、强心、降脑压、镇静、补钙、抗休克、利尿等对症治疗。

12. 硝酸盐和亚硝酸盐中毒

硝酸盐和亚硝酸盐中毒是动物摄入过量含有硝酸盐或亚硝酸盐的植物或饮水，引起的以皮肤、黏膜发绀和呼吸困难为特征的一种中毒病。本病发生于各种家畜，以猪多见，依次为牛、羊、马、鸡。

发病原因：白菜、油菜、菠菜、芥菜、韭菜、甜菜、萝卜、玉米秸秆、苜蓿等青绿植物，是喂羊的好饲料，但又都含有数量不等的硝酸盐。这些含有硝酸盐的饲料，在饲喂前贮存、调制不当或采食后在瘤胃内可被还原成剧毒的亚硝酸盐，从而引起中毒。这些物质中的硝酸盐在瘤胃微生物的作用下还原成亚硝酸盐，机体吸收后，血液中的正常血红蛋白迅速被氧化，丧失携带氧气的能力，造成组织缺氧。

临诊症状：羊采食后 1～5h 内突然发病。病初，心跳明显增快，黏膜迅速变为灰色或蓝色，大量流涎，疝痛腹泻，体温正常或偏低，末梢厥冷，经过短时间挣扎后僵卧，死前呼吸急促，严重气喘和强烈呼气，肌肉震颤，步态不稳乃至倒地痉挛，表现明显。严重的几分钟到 1h 内死亡。轻的可以耐过而自然恢复。

预防措施：喂羊的青绿饲草，收割后应摊开敞放，不要露天堆积、日晒雨淋，如已发热不应再喂。接近收割期曾用硝酸盐化肥和除莠剂的植物和污染的水不要给羊饮食，以免发生中毒。对已经中毒的病羊，应迅速抢救。

治疗方法：特效解毒剂是美蓝（亚甲蓝），剂量为每千克体重 8～10mg，加生理盐水或葡萄糖溶液，制成 1% 溶液，静脉注射。或甲苯胺蓝治疗变性血红蛋白效果比美蓝好，剂量按每千克体重 5mg 制成 5% 溶液静脉注射，也可用于肌内或腹腔注射。同时应给予大剂量维生素 C（0.5～1g）和静脉滴注高渗葡萄糖以增强疗效。此外，还可以采用放血等疗法。

13. 高粱苗和玉米幼苗中毒

高粱幼苗和玉米幼苗，特别是收割后或遭受灾害后的再生幼苗，富含氢苷。羊采食此类幼苗后，氢苷在酶、细菌和胃酸的作用下转变为有毒的氢氰酸，即发生氢氰酸中毒。氢氰酸中毒是指动物采食富含氢苷的饲料引起的以呼吸困难、黏膜鲜红、肌肉震颤、全身惊厥等组织性缺氧为特征的一种中毒病。本病多发于牛、羊，单胃动物较少发病。

临诊症状：羊通常在采食含氢苷的饲料过程中或采食后 15～20min，表现腹痛不安，呼吸加快，肌肉震颤，全身痉挛，可视黏膜鲜红，流出白色泡沫状唾液；先兴奋，很快转为抑制，呼出气有苦杏仁味，随后全身极度衰弱无力，行走不稳，突然倒地，体温下降，肌肉痉挛，瞳孔散大，反射减少或消失，心动徐缓，呼吸浅表，很快昏

迷而死亡。闪电型病程，一般不超过 2h，最快者 3～5min 死亡。

预防措施：尽量不给羊吃高粱和玉米的幼苗（特别是再生苗），如需饲喂，可适量配合干草同喂。不要在含有氰苷植物的地区放牧。

治疗方法：本病的特效解毒剂是亚硝酸钠和硫代硫酸钠，必须两药联用。发病后立即用 0.1～0.2g 亚硝酸钠，配成 5％ 的溶液，静脉注射；随后再注射 5％～10％ 硫代硫酸钠溶液 20～60mL。或亚硝酸钠 1g，硫代硫酸钠 2.5g，蒸馏水 50mL，混合，羊一次静脉注射。为防止胃肠内氢氰酸的吸收，可内服或向瘤胃内注入硫代硫酸钠，也可用 3％ 过氧化氢洗胃。同时根据病情进行对症治疗。

14. 菜籽饼粕中毒

菜籽饼粕中毒是指动物长期或大量摄入含有硫葡萄糖苷的分解产物的油菜籽粕引起的以急性胃肠炎、肺气肿、肺水肿、肾炎和甲状腺肿大为特征的中毒病。羊发病后，精神不振，食欲减退，前胃弛缓，腹痛、腹泻或便秘。有的病羊狂躁不安，视力模糊。有的排出血红蛋白尿，有的发生肺气肿，易引起肺水肿，呼吸困难，两侧鼻孔流出泡沫状鼻液。慢性中毒的羊，均可发生甲状腺肿大，体重下降，幼龄羊表现生长缓慢。

预防本病的关键是合理使用菜籽饼粕的量，并且将菜籽饼粕做必要的去毒处理。要搭配青饲料，补充维生素 A 和碘，否则会促使羊食用菜籽饼粕中毒的发生。对新购的菜籽饼粕或含有菜籽的配合料，喂后应看是否有不良反应，以便及早发现，及时治疗。菜籽饼粕不能长期连续饲喂，一般喂 60d 后暂停 20d，使沉积在体内的毒素排尽后再喂，以免蓄积中毒。孕羊、幼羊及弱病羊，对毒物的敏感性高，以不喂菜籽饼粕为妥。发霉变质的菜籽饼粕毒性更烈，不可作饲料。

本病无特效疗法，发病后首先停喂菜籽饼粕，改变饲料配方，以碘盐替代食盐。先用 2％ 鞣酸溶液 300mL 灌服，再用淀粉 40g 煮成糊状灌服；或用干草 100g 水煎后加醋 100mL 灌服。为了防止虚脱，可静脉注射 0.1％ 樟脑水 20～200mL；静脉注射 25％ 葡萄糖溶液 200mL，同时配合注入维生素 C 0.5～1g。

15. 尿素中毒

尿素中毒是指家畜采食过量尿素引起的以肌肉强直、呼吸困难、循环障碍、新鲜胃内容物有氨气味为特征的一种中毒病。主要发生在反刍动物，多为急性中毒，死亡率很高。

发病原因：①尿素饲料使用不当。如将尿素溶解成水溶液喂给时，易发生中毒；饲喂尿素的动物，若不经过逐渐增加用量，初次就按定量喂给，也易发生中毒；不严格控制定量饲喂，或对添加的尿素未均匀搅拌等，都能造成中毒。②将尿素堆放在饲料的近旁，导致发生误用（如误认为食盐）或被动物偷吃。③个别情况下，有动物因偷喝大量人尿而发生急性中毒的病例。

临诊症状：一般在食入尿素后 20～30min 即可发病，开始表现不安，呻吟，反刍停止，瘤胃臌气，肌肉震颤和步态不稳等，继则痉挛反复发作，眼球震颤，呈角弓反张姿势，呼吸困难，口、鼻流出泡沫状液体，心搏动亢进。后期出汗，瞳孔散大，肛门松弛。急性中毒病例，1～2h 以内即因窒息而亡。如延长一天，可发生后躯不完全麻痹。

预防措施：①初次饲喂尿素添加量要小。大约为正常喂量的 1/10，以后逐渐增加到正常的全饲喂量，持续时间为 10～15d，并要供给玉米、大麦等富含糖和淀粉的谷类饲料。一般添加尿素量为日粮的 1% 左右，最多不应超过日粮干物质总量的 1% 或精料干物质的 2%～3%。成年羊每天以 20～30g 为宜。②使用尿素饲料要得当。不能将尿素溶于水后饲喂；也不能给反刍动物饲喂尿素后立即大量饮水；将添加的尿素要均匀地搅拌在粗精饲料成分中饲喂。③必须严格饲料保管制度。不能将尿素饲料同饲料混杂堆放，以免误用；在畜舍内应避免放置尿素饲料，以免被偷吃。

治疗方法：给羊立即灌服冷水或冷水稀释的食用醋（50～100mL）或稀醋酸（5～10mL）。及时静脉注射 10% 葡萄糖酸钙 30～100mL，或硫代硫酸钠 5～10mL，以及 5% 碳酸氢钠溶液 100～200mL，同时使用强心利尿药物如咖啡因、安钠咖等。

16. 孕羊酮尿症

孕羊酮尿症又称羊妊娠毒血症，是妊娠末期母羊由于碳水化合物和脂肪酸代谢障碍而发生的一种亚急性代谢病，临诊上以低血糖、酮血症、酮尿症、虚弱和失明为主要特征。临诊主要表现为精神沉郁，

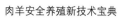

食欲减退或废绝，运动失调，呆滞凝视，卧地不起，甚而昏睡等。主要发生于绵羊，山羊也可发生。死亡率可达 70％以上。绵羊多发生在冬末春初；乳山羊一年四季均可发生，没有严格的季节性。该病主要发生于饲养条件不良，精料缺乏，粗饲料不足，缺乏运动，怀羔多或胎儿过大的怀孕后期的羊。该病主要发生在妊娠最后一个月内，分娩前 10d 左右发生率较高。

临诊症状：病初表现精神沉郁，对周围事物漠不关心，瞳孔散大，视力减弱；随着病情发展，食欲废绝，反刍停止，精神极度沉郁；行走时步态不稳，运动失调或转圈运动；粪粒小而硬，常包有黏液，甚至带血；黏膜黄染，呼出气有丙酮味；病的后期视力降低甚至失明，肌肉震颤或痉挛，头向后仰或弯向一侧多在 3d 内死亡；死前昏迷，全身痉挛，四肢做不随意运动。乳山羊酮尿症的症状表现基本与绵羊相同。病程一般持续 3～7d。

预防措施：主要是合理搭配饲料，保证供给孕羊必需的碳水化合物、蛋白质、矿物质和维生素。在冬季牧草不足的季节，对放牧的母羊应补饲适量的青干草及精料等措施。加强怀孕后期羊的运动，必要时补饲胡萝卜、小米汤等。

治疗方法：①保肝解毒供给糖原。每天 1～2 次静脉注射 10％葡萄糖液 150～300mL，加入维生素 C 0.5～1g 效果更好，连用 3～5d。②调整胃肠功能、促进脂肪代谢。可用复合维生素 B 6mL、维生素 B_1 4mL，肌内注射；或 12.5％肌醇注射液 10mL，肌内或静脉注射。每天 1 次，连用 3 天。③防止和纠正酸中毒。可静脉注射 5％碳酸氢钠溶液 50～200mL，每天早晚各 1 次；或口服碳酸氢钠片 20～30 片，每天 2～3 次，效果明显。④缓解神经症状。可静脉输入 10％葡萄糖酸钙 50～150mL 或 5％氯化钙 20～100mL，每天 1 次，连用 3 天。保肝可用氯化胆碱、蛋氨酸、肝泰乐等。

17. 尿结石

尿结石是尿路中盐类结晶析出所形成的大小不均、数量不等的矿物质凝结物。尿结石嵌入泌尿道，引起出血和炎症，以及造成尿路阻塞，引起排尿机能障碍的疾病，称为尿石症。尿石症是肉羊育肥场雄性羊的高发病之一，尤其是羔羊。该病以尿道结石多见，而肾结石、输尿管结石、膀胱结石较少见。

发病原因：①性别差异，公母羊的尿道在解剖上有很大差别。例如公羊及阉羊的尿道是位于阴茎中间的一条很细长的管子，长度大于母羊的几倍乃至十倍，而且有"S"状弯曲及尿道突，结石很容易停留在细长的尿道中，尤其是更容易被阻挡在"S"状弯曲部或尿道突内。母羊的尿道很短，膀胱中的结石很容易通过尿道排出体外，故结石均为公羊。②维生素 A 缺乏时，特别是长期饲喂未经加工处理的棉籽饼粕，易导致结石形成。③长期饲喂高蛋白、高能量、高磷的精饲料，特别是谷类、玉米、大麦、高粱等精料，易引起尿结石的发生。④长期饮硬水（即钙、镁离子含量高的水），容易析出盐类结晶。饮水量与结石有关，饮水量少，尿液浓稠，尿中难溶性或不溶性的盐类物质增高，易与尿中异物结合形成结石。⑤肾和尿路感染，使尿中有炎性产物积聚，成为结石的核心。

临诊症状：特征是排尿疼痛。病羊表现为摇尾不安，后肢踢腹，拱背站立，头抵墙壁，阴茎反复勃起，呈频频排尿姿势，尿呈淋漓滴下或完全无尿。在剧烈运动后，多出现血尿，病羊步样紧张。尿道外部触诊表现疼痛。如龟头部阻塞，可摸到硬结物。尿闭时间长时，可导致膀胱破裂或尿毒症而死。

预防措施：①对于舍饲的种公羊，可从饲养管理上进行预防，例如增强运动，供给足量的清洁饮水等。在饲料方面，应供给优质的干苜蓿，因其含有大量维生素 A，同时能够供应钙质，以调整麸皮和颗粒饲料中含磷过多的缺点。如果没有苜蓿干草，应给精料中加入 1%～2% 的骨粉或碳酸钙。②以谷物精料为主要日粮的育肥羊场，应在育肥开始时在饲料中添加 1% 的防尿结石专用添加剂至出栏。③在配制育肥羊日粮时，应注意钙与磷的比例不能低于 1.5：1；应控制麸皮、高粱等高磷饲料的用量，适当添加苜蓿粉或 1% 的氯化铵，并给予充足清洁的饮水。④尿路存在炎症时要及时地积极治疗。

治疗方法：①能排尿的可立即改变饲养管理。主要是减去食盐及麸皮，单纯给予青草。给饲料中加入黄玉米或苜蓿。同时给病羊大量饮水或投予利尿剂，使细小尿石随尿排出。或采用按摩法治疗，使较大与疏松者粉碎，随尿冲出，其方法：以大拇指和食指捏住阴茎，自上而下顺次按摩 30～40 次，1 天 3 次；或用温热毛巾在结石部位轻轻按摩，每次 5～10min，1 天 3 次，促使阴茎松弛，结石疏松，利于排石。②中药疗法。可用桃仁、归尾、香附子、滑石、扁蓄各 12g，红花、鸡内金各 6g，赤芍、广香各 9g，金沙 15g，金钱草 30g，木通 18g，将以上各药碾细，共分 3 次，开水冲灌。每次用药时加水 500mL 左右，以增加排尿。③当尿石症严重时可使用 2.5% 的氯丙嗪液 2～4mL，肌内注射；然后用消毒的、涂擦润滑剂的导尿管，缓慢插入尿道或膀胱，注入消毒液，反复冲洗。④对于不能排尿的，应立即请兽医实施手术切开，将尿结石取出。

18. 羊异食癖

异食癖是指由于营养、环境和疾病等多种因素引起的以舔食、啃咬通常认为无营养价值而不应该采食的异物为特征的一种复杂的多种疾病的综合征。羊异食癖主要是食毛癖，绵羊多发，主要发生在早春饲草青黄不接的时候，且多见于羔羊。

发病原因：①营养。常见原因是矿物质及微量元素的缺乏，如硫、钠、铜、钴、锰、钙、铁、磷、镁等矿物质不足，特别是钠盐的不足；还与硫及某些蛋白质、氨基酸的缺乏有关；某些维生素的缺乏，特别是 B 族维生素的缺乏有关。可见于长期饲喂块根类饲料的羊群。②环境。圈养的饲舍十分拥挤，饲养密度太大，积粪太多，环境卫生很差，异味严重，羊体脱落羊毛很多，以致羊群互相舔食现象严重。另外光照不足或过强，户外运动少也会造成本病多发。③疾病。主要以体内外寄生虫病所引起，如螨病等。

临诊症状：初期，羔羊啃食母羊被毛，尤其喜食腹部、股部和尾部被污染的毛，羔羊之间也可能互相啃咬被毛，有异食癖，喜食污粪或舔土及田间破碎塑料薄膜碎片等物。当形成毛球或异物团块，其横径大于幽门或嵌入肠道，可使真胃和肠道阻塞，此时羔羊呈现喜卧、磨牙、消化不良、便秘、腹痛及胃肠臌气，严重者表现消瘦贫血。触诊腹壁，真胃、肠道或瘤胃内可触到大小不等的硬块，羔羊表现疼痛不安。重症治疗不及时可导致心脏衰竭而死亡。解剖时可见胃内和幽门处有羊毛球，坚硬如石，形成堵塞。成年羊食毛，常可使整群羊被毛脱落，全身或局部缺失被毛。

预防措施：改善饲养管理，供给营养全面的饲料，并经常进行运动。对于羔羊，应供给富含蛋白质、维生素和矿物质的饲料，如青绿饲料、胡萝卜、甜菜和麸皮等，每天供给足量的食盐。同时可用食盐40份、碳酸钙35份，或氯化钴1份、食盐1份，混合，掺在少量麸皮内，置于饲槽，任羔羊自由舔食，也可在羊圈内经常撒一些青干草，任其自由采食。注意分娩母羊和舍内的清洁卫生，在分娩母羊产出羔羊后，要先将乳房周围、乳头长毛和腿部污毛剪掉，然后用2%～5%的来苏尔消毒后再让新生羔羊吮乳。定期对羊体内外寄生虫病进行驱虫，以保证羊体的健康。

治疗方法：可服用植物油类、液体石蜡或人工盐、碳酸氢钠等，如伴有拉稀可进行强心补液。对价值高的羊，可请兽医作手术，取出毛球。若肠道已经发生坏死，或羔羊过于羸弱，不易治愈。

19. 流产

流产是胎儿、胎膜、胎盘或母体的生理过程发生扰乱，或它们之间的正常关系受到破坏而发生的怀孕中断。可发生在怀孕的各个阶段，以怀孕早期较为多见。根据流产的症状不同，可分为隐性流产、小产、早产及延期流产。

隐性流产也称为早期胚胎丢失。发生在怀孕的早期。临诊上看不到任何表现，只是母羊屡配不孕或产羔数减少。

小产是排出死亡而未经变化的胎儿，可发生在怀孕的任何一个阶段，临诊上最为常见。临诊上可见母羊有明显的努啧现象和死胎儿及胎膜胎水排出，但早期胎儿很小时的流产则不易被发现。

早产是排出不足月的活胎儿，发生在怀孕的后期。这类流产的临诊表现与正常分娩相似，产出的胎儿是活的，但未足月，生活力低下。临诊上常可见到母羊乳腺突然膨大，阴唇稍肿胀，乳头常可挤出清亮的液体，阴门内有黏液排出。

延期流产是胎儿死后长期滞留于子宫内。分为胎儿干尸化和胎儿浸溶两种。

① 胎儿干尸化。是胎儿死亡后未及时排出，在子宫内停留数天甚至几个月，卵巢上的黄体仍然存在并分泌大量的孕酮，子宫不收缩，子宫颈不开张，子宫内的环境依然是无菌的，胎儿组织中的水分

及胎水被母体吸收，胎儿体积缩小蜷缩，变为棕黑（褐）色好像干尸一样。患羊表现正常的怀孕现象在某一时间后不再发展，腹围甚至比以前缩小，怀孕期满数日或数周仍不分娩，腹部触诊已无胎水和胎动。

②胎儿浸溶。是怀孕中断后，子宫颈开张，但开张程度不够大，病原菌或腐败菌侵入子宫内，死亡胎儿的软组织被分解，变为液体流出，而骨骼留在子宫内。患该病时，常因细菌感染而引起子宫炎，甚至出现败血症。患羊精神沉郁，体温升高，食欲减退，常有腹泻，经常努喷，排出红褐色或棕褐色恶臭的黏稠液体，其中含有小的骨片，最后则只排出脓液，液体沾染在阴门周围、尾巴和后肢上，干后成为黑痂。

流产病因：造成流产的原因很多，一般分为传染性的和非传染性的两大类。

①传染性流产的原因　是由传染病（布鲁氏杆菌病、弯杆菌病、支原体病、衣原体病等）和寄生虫病（弓形体病、新孢子虫感染等）引起的。

②非传染性流产的原因　可见于子宫畸形、胎盘胎膜炎、羊水增多症等；严重的内科病、外科病、产科病、中毒病等也能引起流产的发生；饲养管理不当，如长期饲料不足而过度瘦弱，饲料单纯而缺乏某些维生素和无机盐，饲料腐败或霉败，大量饮用冷水或带有冰碴的水等；机械性损伤，如长途运输过于拥挤，剧烈的跳跃、跌倒、抵撞、蹴踢和挤压等；药物使用不当，如使用大量的泻剂、利尿剂、麻醉剂和其他可引起子宫收缩的药品等都可能引起流产。

预防措施：对传染性流产应积极预防原发性疾病的发生，对非传染性流产应加强饲养管理，发现普通病应及时妥当地治疗。药物预防，一般可在发生流产前的1个月开始肌内注射黄体酮10～30mg。

治疗方法：首先应确定是何种流产，怀孕能否继续进行，再确定治疗措施。

①对先兆性流产（胎动不安，腹痛起卧，呼吸、脉搏增数等）的治疗。以安胎、抑制子宫收缩为原则，可取黄体酮10～30mg肌内注射，每天1次，连用数次。也可用0.1%硫酸阿托品1mL皮下注射，或使用溴制剂、安定等进行镇静辅助治疗。禁止阴道检查，适当

加强运动，减轻和抑制努喷。流产无可挽回时，应尽快促使子宫内容物排出，以免胎儿死亡后腐败分解引起子宫炎，影响以后受孕。可选用前列腺素和雌激素肌内注射，促进子宫颈开放，刺激子宫收缩，以尽快排出死亡的胎儿及胎膜。

② 对小产及早产母羊的治疗。宜灌服落胎调养方：当归、川芎、赤芍各 5g，熟地、桃仁各 2g，生芪、丹参各 3g，红花 1.5g，共研末用开水冲服，每天 1 次，灌服两次。

③ 对胎儿干尸化的治疗。可先注射雌激素 10mg，连用 3 天，第三天注射氯前列烯醇 0.1mg、催产素 20IU，视羊的反应情况，在产道及子宫内灌入灭菌后的香油或石蜡油等润滑剂后进行助产。

④ 对胎儿浸溶的治疗。可分别注射雌激素和催产素，促进子宫颈开张和子宫收缩，子宫内灌注润滑剂后，可助产或使羊自行将残留的胎儿骨骼排出，之后用 10％盐水或 0.1％高锰酸钾冲洗子宫，并在子宫内涂布抗生素。还要重视全身性对症治疗。

20. 阴道脱

阴道脱是指阴道壁的一部分或全部脱出于阴门之外。有阴道上壁脱出和下壁脱出，以下壁脱出为多见。卧下时脱出，起立后缩回的叫部分脱出；凡站立后不能缩回的叫完全脱出。本病多发生在怀孕后期，病羊卧下时，可见阴门处夹有核桃或鸡蛋大小的粉红色囊状物，站立时缓慢缩回。但当反复脱出后，则难以自行缩回。脱出的阴道壁逐渐增大，可见突出于阴门之外的粉红色的拳头大小的有皱襞的囊状物，其末端有子宫颈外口，尿道外口常被挤压在脱出阴道部分的底部，虽能排尿但不流畅。脱出的阴道壁，初呈粉红色，而后瘀血水肿，渐成紫红色肉冻状。甚至因摩擦损伤黏膜，形成溃疡、出血或结痂。病羊卧地后，常被地面的污物、垫草、粪尿等黏附在脱出的阴道局部，导致细菌感染而化脓、坏死。严重者全身症状明显，体温升高达 40℃以上。

发病病因：饲养管理欠佳，年老体弱，致使固定阴道的周围组织和韧带弛缓；怀孕羊到后期腹压增大；分娩和胎衣不下而努喷过强时；助产时强行拉出胎儿，均可能发生阴道脱出。

治疗方法：发现该病应立即进行治疗。首先整复脱出的阴道，方法是：先用温热的 0.1% 高锰酸钾溶液或 0.1% 新洁尔灭溶液将脱出的阴道及外阴部彻底清洗干净，阴道黏膜上涂以碘甘油或红霉素软膏，由助手将羊的两后肢提起，术者用消毒纱布捧住脱出的阴道，自脱出基部向骨盆腔内压送，全部送入后，术者将拳头深入阴道内将阴道壁向四周撑几次，然后用荷包缝合法把阴门固定。阴门四周可用粗线做减张缝合，3d 左右，羊不再努喷时，拆除缝线。体温升高者可肌注抗生素等进行对症治疗。

21. 难产

难产是指母体在分娩过程中胎儿排出受阻，不能将胎儿由产道顺利产出。

发病病因：母羊发育不全，提早配种，骨盆和产道狭窄，加之胎儿过大，不能顺利产出；营养失调，运动不足，体质虚弱，老龄或患有全身性疾病的母羊引起子宫及腹壁收缩微弱及努喷无力，胎儿难以产出；胎位不正，羊水胞破裂过早，使胎儿不能产出，成为难产。

常见的难产及助产的方法：①首先进行临产检查，判定难产的原因，以便采取助产的方法。②阵缩和努喷微弱。是子宫收缩无力，腹壁肌和膈肌收缩微弱。已进入分娩过程的母羊表现无努喷或努喷时间短而无力，迟迟不能将胎儿排出，可肌内或静脉注射催产素 10～20IU，观察母羊分娩进程，待其自然娩出，但这种方法并不十分可靠。根据笔者经验，可将外阴部和助产者的手臂消毒后，伸入产道，抓住胎儿的两前肢，护住胎儿的头部，缓慢均匀地用力把胎儿拉出。③胎向、胎位、胎势异常。胎儿横向、竖向，胎儿下位、侧位，头颈下弯、侧弯、仰弯，前肢腕关节屈曲，后肢跗关节屈曲等情况下，术者手臂消毒后伸入产道，将异常的胎位、胎向、胎势进行矫正，抓好胎儿的前肢或后肢把胎儿牵引拉出。④阴门狭窄或胎头过大。这种情况往往是胎头的颅顶部卡在阴门口，母羊虽经使劲努喷，但仍然产不出胎儿。遇此情况可在阴门两侧上方，将阴唇剪开 1～2cm，术者两手在阴门上角处向上翻起阴门，同时压迫尾根基部，以使胎头产出而解除难产。⑤双羔同时楔入产道。术者手臂消毒后伸入产道将一个胎儿推回子宫内，把另一个胎儿拉出后，再拉出推回的胎儿。如果双羔各将一肢体伸入产道，形成交叉的情况，则应先辨明关系，可通过触诊腕关节和跗关节的方法区分开前后肢，再顺手触摸肢体与躯干的连接，分清肢体的所属，最后拉出胎儿解除难产。⑥子宫颈狭窄、扩张不能、骨盆狭窄。遇此情况可果断请兽医施行剖腹产手术，以挽救母子的生命。

22. 新生羔羊便秘

新生羔羊吃不上初乳，或食入量少而又品质不佳的初乳，都会导致便秘。其表现是：新生羔羊排粪时鸣叫，有的继发肠臌气。后期精神沉郁，不吃，卧地不起，肠音消失，呼吸、脉搏加快。用手指伸入直肠检查，可掏出黑色浓稠或干硬的粪便。

急救措施：首先用温肥皂水灌肠，或用手指掏出肛门近处粪便。深部的粪便，可将细橡皮管或成人用的导尿管插入直肠 5～10cm，用温肥皂水灌肠。药物灌注可用开塞露 5～10mL 或用石蜡油 40～60mL 灌肠。

预防本病首先是加强母羊怀孕后期的饲养管理，增加初乳的分泌量；羔羊出生后应尽早吃上足够的初乳；同时加强羔羊的护理，发现病羔及时治疗。

23. 胎衣不下

胎儿出生以后，母羊排出胎衣的正常时间在绵羊为 3.5(2～6)h、山羊为 2.5(1～5)h。临诊上如果在分娩后超过 14h 胎衣仍不排出，即称为胎衣不下。此病在山羊和绵羊都可发生。胎衣不下分为部分不下及全部不下两种。胎衣部分不下，即胎衣大部分已经排出，只有一部分或个别胎儿胎盘残留在子宫内，从外部不易发现。诊断的主要根据是恶露排出的时间延长，有臭味，其中含有腐烂胎衣碎片。胎衣全部不下，即整个胎衣未排出来，胎儿胎盘的大部分仍与母体胎盘连接，仅见一部分已分离的胎衣悬吊于阴门之外。

发病病因：引起胎衣不下的原因很多，主要与胎盘结构、产后子宫收缩无力或弛缓及怀孕期间胎盘发生炎症有关。牛、羊胎盘属于上皮绒毛膜与结缔组织绒毛膜混合型，胎儿胎盘与母体胎盘联系比较紧密，是胎衣不下发生较多的主要原因。产后子宫收缩无力或弛缓，是由于怀孕期间，饲料单纯、缺乏矿物质及微量元素和维生素，特别是缺乏钙盐与维生素 A，孕畜消瘦、过肥、运动不足等，都可使子宫弛

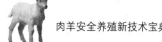

缓；怀多胎、胎水过多及胎儿过大，使子宫过度扩张，可继发产后子宫阵缩微弱而发生胎衣不下；流产、早产、难产等异常分娩后，造成产出时雌激素不足，或者子宫肌疲劳收缩无力而继发本病。另外，怀孕期间子宫受到某些细菌或病毒的感染，发生子宫内膜炎及胎盘炎，使胎儿胎盘和母体胎盘发生粘连，流产后或产后易发生胎衣不下。高温季节、产后子宫颈收缩过早，也可引起胎衣不下。还可能与遗传有关。

预防措施：主要是加强孕羊的饲养管理，饲喂富含多种矿物质和维生素的饲料；每天必须保证适当的运动；分娩后让母羊舐食新生羔羊身上的羊水，并尽早让羔羊吮乳；分娩后，特别是在难产后应立即注射催产素或钙制剂，避免使分娩羊饮用冷水。

治疗方法：产后经过14h，如胎衣仍不排出，即应根据情况选用下列方法进行治疗。①促进子宫收缩。可用催产素，剂量5～20IU，一次肌内或皮下注射，2h后可重复注射一次。催产素需早用，最好在产后12h以内注射，超过24～48h，效果不佳。还可应用麦角新碱，0.2～0.4mg，皮下注射。②子宫内投药。向子宫腔内投放四环素、土霉素、磺胺类或其他抗生素，起到防止胎衣腐败及子宫感染。在子宫黏膜与胎衣之间放置粉剂土霉素或四环素0.25～0.5g，把药物装入胶囊或用水溶性薄膜纸包好置放于两个子宫角中，隔天一次，视情况可用1～3次，效果良好。③肌内注射抗生素。也可应用其他抗生素（如四环素、青霉素、链霉素等）或磺胺类药物。④促进胎儿胎盘与母体胎盘分离。在子宫内注入2%～3%盐水500～1000mL，或注入1%～3%的硫酸钠500～800mL，但注入后须注意使液体尽可能完全排出。⑤中药疗法。当归9g、白术6g、益母草9g、桃仁3g、红花6g、川芎3g、陈皮3g，共研细末，开水调后候温灌服，每天1剂，根据情况用1～3剂。当体温高时，宜用抗生素注射。

如产后几天，药物治疗无效，应立即请兽医进行手术剥离。

24. 羊子宫脱出

子宫脱出即指子宫翻出于阴门之外。可发生于各个品种的羊，往往发生在产后。

发病病因：母羊衰老，多次经产，营养不良，运动不足，胎儿过多过大，胎水过多等致使产后子宫弛缓，分娩时如果阴道受到强烈刺激，产后则努责强烈，腹压增高，以致发生子宫脱出。助产时拉出胎儿过快过猛，使子宫内压突然变为负压，而腹压相对增高，则子宫可随胎儿翻出阴门之外。

临诊症状：病羊拱背不安，排尿困难，内翻的子宫自阴门脱出，表面上有许多暗红色的子叶（母体胎盘），绵羊的为算盘珠（盂）状，山羊的为圆盘状，极易出血。脱出的子宫体积大小视脱出的程度而定，一般呈圆桶状，下部较粗。表面有时附有未脱离的胎衣。脱出时间稍久，子宫黏膜即瘀血、水肿，呈黑红色肉冻状，并发生干裂，有血水渗出，寒冷季节常因冻伤而发生坏死。也常因卧地摩擦子宫黏膜发生损伤或沾有粪尿、泥土、杂草等污物。如不及时治疗，子宫可发生出血、坏死，甚至感染而引起败血症。

治疗方法：子宫脱出时必须及早实施手术整复。脱出时间愈长，整复愈困难。整复方法具体如下。①保定。由助手两人将羊的后肢倒提起来进行保定。②清洗。用温热的消毒液将外阴部、尾根及脱出的子宫彻底清洗干净，除去其上沾附的污物及坏死组织。若水肿严重，应在冲洗的同时揉掐压迫子宫，使水肿液得以排除。大的伤口进行缝合。表面涂以碘甘油。③整复。用纱布将脱出的子宫兜起，从靠近阴门的部位开始，将子宫向阴道内一部分一部分地推送，直至脱出的子宫全部送入阴道内。推送子宫时，术者和助手要默契配合，否则，整复非常困难。子宫全部送回后，术者手臂伸入子宫内上下左右摆动数次，以使子宫恢复原来的位置。④固定。整复后，为防止再次脱出，将阴门作袋口缝合，周围作减张缝合数针。肌内注射催产素，促进子宫收缩。⑤对症治疗。根据病例情况采取补液强心、消炎解毒等措施，以提高治愈率。

25. 生产瘫痪

生产瘫痪是分娩前后突然发生的一种严重的代谢性疾病。其特征是因缺钙而发生意识紊乱，四肢瘫痪。多发生于产羔多、营养良好的母羊。羊的生产瘫痪多发生在产羔后 $1\sim3d$ 内，多数为不典型的。表现为四肢瘫痪，头颈姿势不自然，精神极度沉郁，有时昏睡不起，鼻腔内常有黏性分泌物积聚，体温一般正常或稍低。

发病病因：分娩前后血钙浓度突然降低是发生本病的主要原因。产前血钙大量进入初乳；胎儿迅速发育消耗钙质过多；大脑由分娩时的高度兴奋转为抑制过程，致使甲状旁腺机能降低，分泌甲状旁腺素减少，从而动用骨骼中钙的能力降低；从肠道中吸收钙的量减少等，致使机体血钙平衡失调，出现低血钙而发病。

治疗方法：取 10% 葡萄糖酸钙 100mL、10% 葡萄糖液 300mL，静脉注入。同时可肌内注射复合维生素 B、维生素 B_{12}、维丁胶性钙等，必要时静脉输入一定量的氯化钾液。另外可给以轻泻剂，促进积粪排出，改善消化机能。

26. 羊子宫炎

羊子宫炎是母羊分娩后或流产后的子宫黏膜的炎症，是常见的一种母羊生殖器官疾病，也是导致母羊不孕的重要原因之一。就其炎症性质可分为卡他性、出血性和化脓性子宫炎。依其发病经过可分为急性和慢性，慢性较多见。

发病病因：主要由于分娩、助产、子宫脱出、胎衣不下、阴道炎、腹膜炎、胎儿死于腹中或由于配种、人工授精及接产过程消毒不严等因素导致细菌感染而引起的子宫黏膜炎症。

临诊症状：①急性子宫炎。多见于分娩后或流产后。病羊体温升高，食欲减少，反刍停止，精神萎靡，泌乳停止等全身症状。常见拱背、努喷、常作排尿姿势，从阴门排出黏液性或黏液脓性渗出物。病重者分泌物呈污红色或棕色，具有臭味。严重时，呈现昏迷，甚至死亡。②慢性子宫炎。多由急性炎症转变而来，全身症状常不明显，有时体温略微升高，精神欠佳，食欲及泌乳稍减。自阴道排出透明、混浊或脓性絮状物。发情不规律或停止发情，不易受胎。卡他性子宫内膜炎有时可以变为子宫积水，造成长期不孕，但外表没有排出液，不易确诊，只能根据有子宫卡他性炎症的病史进行推测。如不及时治疗可发展为子宫坏死，继而全身症状恶化，发生败血症或脓毒败血症；有时可继发腹膜炎、肺炎、膀胱炎、乳房炎等。

预防措施：注意保持羊舍和产房的清洁卫生，临产前后，对阴门及周围部位进行消毒；在配种、人工授精和助产时，应注意器械、术者手臂和外生殖器的消毒。及时正确地治疗流产、难产、胎衣不下、子宫脱出及阴道炎等疾病，以防损伤和感染。

治疗方法：

① 子宫冲洗法 常用的冲洗液有 1％氯化钠溶液、1％～2％碳酸氢钠溶液、0.1％～0.2％雷佛奴尔溶液、0.1％高锰酸钾溶液及 0.1％复方碘溶液等。药液温度 40～42℃（急性炎症期可用 20℃的冷液）每天或隔天 1 次冲洗，连做 3～4 次，直至排出液透明为止。方法是将羊站立保定，术者左手撑开生殖器，暴露子宫颈口，右手持消毒好的橡皮管（一端圆头）或子宫洗涤器，将其慢慢擦入子宫内。如子宫颈口闭锁，可在局部涂少量 2％碘酊，一般即可开张（有时羊的子宫颈口过于狭窄，术者可用手掌握住导管进入阴道，以五指控制管的一端，慢慢通过子宫颈口插入子宫内）。由助手将上述冲洗液用漏斗灌进子宫，待液体充分与子宫壁接触后，取下漏斗，令橡皮管下垂，使子宫内液体尽量排出。

② 子宫注药法 在子宫冲洗后向羊子宫内注入碘甘油 3～4mL 或将青霉素 40 万 IU，链霉素 50 万～100 万 IU，用生理盐水或注射用水 20～30mL 稀释后注入子宫内。也可投放土霉素（0.5g）胶囊，必要时用青霉素 80 万～160 万 IU，链霉素 50 万～100 万 IU，肌内注射，每天 2 次。还可以购买市场上销售的这类药物来使用，如宫得康乳剂等。

③ 缓解自体中毒 可应用 10％葡萄糖溶液 100mL、复方氯化钠溶液 100mL、5％碳酸氢钠溶液 30～50mL，1 次静脉注射，同时肌内注射维生素 C 200mg。

④ 中药疗法 急性病例，可用金银花、连翘各 10g，黄芩、香附、薏苡仁、延胡索、蒲公英各 5g，赤芍、丹皮、桃仁各 4g，水煎候温，1 次灌服。慢性者，可用蒲黄、益母草、茯苓各 5g，当归 8g，五灵脂、香附各 4g，川芎、桃仁各 3g，水煎候温，加黄酒 20mL，1 次灌服，每天 1 次，2～3d 1 个疗程。

27. 羊乳房炎

乳房炎是乳腺、乳池和乳头基部的炎症，多见于泌乳期的绵羊、山羊。其临诊症状为乳腺发生各种不同性质的炎症，乳房发热、红肿、疼痛，影响泌乳机能和产乳量。常见的有浆液性乳房炎、卡他性

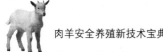

乳房炎、脓性乳房炎和出血性乳房炎。

发病原因：引起羊乳房炎的病原微生物常见的病原菌以金黄色葡萄球菌为主。该病多因挤乳时损伤乳头、乳腺体或使乳房受到感染所致。也见于结核病、口蹄疫、子宫炎、脓毒败血症等过程中。

临床症状：轻者不显临诊症状，仅乳汁有变化。一般多为急性乳房炎，乳房局部表现红、肿、热、痛、乳量减少。乳汁变性，其中常混有血液、脓汁等，乳汁有絮状物，褐色或淡红色。炎症延续，病羊体温升高，可达41℃。挤乳或羔羊吃乳时，母羊抗拒、躲闪。若炎症转为慢性，乳房内常有大小不等的硬块，挤不出乳汁，甚至出现化脓或穿透皮肤形成瘘管。山羊可患坏疽性乳房炎，常呈地方性流行。多发生于产羔后4～6周。

预防措施：注意挤乳卫生，防止人为损伤乳房。在产羔期间应经常注意检查母羊乳房。对急性乳房炎要及早发现及时治疗，转为慢性者则难以治愈。

治疗方法：①乳房内注入药物。初期可选用青霉素40万IU和链霉素25万IU，用注射用水5mL，溶解后用注射器借乳导管通过乳头管注入。注药前要尽量使乳房内残留的乳汁和分泌物排出，注药后抖动乳头基部和乳房，使药液均匀分布到乳房腺体内，每天1次，连用3d。②乳房基底封闭。用注射用水10mL稀释青霉素20万IU后，再吸取2%普鲁卡因溶液1～2mL，混匀后，于乳房基部进行多点封闭疗法。③冷敷、热敷及涂擦刺激剂。为了制止炎性渗出，在初期需冷敷，2～3d后可热敷或红外线照射等，以促进吸收。涂擦樟脑软膏或常醋调制的复方醋酸铅散等药物，以促进吸收、消散炎症。或用10%硫酸镁水溶液1000mL，加热至45℃左右，每天热敷1～2次，连用2～4d，每次5～10min。④中药疗法。急性期可试用金银花8g、蒲公英9g、紫花地丁8g、连翘6g、陈皮4g、青皮4g、甘草3g，水煎候温加黄酒10～20mL，1次灌服，每天1剂。或用蒲公英15g、金银花10g、板蓝根10g、黄芩10g、当归10g，加水适量煎，候温1次灌服，每天1剂，视病情可连用2～3d。⑤抗生素疗法。主要采用抗生素，也可用磺胺类药物。常用的抗菌药物有青霉素、链霉素、四环素、环丙沙星、蒽诺沙星、卡那霉素和磺胺类药等。一般采取肌内注射给药。⑥外科疗法。对化脓性乳房炎及开口于深部的脓肿，宜先排脓再用3%过氧化氢（双氧水）或0.1%高锰酸钾溶液冲洗，消毒脓腔，再以0.1%～0.2%雷佛奴尔纱布条引流，同时配合抗生素全身治疗。

28. 羊不孕症

羊不孕症是指生殖机能异常或其他原因引起的羊暂时的或永久的不能受胎繁殖后代，它对羊生产的发展危害较大。

发病病因：引起不孕症的病因是多方面的，按其性质不同可概括为先天（或遗传）性因素、饲养管理及利用性因素（其包括营养因素、管理利用因素、繁殖技术因素、环境气候因素、衰老因素）和疾病性因素。临诊上以局部性因素影响最大。

临诊症状：①性周期无规律，发情频繁，持续时间长，间情期短。发情时表现极度不安，大声咩叫，拒食，频频排泄粪尿，跑圈，不服从管理。②久不发情。③发情周期停滞，长期不发情或情期间隔较长，个别母羊出现很不明显的发情。④性周期正常，但屡配不孕。

预防措施：

① 把好饲养管理关 搞好饲养管理是增强羊体健康、减少营养性不孕症的基本方法。

② 把好分娩护理关 分娩时搞好产房的护理是确保下胎母羊发情配种的重要措施。

③ 准确掌握发情关 正确判定母羊发情，不漏掉发情羊，不错过发情期，是防止羊不孕症的先决条件。

④ 把好适时配种关 在正确发情鉴定的前提下，掌握正确的配种时间是提高羊受胎率的关键一环。除做好上述"四关"外，对具体疾病所造成的不孕症要及时进行针对性治疗。

治疗方法：上述临诊症状中的第①、②、③类症状疾病，采用激素疗法。可用促黄体素释放激素进行治疗，方法是：初情期当天进行肌注50～100μg促黄体素释放激素，隔天再肌注50～100μg，第2次注射后即进行授精，隔天复配一次。或使用复方黄体酮治疗，方法是：在初情期，每天1次肌注复方黄体酮10～30mg/次，连续肌注3d，第4d即进行授精。或使用雌激素治疗，对久不发情的羊，可先用己烯雌酚每天肌注 1 次，连续 3 次，每次剂量为 10mg，待发情后再用复方黄体酮治疗；若 6d 后如无性欲，可用绒毛膜促性腺激素 200～500IU，肌注。还可使用孕马血清促性腺激素（孕马血清），200～500IU，皮下或肌内注射。或三合激素，每只羊肌内注射 0.5～1mL。

对于上述临诊症状中的第④类型卵巢机能性疾病的不孕症羊，用促卵泡素进行治疗。方法是：在配种前 12h 肌注促卵泡素 50～70IU，配种后再肌注促卵泡素 50～70IU，隔天再复配 1 次。

29. 有机磷中毒

有机磷农药中毒是指畜禽接触、吸入或误食了某些有机磷农药后发生的以呈现腹泻、流涎、肌群震颤为特征的一种中毒病。各种动物均可发生。

发病原因：有机磷农药是一种毒性较强的接触性神经毒，主要通过饲草的残存或因操作不慎污染，或因纠纷投毒而造成畜禽生产性或事故性中毒。

临诊症状：常现毒蕈碱样中毒症状，如食欲不振，流涎，呕吐，疝痛腹泻，多汗，尿失禁，瞳孔缩小，黏膜苍白，呼吸困难，肺水肿等；有的表现为烟碱样中毒症状，如肌肉纤维性震颤，麻痹，血压上升，脉频数增加，致使中枢神经系统机能紊乱，表现兴奋不安，全身抽搐，以至昏睡等。除上述症状外，还有可能体温升高，水样下泻，便血也较多见。在发生呼吸困难的同时，病羊表现痛苦，眼球震颤，四肢厥冷，出汗。当呼吸肌麻痹时，导致窒息而亡。

预防措施：建立和健全有机磷农药的购销、运输、保管和使用制度；喷洒过农药的田地或草场，在 7～30d 内严禁羊进入摄食，也严禁在场内刈割青草饲喂羊；使用敌百虫药驱寄生虫时应严格控制剂量。

治疗方法：口服中毒者，应尽快排除胃内毒物，用肥皂水和 2% 碳酸氢钠彻底清洗胃或口服盐类泻剂，如硫酸镁或硫酸钠 30～40g，加温水 500～800mL，1 次内服。同时尽快用药物救治，常用阿托品结合解磷定、氯磷定或双复磷等解救。通用的阿托品治疗剂量为羊 5～10mg，肌内注射，中毒严重时以 1/3 剂量缓慢静脉注射，2/3 剂量皮下注射，每隔 1～2h 重复给药，直至出现瞳孔散大，停止流涎或出汗，脉数加速等现象（即"阿托品化"）时，此后则减少用药次数和用量，以巩固疗效。解磷定，剂量以每千克体重 20～50mg，溶于 5％葡萄糖溶液或生理盐水 100mL 内，静脉注射或皮下注射或注入腹腔；对于中毒严重的病例，应适当加大剂量，给药次数同阿托品。勿过早停药。还要注意对症治疗，以消除肺水肿，兴奋呼吸中枢，输入高渗葡萄糖溶液等，提高疗效。

第八章 粪污无害化处理技术

第一节 粪便资源化利用

一、粪便贮存设施建设

1. 粪便贮存设施的选址

新建、扩建和改建畜禽养殖场或养殖园区（小区）必须配置畜禽粪便处理设施，禁止在下列区域内建设畜禽粪便处理场：生活饮用水水源保护区、风景名胜区、自然保护区的核心区及缓冲区；城市和城镇居民区，包括文教科研区、医疗区、商业区、工业区、游览等人口集中地区；县级人民政府依法划定的禁养区域；国家或地方法律、法规规定需特殊保护的其他区域。

在禁建区域附近建设的畜禽粪便处理设施和单独建设的畜禽粪便处理场，应设在规定的禁建区域常年主导风向的下风向或侧风向处，场界与禁建区域边界的最小距离不得小于500m。

2. 粪便处理场地的布局

设置在畜禽养殖区域内的粪便处理设施应按照 NY/T 682 的规定设计，应设在养殖场的生产区、生活管理区常年主导风向的下风向或侧风向处，与主要生产设施之间保持100m以上的距离。

二、粪无害化处理

羊场的粪便量是相当大的。据测算，1只成年羊全年排粪量为750～1000kg。羊粪中含有大量的有机物，且有可能带有病原微生物和各种寄生虫卵，如不及时加以处理和合理利用，将造成严重的有机污染、恶臭污染和生物污染等，成为环境公害，危害人、畜的健康。

羊粪无害化处理是指利用高温、好氧或厌氧等技术杀灭羊粪便中病原菌、寄生虫和杂草种子的过程。在专门化畜牧场或屠宰场，可将羊粪加工成肥料和燃料等。主要采用生物法和化学法，这些方法需要大量的设备投资和占用大量的土地。禽畜粪便的处理一方面可以合理利用废弃物，另一方面可预防环境污染。

1. 羊粪的加工处理途径

① 肥料化 羊排泄物中含有大量农作物生长所必需的氮、磷、钾等营养成分和大量的有机质，将其经过堆肥后施用于农田是一种被广泛使用的利用方式。采用这种处理方式不仅可以杀死排泄物中大部分的病原微生物，而且方法简便易行。在我国，羊的粪尿几乎全部施于农田。

羊粪便中含有机质31.4%、氮0.65%、磷0.47%、钾0.23%，是各种家畜粪尿中肥分最浓的，是一种很好的肥料。据测定，1只成年羊全年排粪量中含氮量为8～9kg，能满足667～1000m² 土地全年的施肥需要。使用羊粪不但能提高地温，改善土壤结构，进而能防止土壤板结，增加土地的可持续利用时间，提高产量。

② 能源化 一种是进行厌氧发酵生产沼气，为生产、生活提供能源；另一种是将羊粪便直接投入专用炉中焚烧，供应生产用热。含水量在30%以下的羊粪可直接燃烧。此外，用羊粪便还生产煤气、"石油"、酒精等。有资料报道，45kg羊粪便约可生产15L标准燃烧酒精，残余物还可用于生产沼气或以适当方式进行综合利用。据Appell等试验，以含水量60%的羊粪便在380℃、412×10⁵Pa条件下（反应开始时为83×10⁵Pa）经20min反应，"石油"提取量为47%，转换率99%，不需要准备干燥粪便。利用羊粪创造新能源，

很好地解决了环境污染问题，也为解决能源问题找到了一条新途径。

2. 羊粪肥料化加工处理方法

（1）腐熟堆肥法　羊粪便在用作肥料时，必须事先堆积发酵处理以杀死绝大部分病原微生物、寄生虫卵和杂草种子，同时也抑制了臭气的产生。这种方法所需技术和设备简单，施用方便，不发生恶臭，对作物无伤害。

羊粪便堆腐的方法有坑式堆腐及平地堆腐两种。

坑式堆腐是我国北方传统的积肥方式，采用此种方式积肥要经常向圈里加垫料，以吸收粪尿中水分及其分解过程中产生的氨，一般粪与垫料的比例以 1∶3～1∶4 为宜。

平地堆腐是将粪便及垫料等清除至舍外单独设置的堆肥场地上，平地分层堆积，使粪堆内部进行好氧分解，必须控制好堆腐的条件。

① 堆积体积　将羊粪堆成长条状，高不超过 1.5～2m，宽 1.5～3m，长度视场地大小和粪便多少而定。

② 堆积方法　先比较疏松地堆积一层，待堆温达 60～70℃ 时，保持 3～5d。或待堆温自然稍降后，将粪堆压实。然后再加堆新鲜粪一层，如此层层堆积至 1.5～2m，用泥浆或塑料膜密封。

③ 中途翻堆　为保证堆肥质量，含水量超过 75% 的粪堆最好中途翻堆，含水量低于 60% 的最好泼水。

④ 启用　密封 2 个月或 3～6 个月，待堆肥溶液的电导率小于 0.2ms/cm 时启用。

⑤ 促进发酵过程　为促进发酵过程，可在肥料堆中竖插或横插适当数量的通气管。

在经济发达的地区，多采用堆肥舍、堆肥槽、堆肥塔、堆肥盘等设施进行堆肥。优点是腐熟快、臭气少，可连续生产。

粪便经腐熟处理后，其无害化程度通常用两项指标来评定：一是肥料质量。外观呈暗褐色，松软无臭。如测定其中总氮、磷、钾的含量，肥效好的，速效氮有所增加，总氮和磷、钾不应过多减少。二是卫生指标（表 8-1）。首先是观察苍蝇孳生情况，如成蝇的密度、蝇蛆死亡率和蝇蛹羽化率等；其次是大肠杆菌值及蛔虫卵死亡率；此外尚需定期检查堆肥的温度。

表 8-1　高温堆肥法卫生评价指标（建议）

编号	项目	卫生标准
1	堆肥温度	堆温≥50℃,至少持续 10d;
		堆温≥60℃,至少持续 5d
2	蛔虫卵死亡率	95%～100%
3	大肠杆菌值	>10^{-2}
4	沙门氏菌	不得检出
5	苍蝇	有效地控制苍蝇孳生

（2）液体圈肥制作法　方法是将生的粪尿混合物置于贮留罐内经过搅拌曝气，通过微生物的分解作用，变成为腐熟的液体肥料。这种肥料对作物是安全的。配备有机械喷灌设备的地区，液体粪肥较为适用。

（3）复合肥料制作法　将羊粪制成颗粒肥料。

（4）发酵干燥法　有塑料大棚发酵干燥法和玻璃钢大棚发酵干燥法，二者的设备和原理相同。用搅拌机将鲜粪与干粪混合，来回搅拌，直至干燥。

3. 羊粪能源化加工处理方法

羊粪能源化加工处理的常见方法是厌氧（甲烷）发酵，将羊场的粪尿进行厌氧（甲烷）发酵法处理，不仅能净化环境，而且可以获得生物能源（沼气）。同时，通过发酵后的沼渣（含有丰富的氮、磷、钾及维生素，是种植业的优质有机肥）、沼液（可用于养鱼或牧草地灌溉），将种植业和养殖业有机地结合起来，形成了一个多次利用、多层增值的生态环境。目前世界上许多国家广泛采用此法处理反刍动物的粪尿。

修建沼气池，有利于防治环境污染，对无公害肉羊养殖来说，有重要的使用价值，值得推广与实施。

沼气池按贮气方式，可分为水压式沼气池、浮罩式沼气池和气袋式沼气池。在农户或养殖场，大多数采用水压式沼气池。随着沼气技术的发展，近几年出现一些容积小、自然条件下产气率高、建造成本低、进出料方便的小型高效沼气池。

第二节　污水资源化利用

一、建立污水输送网络

羊养殖过程中产生的废水，包括清洗羊体和饲养场地、器具产生的废水。废水不得排入敏感水域和有特殊功能的水域，应坚持种养结合的原则，经无害化处理后尽量充分还田，实现废水资源化利用。养殖场与农田之间应建立有效的污水输送网络，严格控制废水输送沿途的弃、撒、跑、冒、滴、漏。

二、污水处理利用

由于畜牧业生产的发展，其经营与管理的方式随之而改变，畜产废弃物的形式也有所变化。如羊的密集饲养，取消了垫料，或者使用漏缝地面，并为保持羊舍的清洁，用水冲刷地面，使粪尿都流入下水道。因而，污水中含粪尿的比例更高，有的羊场每千克污水中含干物质达 $50\sim80g$；有些污水中还含有病原微生物，直接排至场外或施肥，危害更大。如果将这些污水在场内经适当处理，并循环使用，则可减少对环境的污染，也可大大节约水费的开支。污水的处理主要经分离、分解、过滤、沉淀等过程。

1. 将污水中的固形物与液体分离

污水中的固形物一般只占 $1/6\sim1/5$，将这些固形物分离出后，一般能成堆，便于储存，可作堆肥处理。即使施于农田，也无难闻的气味，剩下的是稀薄的液体，水泵易于抽送，并可延长水泵的使用年限。液体中的有机物含量下降，从而减轻了生物降解的负担，也便于下一步处理。将污水中的固形物与液体分离，一般用分离机。

2. 通过生物滤塔使分离的稀液净化

生物滤塔是依靠滤过物质附着在滤料表面所建立的生物膜来分解污水中的有机物，以达到净化的目的。通过这一过程，污水中的有机物浓度大大降低，得到相当程度的净化。用生物滤塔处理工业污水已较为普遍，处理畜牧场的生产污水，在国外也已从试验阶段进入实用阶段。

3. 沉淀

粪液或污水沉淀的主要目的是使一部分悬浮物质下沉。沉淀也是一种净化污水的有效手段。据报道，将羊粪 10：1 的比例用水稀释，在放置 24h 后，其中 80%～90% 的固形物沉淀下来。在 24h 内沉淀下来的固形物中有 90% 是前 10h 沉淀的。试验结果表明，沉淀可以在较短的时间去掉高比例的可沉淀固形物。

4. 淤泥沥水

沉淀一段时间后，在沉淀池的底部，会有一些较细小的固形物沉降而成为淤泥。这些淤泥的总固形物中约有 50% 是直径小于 $10\mu m$ 的颗粒，因而无法过筛，采用沥干去水的办法较为有效，可以将湿泥再沥去一部分水，剩下的固形物可以堆起，便于储存和运输。

沥水柜一般直径 3.0m，高 1.0m，底部为孔径面积 $50mm^2$ 的焊接金属网，上面铺以草捆，容量为 $4m^3$。淤泥在此柜中沥干需 1～2周，沥干时大约剩 $3m^3$ 淤泥，每千克含干物质 100g，形成能堆起的固形物，体积相当于开始放在柜内湿泥的 3/5。

经以上对污水采用的 4 个环节的处理，如系统结合，连续使用，可使羊场污水大大净化，使其有可能重新利用。

污水经过机械分离、生物过滤、氧化分解、沥水沉淀等一系列处理后，可以去掉沉淀下的固形物，也可以去掉生化需氧量及总悬浮固形物的 75%～90%。达到这一水平即可作为生产用水，但还不适宜作家畜的饮水。要想能被家畜饮用，则必须进一步减少生化需氧量及总悬浮固形物，大大减少氮、磷的含量，使之符合饮用水的卫生标准。

在干燥缺水地区，将羊场污水经处理后再供给家畜饮用，有其更为现实的意义。国外已试行将经过一系列处理后的澄清液加压进行反向渗透，可以达到这一目的。渗透通过的管道为直径 127mm 的管子，管子内壁是成束的环氧树脂，外覆以乙酸纤维素制成的薄膜，膜上的孔径仅为 1～3 nm。澄清液在每平方厘米 31～35kg 的压力下经此管反向渗透，渗透出的液体每千克的生化需氧量由 473mg 降到38mg，氮由 534mg 降到 53mg，磷由 188mg 降到 5.6mg，去掉了所有的悬浮固形物，颜色与浊度几乎全部去掉，通过薄膜的渗透液基本上无色、澄清，质量大体符合家畜饮用的要求。

第三节 尸体的处置

一、焚烧炉焚烧

患传染病家畜的尸体内含有大量病原体，可污染环境，若不及时做无害化处理，常可引起人、畜患病。对确诊为炭疽、羊快疫、羊肠毒血症、羊猝疽、肉毒梭菌中毒症、蓝舌病、口蹄疫、李氏杆菌病、布鲁氏杆菌病等传染病和恶性肿瘤器官或尸体应进行无害销毁，其方法是利用湿法化制和焚毁，前者是利用湿化机将整个尸体送入密闭容器中进行化制，即熬制成工业油。后者是将尸体投入焚化炉中烧毁炭化。

二、填埋井深埋

掩埋是一种暂时看似有效，其实极不彻底的尸体处理方法，但比较简单易行，目前还在广泛使用。掩埋尸体时应选择干燥、地势较高，距离住宅、道路、水井、河流及牧场较远的偏僻地区。尸坑的长和宽以仅容纳尸体侧卧为度，深度应在 2m 以上，内撒石灰粉，放入尸体后用石灰粉覆盖，用土掩埋。

第四节 养殖场排放污物的检测

一、污物排放标准

畜粪无害化卫生标准参考卫生部制定的国家标准 GB 7959—1987，适用于我国城乡垃圾、粪便无害化处理效果的卫生评价和为建设垃圾、粪便处理构筑物提供卫生设计参数。国家目前尚未制定出家畜粪便的无害化卫生标准，在此借鉴人的粪便无害化卫生标准，来阐述对家畜粪便无害化处理的卫生要求。

标准中的粪便是指排排泄物；堆肥是指以垃圾、粪便为原料的好氧性高温堆肥（包括不加粪便的纯垃圾堆肥和农村的粪便、秸秆堆肥）；沼气发酵是以粪便为原料，在密闭、厌氧条件下的厌氧性消化（包括常温、中温和高温消化）。经无害化处理后的堆肥和粪便，应符合国家的有关规定，堆肥温度要求不低于 55℃，应持续 5～7d，粪便中蛔虫卵死亡率为 95％～100％，粪便大肠杆菌值＞10^{-2}，可有效地控制苍蝇孳生，堆肥周围没有活动的蛆、蛹或新羽化的成蝇。沼气发酵的卫生标准是，密封贮存期应在 30d 以上，(53 ± 2)℃的高温沼气发酵应持续 2d，寄生虫卵沉降率在 95％以上，粪液中不得检出活的血吸虫卵和钩虫卵。

1. 水污染物的排放标准

采用水冲工艺的肉羊场，最高允许排水量：每天每 100 只羊排放水污染物，冬季为 1.1～1.3m^3，夏季为 1.4～2m^3。采用干清粪工艺的肉羊场，最高允许排水量每天每 100 只羊冬季为 1.1m^3，夏季为 1.3m^3。集约化养羊场水污染物最高允许日平均排放浓度：5 日生化需氧量 150mg/mL，化学需氧量 400mg/mL，悬浮物 200mg/mL，氨氮 80mg/mL，总磷（以磷计）8mg/mL，粪大肠杆菌数 1000 个/mL，蛔虫卵 2 个/L。

2. 废渣及臭气的排放

集约化养羊场经无害化处理后的废渣，蛔虫死亡率要大于 95％，粪大肠杆菌数小于每千克 100000 个，恶臭污染物排放的臭气浓度应为 70 以下，并通过粪便还田或其他措施对排放物进行综合利用。

二、污物排放常态化检测

环境监测工作所采取的方法和应用的技术，对于监测数据的正确性和反映污染状况的及时性有着重要的关系。

空气、水质的监测方法，在我国目前一般是采用定期、定时、间断性的人工操作方法进行。如养殖场水源为地下深层水，水量和水质都比较稳定，一般一年测 1 次或 2 次即可。对水及大气污染的监测则可根据饲养管理情况，不同季节、不同气候条件等进行定时测定。为了说明污染的连续变化情况，也有必要进行连续的测定。

环境监测的速度与监测的方法和使用的仪器有关。由于现代分析仪器的出现，监测的方法也从人工操作逐步趋向自动化的仪器分析，监测技术正朝着快速、简便、灵敏、准确的方向发展。

第九章　羊场管理技术

第一节　档案管理

一、种羊卡片

种羊卡片是种羊育种工作中最重要的文件和种羊的总结材料，每只种羊一张。主要记录品种、耳标号、出生日期、出生地点、性别、品种外貌、3～5代系谱、祖先的育种价值、本身各个时期的生长发育、体质外貌特征、各胎的繁殖能力、饲料利用力、生产性能和鉴定成绩等材料。同时要有后裔品质记录。

二、养殖档案

养殖档案记录的内容包括羊只的品种、数量、繁殖记录、标识情况、来源和进出场日期；饲料、饲料添加剂、兽药等投入品的来源、名称、使用对象、时间和用量；检疫、免疫、消毒情况；畜禽发病、死亡和无害化处理情况；国务院畜牧兽医行政主管部门规定的其他内容。

三、技术资料

包括畜禽养殖场平面图（由畜禽养殖场自行绘制）、畜禽养殖场免疫程序（根据畜禽养殖场具体情况制定）以及生产记录等（表9-1～表9-7）。

表9-1 羊数量变动情况记录

圈舍号	时间	变动情况（数量）				存栏数	备注
		出生	调入	调出	死淘		

注：1.圈舍号：填写所饲养的圈、舍、栏的编号或名称。不分圈、舍、栏的此栏不填。

2.时间：填写出生、调入、调出和死淘的时间。

3.变动情况（数量）：填写出生、调入、调出和死淘的数量。调入的需要在备注栏注明动物检疫合格证明编号，并将检疫证明原件粘贴在记录背面。调出的需要在备注栏注明详细的去向。死亡的需要在备注栏注明死亡和淘汰的原因。

4.存栏数：填写存栏总数，为上次存栏数和变动数量之和。

表9-2 饲料、饲料添加剂和兽药使用记录

开始使用时间	投入产品名称	生产厂家	批号/加工日期	用量	停止使用时间	备注

注：养殖场外购的饲料应在备注栏注明原料组成。养殖场自加工的饲料在生产厂家栏填写自加工，并在备注栏写明使用的药物饲料添加剂的详细成分。

表9-3 消毒记录

时间	消毒场所	消毒药名称	用药剂量	消毒方法	操作员签字

注：1.时间：填写实施消毒的具体日期、时间。

2.消毒场所：填写圈舍、人员出入通道和附属设施等场所。

3.消毒药名称：填写消毒药的化学名称。

4.用药剂量：填写消毒药的使用量和使用浓度。

5.消毒方法：填写熏蒸、喷洒、浸泡、焚烧等。

表 9-4　免疫记录

时间	圈舍号	存栏数量	免疫数量	疫苗名称	疫苗生产厂	批号（有效期）	免疫方法	免疫剂量	免疫人员	备注

注：1.时间：填写实施免疫的具体日期、时间。

2.圈舍号：填写动物饲养的圈、舍、栏的编号或名称。不分圈、舍、栏的此栏不填。

3.批号：填写疫苗的批号。

4.数量：填写同批次免疫畜禽的数量，单位为头、只。

5.免疫方法：填写免疫的具体方法，如喷雾、饮水、注射部位等方法。

6.备注：记录本次免疫中未免疫动物的耳标号。

表 9-5　诊疗记录

时间	畜禽标识编码	圈舍号	日龄	发病数	病因	诊疗人员	用药名称	用药方法	诊疗结果

注：1.畜禽标识编码：填写15位畜禽标识编码中的标识顺序号，按批次统一填写。

2.圈舍号：填写动物饲养的圈、舍、栏的编号或名称。不分圈、舍、栏的此栏不填。

3.诊疗人员：填写做出诊断结果的单位，如某某动物疫病预防控制中心。诊疗人员填写执业兽医的姓名。

4.用药方法：填写药物使用的具体方法，如口服、肌内注射、静脉注射等。

表 9-6　防疫监测记录

采样日期	圈舍号	采样数量	监测项目	监测单位	监测结果	处理情况	备注

注：1.圈舍号：填写动物饲养的圈、舍、栏的编号或名称。不分圈、舍、栏的此栏不填。

2.监测项目：填写具体的内容如布氏杆菌病监测、口蹄疫免疫抗体监测。

3.监测单位：填写实施监测的单位名称，如：某某动物疫病预防控制中心。企业自行监测的填写自检。企业委托社会检测机构监测的填写受委托机构的名称。

4.监测结果：填写具体的监测结果，如阴性、阳性、抗体效价数等。

5.处理情况：填写针对监测结果对畜禽采取的处理方法。如针对结核病监测阳性羊的处理情况，可填写为对阳性羊全部予以扑杀。针对抗体效价低于正常保护水平，可填写为对畜禽进行重新免疫。

表 9-7　病死羊无害化处理记录

日期	数量	处理或死亡原因	畜禽标识编码	处理方法	处理单位（或责任人）	备注

注：1.日期：填写病死羊无害化处理的日期。

2.数量：填写同批次处理的病死羊的数量，单位为头、只。

3.处理或死亡原因：填写实施无害化处理的原因，如染疫、正常死亡、死因不明等。畜禽标识编码：填写 15 位畜禽标识编码中的标识顺序号，按批次统一填写。

4.处理方法：填写《畜禽病害肉尸及其产品无害化处理规程》GB 16548 规定的无害化处理方法。

5.处理单位：委托无害化处理场实施无害化处理的填写处理单位名称；由本厂自行实施无害化处理的由实施无害化处理的人员签字。

第二节　计划管理

一、遵循原则

羊场要编制科学合理、切实可行的生产经营计划，必须遵循整体性原则、适应性原则、科学性原则、平衡性原则。

整体性原则是指编制的羊场经营计划，一定要服从和适应国家的养羊业计划，满足社会对羊产品的要求。因此，在编制计划时，必须在国家计划指导下，根据市场需要，围绕羊场经营目标，处理好国家、企业、劳动者三者的利益关系，统筹兼顾，合理安排。作为行动方案，不能仅提出和规定一些方向性的问题，而应当规定详尽的经营步骤、措施和行为等内容。

适应性原则是由于养羊生产是自然再生产和经济再生产、植物第一性生产和动物第二性生产交织在一起的复杂生产过程，生产经营范围广泛，其不可控影响因素较多。因此，计划要有一定弹性，以适应内部条件和外部环境条件的变化。

科学性原则是指编制羊场生产经营计划要有科学态度，一切从实际出发，深入调查分析有利条件和不利因素，进行科学的预测和决策，使计划尽可能地符合客观实际，符合经济规律。编制计划使用的数据资料要准确，计划指标要科学，不能太高，也不能太低。要注重市场，以销定产，即要根据市场需求倾向和容量来安排组织羊场的经营活动，充分考虑消费者需求以及潜在的竞争，以避免供过于求，造成经济损失。

平衡性原则是指羊场安排计划要统筹兼顾，综合平衡。羊场生产经营活动与各项计划、各个生产环节、各种生产要素以及各个指标之间，应相互联系，相互衔接，相互补充。所以，应当把它们看作是一个整体，各个计划指标要平衡一致，使羊场各个方面、各个阶段的生产经营活动协调一致，使之能够充分发挥羊场优势，达到各项指标和完成各项任务。因此，要注重两个方面：一是加强调查研究，广泛收集资料数据，进行深入分析，确定可行的、最优的指标方案；二是计划指标要综合平衡，要留有余地，不能破坏羊场的长期协调发展，也不能满打满算，使羊场生产处于经常性的被动局面。

二、生产计划

生产计划包括羔羊生产计划、产量计划、羊群周转计划、配种分娩计划、草料供应计划、疫病防治计划、羊群发展计划等。

（1）羔羊生产计划 主要是指配种分娩计划和羊群周转计划。分娩时间的安排既要考虑气候条件，又要考虑牧草生长情况，最常见的是产冬羔（即在 11～12 月份分娩）和产春羔（即在 3～4 月份分娩）。产冬羔的优点是母羊体质好，受胎率和产羔率高，流产和疾病减少；羔羊可以避免春季气候多变的影响，断奶后能够充分利用青草季节，到枯草期时已达到育肥标准，可当年屠宰。产春羔的优点是，由于气温转暖，母羊可以在羊圈中分娩，在剪毛时已分娩完毕，随后进入夏季草场，对喂养羔羊有利。但春季气候变化剧烈，特别是北方时常有风雨和降雪，易使体弱羔羊死亡。当年羔羊如屠宰利用时需要进行强度育肥，方可达到出栏标准。母羊的分娩一般应在 40～50d 内结束，故配种也应集中在 40～50d 内完成。分娩集中有利于安排育肥计划。在编制羊群配种分娩计划和羊群周转计划时需要掌握以下材料：计划年初羊群各组羊的实有只数；去年交配今年分娩的母羊数；计划年生产任务的各项主要措施；本场确定的母羊受胎率、产羔率和繁殖成活率等。

（2）产量计划　计划经济条件下传统产量计划，是依据羊群周转计划而制定。而市场经济条件下必须反过来计算，即以销定产，以产量计划倒推羊群周转计划。根据羊场不同产品种类、产量计划可以细分为种羊供种计划、肉羊出栏计划、羊毛（绒）产量计划等。

（3）羊群周转计划　羊群周转计划是制定饲料计划、劳动用工计划、资金使用计划、生产资料及设备利用计划依据。羊群周转计划必须根据产量计划的需要来制定。羊群周转计划的制定应依据不同的饲养方式、生产工艺流程、羊舍的设施设备条件、生产技术水平，最大限度地提高设施设备利用率和生产技术水平，以获得最佳经济效益为目标进行编制。首先要确定羊场年初、年终的羊群结构及各月各类羊的饲养只数，并计算出"全年平均饲养只数"和"全年饲养只日数"。同时还要确定羊（种）群淘汰、补充的数量，并根据生产指标确定各月淘汰率和数量。具体推算程序为：根据全年肉（种）羊产品产量分月计划，倒推出相应的肉（种）羊饲养计划，并以此推算出羔羊生产与饲养计划和繁殖公、母羊饲养计划，从而完成羊群周转计划的编制（表9-8）。

表 9-8　羊群周转计划表　　　　　单位：只

月份 羊群类型		上年末 结存数	1	2	3	4	5	6	7	8	9	10	11	12	计划年度 末结存数量
哺乳羔羊															
育成羊															
后备母羊	月初只数														
	转入														
	转出														
	淘汰														

续表

月份 羊群类型		上年末 结存数	1	2	3	4	5	6	7	8	9	10	11	12	计划年度 末结存数量
后备公羊	月初只数														
	转入														
	转出														
	淘汰														
基础母羊	月初只数														
	转入														
	淘汰														
基础公羊	月初只数														
	转入														
	淘汰														
育肥羊	4月龄以下														
	5～6月龄														
	7月龄以上														
月末结存															
出售种羊															
出售肥羔															
出售育肥羊															

（4）配种分娩计划　配种分娩计划是肉羊生产计划的重要环节。该计划的制定主要是依据羊群周转计划、种母羊的繁殖规律、饲养管理条件、配种方式、饲养的品种、技术水平等进行倒推。首先，确定年内各月份生产羔羊数量计划；第二，确定年内各月份经产及初产母羊分娩数量计划；第三，确定年内各月份经产和初配母羊的配种数量计划，从而完成了配种分娩计划的制定（表9-9）。

表 9-9　年度羊群配种分娩计划表

		交配				分娩						育成羊
年份 计划年度	月份	交配母羊数			计划月份	分娩胎次			产活羔数			
		基础母羊	检定母羊	合计		基础母羊	检定母羊	合计	基础母羊	检定母羊	合计	
上年度	9											
	10											
	11											
	12											
计划年度	1				1							
	2				2							
	3				3							
	4				4							
	5				5							
	6				6							
	7				7							
	8				8							
	9				9							
	10				10							
	11				11							
	12				12							
	全年				全年							

（5）草料供应计划　草料是养羊生产的物质保证，不同饲养方式、品种和日龄的羊所需草料量不同。各场应根据当地草料资源的不同条件和不同羊群的营养需要，首先制定出各羊群科学合理的草料日粮配方，并根据不同羊群的饲养数量和每只每天平均消耗草料量，推算出整个羊场每天、每周、每月及全年各种草料的需要量，并依市场价格情况和羊场资金实际，做好所需原料的订购、贮备和生产供应。对于放牧和半放牧方式饲养的羊群，还要根据放牧草地的载畜量，科

学合理地安排饲草、饲料生产，既要保证及时充足的供应又要避免积压，必须做好计划（表9-10）。

表9-10　年度饲料计划表

项目类别	平均饲养头数	年饲养头日数	精饲料		粗饲料		青绿料		青贮料		食盐		石粉	
			定额	小计	定额	小计	定额	小计	定额	小计	定额	小计	定额	小计

（6）疫病防治计划　指一个年度内对羊群疫病防治所做的预先安排。羊场的疫病防治是保证其生产效益的重要条件，也是实现生产计划的基本保证。羊场实行"预防为主，防治结合"的方针，建立一套综合性的防疫措施和制度。其内容包括羊群的定期检查、羊舍消毒、各种疫苗的定期注射、病羊的资料与隔离等。

（7）羊群发展计划　一套完整的羊群发展计划，通常由文字说明的计划报告和一系列计划指标组成的计划表两部分构成。

计划报告也叫计划纲要，是计划方案的文字说明部分，是整个计划的概括性描述。一般包括以下内容：分析羊场上期养羊生产发展情况，概括总结上期计划执行中的经验和教训；对当前养羊生产和市场环境进行分析；对计划期养羊生产和畜产品市场进行预测；提出计划期企业的生产任务、目标和计划的具体内容，分析实现计划的有利和不利因素；提出完成计划所要采取的组织管理措施和技术措施。

计划表是通过一系列计划指标反映计划报告规定的任务、目标和具体内容的形式，是计划方案的重要部分。

羊群发展计划的计划指标：羊群在多少年左右的时间内实现基础母羊特、一级化；大力提高羊群的等级，减少四级母羊和低产个体；各羊群发展数量分配；种公羊的选育计划和引进计划等。诸如此类涉及整个发展计划期间和分期实施阶段的羊群发展指标或递增速度，都是按每年年底（或年初）存栏数为基数进行计算的，这时，必须考虑羊群基数逐年的增减变动，得以求出以现有头数为固定基数的平均数（即算术平均数），作为计划发展指标。

第三节 劳动管理

劳动管理是指对本企业内劳动者的领导、计划、组织、协调和控制等一系列管理工作的总称。它包括对员工的录用、考核、调配、组织、安排、使用、工资、奖金和福利、工作绩效评价等事宜的管理活动。其对促进企业生产力的发展与提高，实现企业的既定目标影响极大。因此，做好标准化羊场劳动管理工作体现在以下几方面。

一、确定劳动形式

劳动形式可分为生产责任制、承包责任制、股份合作制等。标准化羊场应根据雇佣员工特点做到因才施用，人尽其才。通过合理分工，使其各尽所能，有利于提高劳动者的劳动效率，更有利于提高羊场经济效益。

（1）生产责任制 根据不同工种配备不同人员及任务，使得每一个员工都有明确的职责范围、具体的任务和满负荷工作量。严格考核，奖惩分明。其中场长、技术人员、饲养人员、后勤人员要做到分工明确、责任到人、相互配合、加强合作。实行生产责任制可以充分调动职工生产积极性，加快生产发展，改善经营管理，提高劳动效率，创造良好的经济效益。

（2）承包责任制 是指羊场分片承包，职工会将自己置身于主人位置，可以更好地管理和经营，以承包经营合同的形式，确定企业与承包者的权、利、责任之间的关系，承包者自主经营、自负盈亏。在规模羊场中，可以减少经营的风险，调动员工的积极性。

（3）股份合作制 是指全体劳动者自愿入股，实行按工资、分红相结合，其利益共享、风险共担、独立核算、自负盈亏。每一个股东既是企业的投资者、所有者，同时又是劳动者、经营者，拥有参与决策和管理的权利。这种经营方式一方面解决了资金不足的问题，另一

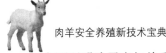

方面还明确了产权关系，可以充分地调动全体职工的积极性。

二、制定劳动纪律

劳动纪律是广大职工为社会、为自己进行创造性劳动所自觉遵守的一种必要制度。标准化羊场做好员工上岗前的培训工作，要求员工应遵守场纪场规，严格执行本场制订好的生产技术操作规程。技术操作规程通常包括：对饲养任务提出生产指标，使饲养人员有明确的目标；指出不同饲养阶段羊群的特点及饲养管理要点。制定技术操作规程条文要简明具体，内容要切实可行，保证各项操作技术充分得到贯彻。

三、建立劳动组织

建立健全劳动组织便于羊场充分合理利用劳动力，不断提高劳动生产率。根据羊场经营范围和规模的不同，各羊场建立劳动组织的形式和结构也有所不同。大中型羊场一般包括场长、副场长、总畜牧兽医师、科长、班组长等组织领导结构及场职能机构如生产技术科、销售科、财务科、后勤保障科，并根据生产工艺流程将生产劳动组织细化为种公羊组、配种组、母羊组（1、2、3…）、羔羊组、育肥（育成）组、饲料组、清粪组等。对各部门各班组人员的配备要依各人的劳动态度、技术专长、体力和文化程度等具体条件，合理进行搭配，科学组织，并尽量保持人员和从事工作的相对稳定。

四、实行岗位责任制

岗位责任制是指根据羊场各个工作岗位的工作性质和业务特点，明确规定其职责、权限，并按照规定的工作标准进行考核及奖惩而建立起来的制度。实行岗位责任制，有助于羊场工作的科学化、制度化。标准化羊场在明确任务和人员编制的基础上，以任务定岗位，以岗位定人员，责任落实到人，各尽其职，达到事事有人负责的目标。

（1）场长的职责 负责羊场的全面管理与技术工作。及时向上级主管部门和主管领导提交前阶段工作情况和下阶段经营管理计划。严格按照生产程序和各项技术要求，对生产进行科学系统的管理。加强对职工的思想政治工作和法制教育。经常深入生产第一线，及时解决问题，总结经验，完善管理措施。掌握和了解市场信息，组织开拓销售市场。开发原材料供应基地。负责落实场规场纪，协调各部门之间的关系，团结全场，上下一心，圆满完成生产计划和利润指标。

（2）后勤副场长的职责　保护好水电供应设施，及时发现和处理各种故障，做好门窗和各种设备用具的维修，保证水电供应，确保生产的正常运行；加强职工食堂的管理，确保职工正常生活；负责管理区和生产区的环境卫生，做好羊粪及化粪池的管理以及各羊舍设备的保养和安全；月底彻底清点羊数，并准时递交场长和财务部门进行当月生产和经营情况分析；做好保卫工作，保证场内一切财产的安全，严格门卫制度，所有商品和场内物品出场必须有出门证、出库单等；做好各种生产用原料、生活必需品采购和客户的接待工作；重视羊场宣传工作，树立企业形象，提高产品知名度。

（3）饲料员职责　组织好羊场羊只各阶段饲料的工作计划，严把饲料的质量关、数量关。严禁霉败变质饲料和其他不合格饲料进场，及时翻仓和晾晒饲料，防止在场内发生霉败变质，若发现有霉变或其他质量问题，应立即停止使用，并及时向主管领导反映处理。加工按规定程序操作，计量包装要准确，每种原料使用时必须准确过秤，搅拌要均匀。按时按量准备好各舍各品种饲料。配合技术人员做好饲料投药工作。按时上报当天饲料的加工、发放和余缺情况，月底配合统计保管人员清库。

（4）防疫员职责　严格执行羊场免疫程序，配合技术人员对各种疫苗的免疫效果进行检测。牢固树立养重于防、防重于治的理念。严格按技术规范使用和保存疫苗。临近失效期的疫苗必须及时报送场长处理。失效疫苗不准使用。稀释后的疫苗要求两小时内用完，疫苗瓶及剩余的疫苗要集中保存妥善处理。注射器要清洗消毒后使用，坚决执行一羊一个针头制度，局部用碘酒消毒。并对免疫羊只批次、日龄、头数、免疫日期、疫苗产地、批号、使用剂量等情况，认真填写记录。负责组织全场环境和场内医疗器械、防疫器械的卫生消毒工作。严格执行羊场消毒程序和消毒药品的使用规定，每次消毒液亲自配制，并做好消毒对象、用药名称、配比浓度等记录工作。

（5）保管员职责　严格执行物资管理制度，保证物资供应。加强库房管理，按物品的品种、性质、批号、类别进行摆放。疫苗、药品要登记出厂日期、有效期、入库日期、生产厂家，并保存好说明书。严格出入库手续，所有物品一律登记成册，有残值的物品领用时要以旧换新。保证库房及周围环境的卫生，每周末及月末及时对库房进行一次盘点及整理。

（6）统计员职责　准确记录当天发生的各种数据，并输入电脑存档。实事求是，杜绝假报、虚报。及时向上级递交日报表、周报表、月报表。转群、购入、出售时，必须亲自到场，以获得第一手资料。定期编报统计分析，及时向场长反馈有关数据。

（7）配种员职责　服从羊场统一领导，听从管理人员的指挥，配合技术人员的工作。了解每头待配母羊的档案卡，预测发情期和配种期。细心观察及时发现母羊发情迹象，正确掌握配种的适宜时机，做好配种记录。对配种后的母羊进行试情或用妊娠检测仪诊断是否怀孕，确定妊娠后，填写档案卡，推算预产期，并将怀孕羊迁到妊娠舍中饲养。妊娠初期，避免激烈运动或鞭打、追赶、并群，应细心护理。若母羊不发情或反复发情屡配不孕，或阴道流出恶露、脓液以至出现全身症状等疾病表现，应及时报告兽医，配合诊治。对种公羊实行单独饲养，避免发生咬架或其他意外，公羊圈舍保持清洁干燥，场地宽敞，有充足的运动场地。定期检查公羊的精液品质，以便及时发现问题，采取相应措施。

（8）产房职责　产房饲养员是羊场中技术性比较强的重要岗位，尽量保持饲养员相对固定。产房的羊只实行全进全出，当一批母羊和羔羊转出后，立即对产房、食槽、栏杆、保育箱、垫板、门窗、地面及产房内外环境进行全面、彻底的清扫、冲洗和擦拭，待干后用消毒液消毒，并闲置净化两天后方可使用。妊娠母羊于产前半月转入产房待产，进入产房前对母羊的体表进行喷洒消毒，并要检查母羊的档案卡，了解其品系、胎次、健康状况和预产期。母羊饲喂湿拌料，要求现拌现喂，拌和均匀；若上一餐饲料没有吃完，则必须清除剩料、清洗食槽后才能加下一餐的饲料。防止饲喂霉变饲料。对膘情较好的母羊，可适当减少精料，可补充一些青绿饲料，对膘情较差的母羊可酌情增加精料。当待产母羊出现乳房膨胀、潮红，用手挤之，有乳汁流出时，是临产的预兆。如果母羊出现频频排尿、站立不安、食欲下降等表现，说明即将分娩，这时要专派人员值班观察。一旦羊水膜破裂，流出黏性的羊水时，则羔羊要出生，此时应做好一切接产的准备工作，如准备消毒液、毛巾、碘酊、棉球及剪刀等，并用消毒液擦洗和消毒母羊乳房。在寒冷的季节要注意羔羊出生后，接产人员要及时清除新生羔羊口腔、鼻腔内的黏液，用布抹去体表的胎衣及黏膜，并将脐带内的血液挤入羔羊体内后，在离脐孔5cm处剪断脐带，同时用碘酊等消毒药液消毒断面，对于弱小的羔羊应人为地将其固定在母羊胸部乳头吮乳。若需寄养的羔羊，应吮足初乳，至少经过六小时后才能转给保姆羊寄养，为避免排异，寄养时应涂上母羊的乳汁，并安排在夜间进行。当分娩结束后，如实填表上报羔羊数。羔羊出生后，在哺乳期间，饲养员要配合技术人员做好护理工作。发现母羊或羔羊发生疾病，及时报告兽医，并配合兽医搞好一般疾病的治疗和免疫接种工作。

（9）门卫职责　门卫的首要职责是把好人员、物资进出门关，杜绝一切传染源进入场区，防止物资流失。无论本场人员还是外场人员，凡是携带场内的一切物资离场，都必须检查携带物品与证明卡片是否相符，如果不符者及时报告场长处理。进场车辆必须经场长批准，并必须用喷雾器消好毒后再进场。本场人员进场，必须洗手、换鞋、过消毒池和经紫外线灯照射5min才能再进入场内。场外人员原则上不准进入场内。如果有特殊情况需要进入场内，必须经场长批准并消毒后才能进场。本场员工外出返回时，必须洗澡、换衣换鞋、消毒，经批准后方可进入场区。

五、制定劳动定额

劳动定额是科学组织劳动的重要依据，是羊场计算劳动消耗和核算产品成本的尺度，也是制定劳动力利用计划定员定编的依据。制定劳动定额应遵循以下原则：

劳动定额制定应依据以往的经验和目前的生产技术及设施设备等具体条件，以本场中等水平的劳动力所能达到的数量和质量为标准。

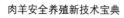

使具有一般水平的劳动者经过努力能够达到，先进水平的劳动者经过努力能够超产。科学合理的劳动定额能起到鼓励与促进劳动者积极性的作用。

劳动定额的指标应达到数量和质量标准的统一。如确定一个饲养员养羊数量的同时，还要确定羊的配种率、产羔率、成活率、生长速度、饲料报酬、药品费用等指标。

各劳动定额间应平衡。根据羊的类别（公、母）及不同的生长阶段饲养特点及要求来确定人均饲养量，确保劳动定额公平化。实际生产中的劳动定额和技术指标可参照表 9-11 和表 9-12，本劳动定额及技术指标制定的条件是：规模舍饲，配合饲料及粗饲料饲喂，人工送料、清粪、人工授精为主，全年均衡产羔。

表 9-11　规模羊场的劳动定额

项目	劳动定额
种公羊/(只/人)	100
育成羊/(只/人)	500
空怀及妊娠后期母羊/(只/人)	500
哺乳母羊及妊娠后期母羊/(只/人)	250
育肥羔羊/(只/人)	800～1000

表 9-12　规模羊场的技术指标

项目	技术指标
繁殖母羊年产胎次/次	≥1.5
断奶羔羊成活率/%	≥90%
育肥期/d	60～90
育肥期死亡率/%	≤2%
饲喂颗粒饲料的料肉比	≤4∶1

六、分配劳动报酬

标准化规模羊场劳动计酬形式可分为 4 种，即基本工资制、浮动工资制、联产计酬、奖金和津贴。

（1）基本工资制 基本工资是羊场对其员工劳动报酬的基本形式。一般是按劳动时间来计量的，即按照一定时间内的一定质量的劳动来支付工资。也就是所谓的计时工资。

（2）浮动工资制 根据羊场经营和效益的好坏，以基本工资为水平线，发给职工上下波动的工资。把基本工资分成两部分，大部分作为固定工资，把基本工资的少部分连同奖金、利润分成的一部分作为浮动工资。效益好时，把固定工资和浮动工资全部发给职工；效益差时，只发给职工固定工资。

（3）联产计酬 是以产量为前提的一种计酬方式。羊场根据本场的养殖特点确定衡量劳动报酬的尺度。种羊场一般以配种率、产羔率、成活率及种羊合格率作为计酬标准；育肥肉羊场除了配种率、产羔率、成活率外，多以育肥效果即育肥数量和质量为准。羊场员工的收入与劳动成果的紧密联系，大大调动了员工的生产积极性。

（4）奖金和津贴 奖金和津贴都是劳动报酬的辅助形式。羊场可对超过平均水平劳动的员工或对本场做出贡献的人员支付一定的劳动报酬。

第四节 财务管理

财务管理是一门以提高经济效益为目的、以运筹资金为对象，阐明财务管理的基本理论和基本方法的应用性经济管理学科。具体到羊场的财务管理相对较简单，主要包括羊场经济核算、财务制度和经济活动分析等。

一、经济核算

羊场项目投资前，进行成本与效益的科学分析，是科学投资、正确决策的关键一环。下面以 500 只基础母羊为例说明。

（1）成本核算 包括基建总造价，设备机械及运输车辆投资，种羊投资，建成后需干草、青贮料、配合精料投资，年医药、水电、运输、业务管理总摊销，年工人工资等。

基建造价：500 只基础母羊，净羊舍 500m^2；周转羊舍（羔羊、育成羊）1250m^2；25 只公羊，50m^2 公羊舍。羊舍总造价＝1800m^2×造价/m^2。青贮窖总造价＝500m^2×造价/m^2。储草及饲料加工车间总造价＝500m^2×造价/m^2。办公室及宿舍总造价＝400m^2×造价/m^2。以上投资合计为基建总造价。

青贮机总费用、兽医药械费用、变压器等机电设备费用和运输车辆费用，合计为设备机械及运输车辆总费用。每年固定资产总摊销＝（基建总造价＋设备机械及运输车辆总费用）/10 年。

种母羊投资＝500 只母羊×价格/只。种公羊投资＝25 只公羊×价格/只。两项合计为种羊总投资。每年种羊总摊销＝种羊总投资/5 年。

建成后所需饲养成本包括成年羊和育成羊的干草、青贮料、配合精料的投资。成年羊年消耗干草费用＝525 只种羊×干草量/（天·只）×365 天×价格/千克干草。成年羊年消耗精料费用＝525 只种羊×精料量/（天·只）×365 天×价格/千克精料。成年羊年消耗青贮料费用＝525 只种羊×青贮料量/（天·只）×365 天×价格/千克青贮料。上述项目计为种羊饲养总成本。育成羊以 2 月龄断奶、7 月龄出售，5 个月饲喂期计算干草、青贮料、配合精料的投资。育成羊年消耗干草费用＝总羔数×干草量/（天·只）×150 天×价格/千克干草。育成羊年消耗青贮料费用＝羊羔总数×青贮料量/（天·只）×150 天×价格/千克青贮料。育成羊年消耗精料费用＝精料：总羔数×精料量/（天·只）×150 天×价格/千克精料。上述项合计为育成羊饲养总成本。建成后所需饲养成本＝种羊饲养总成本＋育成羊饲养总成本。

年医药、水电、运输、业务管理总摊销以 10 元/（羔·年）×总羔数进行核算。

年总工资成本以年工人平均工资×工人总数进行核算。

（2）收入核算　收入包括年售商品羊、羊粪、羊毛等收入。年售商品羊＝总育成数×出栏重/只×价格/千克活羊，羊粪收入＝总粪量×价格/m^3，羊毛收入＝总毛量×价格/千克毛。以上三项合计为总收入。

（3）经济效益分析　建一个基础母羊 500 只的商品羊场，年总盈利＝总收入－年种羊饲养总成本－年育成羊饲养总成本－年医药、水电、运输、业务管理总费用－年总工资－年固定资产总摊销－年种羊总摊销。每售1只育成羊盈利＝年总盈利/总育成数。

二、财务制度

严格财务制度是监督羊场经济活动中的一个有力手段。加强对资产、资金、现金及费用开支的管理，防止损失，杜绝浪费，有利于提高羊场的经济效益。

（1）账户管理　银行账户必须遵守银行的规定开设和使用。银行账户只供本单位经营业务收支结算使用，严禁出借账户供外单位或个人使用。银行账户往来应逐笔记账，不准以收顶支。

（2）现金管理　库存现金不得超过3000元，超过部分当天下午存入银行。一切现金往来，必须收付有凭据。公款与私人账户要分开。支付现金必须由羊场场长批准，并经财务部门同意。

（3）资金支付与财务报销　资金支付和财务报销必须有正规的发票，经财务审核，经办人、场长签字确认后方可执行。

（4）暂借款管理　因工作需要暂借现金或限额支票，由借款人按规定在借款单上填列借款人姓名、所属部门、借款用途、借款日期及预计报账日期，经羊场场长批准后方可。到期后应及时报账还款。

（5）财务人员应尽职尽责　对一切审批手续不完备的资金使用事项，都有权且必须拒绝办理，并及时向上级请求处理。否则按违章论处并对该资金的损失负连带赔偿责任。

三、经济活动分析

肉羊场经济活动分析是对羊群结构、饲料消耗、劳动力配置利用率、资金利用情况、产品率状况（主要指繁殖率、日增重、饲料报酬等技术指标）、生产成本、羊场盈亏等状况，进行全面系统分析，检查生产计划完成情况及影响计划完成的各种因素，并在此基础上制定下一阶段保证完成或超额完成生产任务的措施。对于独立核算的肉羊场，每年应至少进行一次经济活动分析。

最常用的方法是对比分析法，也叫比较法。该分析法是把相同性质的两种或两种以上的经济指标进行对比，找出两者之间的差距，分析产生差距的原因，查明各个因素之间的相互关系，在此基础上研究改进措施。标准化羊场在进行具体分析时根据要求的不同，可以采取多种形式。如将实际指标与计划指标对比，以说明计划指标完成情况；本期指标与上期指标对比，或与历史上最好的水平对比，以反映经济发展情况；还可以与同等条件下经济效益最好的羊场比较，找出同等条件下所形成不同经济效益的原因，有利于促进自身改进和经营管理水平的提高。

（1）产品产销量完成情况分析　包括商品产量、销量分析，以及与同行水平比较。实际完成产（销）量与计划产（销）量比较，分析计划完成情况可以用百分率来表示。用当年的实际产量与上年度或某一时期实际产量比较，了解产（销）发展动态及原因。与本乡、县、市，甚至全国或世界发达国家条件基本相同的先进单位比较，寻找差距，学赶先进。

（2）生产技术指标分析　羊场生产技术指标是反映生产技术水平的量化指标。通过对羊场生产技术指标的计算分析，可以反映出生产技术措施的效果，以便不断总结经验，改进工作，进一步提高肉羊生产技术水平。常用的主要有以下几项：

① 受配率，表示本年度内参加配种的母羊数占羊群内适龄繁殖母羊数的百分率。主要反映羊群内适龄繁殖母羊的发情和配种情况。受配率＝配种母羊数/适龄母羊数×100％。

② 受胎率，可用总受胎率或情期受率表示。

总受胎率＝受胎母羊数/配种母羊数×100％，总受胎率反映母羊群中受胎母羊的比例。

情期受胎率＝受胎母羊数/情期配种数×100％，情期受胎率反映母羊发情周期的配种质量。

③ 产羔率，是指产羔数占产羔母羊数的百分率。产羔率＝产羔羊数/产羔母羊数×100％，产羔率反映母羊的妊娠和产羔情况。

④ 羔羊成活率，是指在本年度内断奶成活的羔羊数占出生羔羊的百分率。羔羊成活率＝成活羔羊数/产出羔羊数×100％，羔羊成活率反映羔羊的养育技术水平。

⑤ 繁殖成活率（亦称繁殖率），是指本年度内断奶成活的羔羊数

占适龄繁殖母羊数的百分率。繁殖成活率＝断奶成活羔羊数/适龄繁殖母羊数×100%，繁殖成活率反映母羊的繁殖和羔羊的养育技术水平。

⑥ 肉羊出栏率，指当年肉羊出栏数占年初存栏数的百分率。肉羊出栏率＝年度内肉羊出栏数/年初肉羊存栏数×100%，肉羊出栏率反映肉羊生产水平和羊群周转速度。

⑦ 增重速度，是指一定饲养期内肉羊体重的增加量。增重速度（克/日）＝一定饲养期内肉羊的增重/一定饲养期的天数，增重速度反映肉羊育肥增重效果。

⑧ 饲料报酬，肉羊生产上常以投入单位饲料所获得的肉羊增重反映饲料的饲喂效果。料肉比＝消耗的饲料/肉羊的增重。

除上述外，羊场还有羔羊断奶重、肉羊出栏重等技术指标。

（3）利润分析　产品销售收入扣除生产成本就是毛利，毛利再扣除销售费用和税金就是利润。利润分析指标有利润额和利润率。利润额＝销售收入－生产成本－销售费用－税金±营业外收支差额。营业外收支是指与羊场生产经营无直接关系的收入或支出。利润率是将利润与成本、产值、资金对比，以不同角度说明问题。资金利润率（%）＝年利润总额/年平均占用资金总额×100%，其中年平均占用资金总额＝年流动资金平均占用额＋年固定资产平均净值产值利润率（%）＝年利润总额/年产值总额×100%。成本利润率（%）＝年利润总额/年成本总额×100%。羊场利润率越高，说明羊场经营管理越好。

（4）成本分析　完成利润分析之后，还应进一步对产品成本进行分析。产品成本是衡量羊场经营管理成果的综合指标，分析之前应对成本数据加以核实，严格划清各种费用界限，以确保成本资料的准确性和可比性。根据成本报表提供的数据，结合计划等资料，运用对比分析法，着重分析单位成本构成变化及成本升降的原因。

成本结构分析，首先计划出实际发生的成本结构，即各项费用占总成本的百分比。然后用实际总成本及其构成要素与计划总成本及其构成要素各部分进行对比，以分析计划成本控制情况和各项成本费用增减变化及其影响因素。

成本临界线分析，是计算肉（种）羊的成本临界线即肉（种）羊的保本价格线。肉（种）羊临界生产成本＝饲料价格×饲料耗量÷饲料费占总费用的百分比。如果肉（种）羊出售价格高于此线，羊场就有盈利；低于此线则羊场就要亏损。依据上述公式可随时对肉（种）羊成本进行测算分析，及时掌握产品生产盈亏情况，便于羊场根据市场变化快速做出决策。

（5）饲草料消耗分析　饲（草）料消耗分析应从饲（草）料的消耗定额、利用率和饲料配方三个方面进行。可先算出各类羊群某一时期耗（草）料数量，然后同各自的消耗定额对比，分析饲（草）料在加工、运输、贮存、饲喂等各个环节上造成浪费的情况及原因。不仅要分析饲（草）料消耗数量，而且还要对日粮从营养成分和消化率及饲料报酬、饲料成本进行具体的对比分析，从中筛选出成本低、报酬高、增重快的日粮配方和饲喂方法。

（6）劳动生产率分析　劳动生产率分析常用指标及计算公式：每个职工年均劳动生产率＝全场年生产总值/年平均职工人数；每个生产工人年均劳动生产率＝全场年生产总值/生产工人年平均人数；每工作日（小时）产量＝某种产品的产量/直接生产所用工时（小时）数。通过以上指标的计算分析，即可反映出羊场劳动生产率水平及其升降原因，便于决策者及时采取对策，改进工作。

除对以上经济活动进行分析外，还应对羊场的财务预算执行情况、羊群结构、羊群周转率、羊场设施设备利用率等项内容进行分析，以便全面掌握羊场经济活动，找出各种影响生产发展的因素，采取综合改进措施，提高羊场经济效益。

第十章 肉羊标准化示范场验收

一、验收通过必备条件

1. 场址符合防疫要求及国家土地使用规划

场址不得位于《中华人民共和国畜牧法》明令禁止区域，并符合相关法律法规及区域内土地使用规划。

2. 养殖场备案登记手续及证照齐全

具备县级以上畜牧兽医部门颁发的《动物防疫条件合格证》。

3. 遵守肉羊养殖相关法规

具有县级以上畜牧兽医行政主管部门备案登记证明。

4. 肉羊养殖达到一定规模

养殖场存栏能繁母羊 250 只以上，或年出栏肉羊 1000 只以上。

5. 两年内无重大疫病发生

两年内无重大疫病和产品质量安全事件发生。

6. 养殖档案齐全

按照农业农村部《畜禽标识和养殖档案管理办法》要求，建立养殖档案。

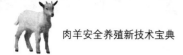

二、评分标准

1. 选址

距离生活饮用水源地、居民区和主要交通干线、其他畜禽养殖场及畜禽屠宰加工、交易场所 500m 以上，得 2 分，否则不得分，地势较高，排水良好，通风干燥，向阳透光得 2 分，否则不得分。

2. 基础设施

水源稳定、水质良好，得 1 分；有贮存、净化设施，得 1 分，否则不得分。电力供应充足，得 2 分，否则不得分。交通便利，机动车可通达得 1 分，否则不得分。

3. 场区布局

农区场区与外界隔离，得 2 分，否则不得分。牧区牧场边界清晰，有隔离设施，得 2 分。农区场区内生活区、生产区及粪污处理区分开得 3 分，部分分开得 1 分，否则不得分。牧区生活建筑、草料贮存场所、圈舍和粪污堆积区按照顺风向布置，并有固定设施分离，得 3 分，否则不得分。农区生产区母羊舍、羔羊舍、育成舍、育肥舍分开得 2 分，有与各个羊舍相应的运动场得 1 分。牧区母羊舍、接羔舍、羔羊舍分开，且布局合理，得 3 分，用围栏设施做羊舍的减 1 分。

4. 净道和污道

净道、污道严格分开，得 3 分；有净道、污道，但没有完全分开，得 2 分；完全没有净道、污道，不得分。

5. 羊舍

密闭式、半开放式、开放式羊舍得 3 分；简易羊舍或棚圈得 2 分，否则不得分。

6. 饲养密度

农区羊舍内饲养密度 $\geqslant 1m^2$/只，得 2 分；$< 1m^2 \geqslant 0.5m^2$ 得 1 分；$< 0.5m^2$/只不得分。牧区符合核定载畜量的得 2 分，超载酌情扣分。

7. 消毒设施

场区门口有消毒池，得 1 分；羊舍（棚圈）内有消毒器材或设施得 1 分。有专用药浴设备，得 1 分，没有不得分。

8. 养殖设备

农区羊舍内有专用饲槽，得 2 分；运动场有补饲槽，得 1 分。牧区有补饲草料的专用场所，防风、干净，得 3 分。农区保温及通风降温设施良好，得 3 分，否则适当减分。牧区羊舍有保温设施、放牧场有遮阳避暑设施（包括天然和人工设施），得 3 分，否则适当减分。有配套饲草料加工机具的得 3 分，有简单饲草料加工机具的得 2 分；有饲料库得 1 分，没有不得分。农区羊舍或运动场有自动饮水器，得 2 分，仅设饮水槽得 1 分，没有不得分。牧区羊舍和放牧场有独立的饮水井和饮水槽得 2 分。农区有与养殖规模相适应的青贮设施及设备得 3 分；有干草棚得 1 分，没有不得分。牧区有与养殖规模相适应的贮草棚或封闭的贮草场地得 4 分，没有不得分。

9. 辅助设施

农区有更衣及消毒室，得 2 分，没有不得分。牧区有抓羊过道和称重小型磅秤得 2 分。有兽医及药品、疫苗存放室，得 2 分；无兽医室但有药品、疫苗储藏设备的得 1 分，没有不得分。

10. 管理制度

有生产管理、投入品使用等管理制度，并上墙，执行良好得 2 分，没有不得分。有防疫消毒制度，得 2 分，没有不得分。

11. 操作规程

有科学的配种方案，得 1 分；有明确的羊群周转计划，得 1 分；有合理的分阶段饲养、集中育肥饲养工艺方案，得 1 分，没有不得分。制定了科学合理的免疫程序，得 2 分，没有则不得分。

12. 饲草与饲料

农区有自有粗饲料地或与当地农户有购销秸秆合同协议，得 4 分，否则不得分。牧区实行划区轮牧制度或季节性休牧制度，或有专门的饲草料基地，得 4 分，否则不得分。

13. 生产记录与档案管理

有引羊时的动物检疫合格证明，并记录品种、来源、数量、月龄等情况，记录完整得 4 分，不完整适当扣分，没有则不得分。有完整的生产记录，包括配种记录、接羔记录、生长发育记录和羊群周转记录等，记录完整得 4 分，不完整适当扣分。有饲料、兽药使用记录，包括使用对象、使用时间和用量记录，记录完整得 3 分，不完整适当扣分，没有则不得分。有完整的免疫、消毒记录，记录完整得 3 分，不完整适当扣分，没有则不得分。保存有 2 年以上或建场以来的各项生产记录，专柜保存或采用计算机保存得 1 分，没有则不得分。

14. 专业技术人员

有 1 名以上经过畜牧兽医专业知识培训的技术人员，持证上岗，得 2 分，没有则不得分。

15. 粪污处理

有固定的羊粪储存、堆放设施和场所，储存场所要有防雨、防溢流措施，满分为 3 分，有不足之处适当扣分。农区粪污采用发酵或其他方式处理，作为有机肥利用或销往有机肥厂，得 2 分。牧区采用农牧结合良性循环措施，得 2 分，有不足之处适当扣分。

16. 病死羊处理

配备焚尸炉或化尸池等病死羊无害化处理设施，得 3 分。病死羊采用深埋或焚烧等方式处理，记录完整，得 2 分。

17. 环境卫生

垃圾集中堆放，位置合理，整体环境卫生良好，得 2 分。

18. 生产水平

农区繁殖成活率 90％ 或羔羊成活率 95％ 以上，牧区繁殖成活率 85％ 或羔羊成活率 90％ 以上，得 4 分，不足适当扣分。农区商品育肥羊年出栏率 180％ 以上，牧区商品育肥羊年出栏率 150％ 以上，得 4 分，不足适当扣分。

19. 技术水平

采用人工授精技术得 2 分。

三、肉羊标准化示范场验收评分表

肉羊标准化示范场验收评分标准细则，如表 10-1 所示。

表 10-1　肉羊标准化示范场验收评分标准

申请验收单位：					验收时间：　　年　月　日		
必备条件 （任一项 不符合 不得验收）					1.场址不得位于《中华人民共和国畜牧法》明令禁止区域，并符合相关法律法规及区域内土地使用规划	可以验收□ 不予验收□	

必备条件 （任一项 不符合 不得验收）	1.场址不得位于《中华人民共和国畜牧法》明令禁止区域，并符合相关法律法规及区域内土地使用规划	可以验收□ 不予验收□
	2.具备县级以上畜牧兽医部门颁发的《动物防疫条件合格证》，两年内无重大疫病和产品质量安全事件发生	
	3.具有县级以上畜牧兽医行政主管部门备案登记证明；按照农业部《畜禽标识和养殖档案管理办法》要求，建立养殖档案	
	4.存栏能繁母羊 250 只以上，或年出栏肉羊 1000 只以上的养殖场	

验收项目	考核内容	考核具体内容及评分标准	满分	最后得分	扣分原因
1.选址与布局 （20分）	（1）选址 （4分）	距离生活饮用水源地、居民区和主要交通干线、其他畜禽养殖场及畜禽屠宰加工、交易场所 500m 以上，得 2 分，否则不得分	2		
		地势较高，排水良好，通风干燥，向阳透光得 2 分，否则不得分	2		
	（2）基础设施 （5分）	水源稳定、水质良好，得 1 分；有贮存、净化设施，得 1 分，否则不得分	2		
		电力供应充足，得 2 分，否则不得分	2		
		交通便利，机动车可通达得 1 分，否则不得分	1		
	（3）场区布局 （8分）	农区场区与外界隔离，得 2 分，否则不得分。牧区牧场边界清晰，有隔离设施，得 2 分	2		

验收项目	考核内容	考核具体内容及评分标准	满分	最后得分	扣分原因
1.选址与布局（20分）	(3)场区布局（8分）	农区场区内生活区、生产区及粪污处理区分开得3分,部分分开得1分,否则不得分。牧区生活建筑、草料贮存场所、圈舍和粪污堆积区按照顺风向布置,并有固定设施分离,得3分,否则不得分	3		
		农区生产区母羊舍、羔羊舍、育成舍、育肥舍分开得2分,与有与各个羊舍相应的运动场得1分。牧区母羊舍、接羔舍、羔羊舍分开,且布局合理,得3分,用围栏设施作羊舍的减1分	3		
	(4)净道和污道(3分)	农区净道、污道严格分开,得3分;有净道、污道,但没有完全分开,得2分;完全没有净道、污道,不得分。牧区有放牧专用牧道,得3分	3		
2.设施与设备（28分）	(1)羊舍（3分）	密闭式、半开放式、开放式羊舍得3分;简易羊舍或棚圈得2分,否则不得分	3		
	(2)饲养密度（2分）	农区羊舍内饲养密度≥1m²/只,得2分;<1m²≥0.5m² 得1分;<0.5m²/只不得分。牧区符合核定载畜量的得2分,超载酌情扣分	2		
	(3)消毒设施（3分）	场区门口有消毒池,得1分;羊舍(棚圈)内有消毒器材或设施得1分	2		
		有专用药浴设备,得1分,没有不得分	1		
	(4)养殖设备（16分）	农区羊舍内有专用饲槽,得2分;运动场有补饲槽,得1分。牧区有补饲草料的专用场所,防风、干净,得3分	3		
		农区保温及通风降温设施良好,得3分,否则适当减分。牧区羊舍有保温设施,放牧场有遮阳避暑设施(包括天然和人工设施),得3分,否则适当减分	3		

续表

验收项目	考核内容	考核具体内容及评分标准	满分	最后得分	扣分原因
2. 设施与设备（28分）	(4)养殖设备（16分）	有配套饲草料加工机具得3分,有简单饲草料加工机具的得2分;有饲料库得1分,没有不得分	4		
		农区羊舍或运动场有自动饮水器,得2分,仅设饮水槽减1分,没有不得分。牧区羊舍和放牧场有独立的饮水井和饮水槽得2分	2		
		农区有与养殖规模相适应的青贮设施及设备得3分;有干草棚得1分,没有不得分。牧区有与养殖规模相适应的贮草棚或封闭的贮草场地得4分,没有不得分	4		
	(5)辅助设施（4分）	农区有更衣及消毒室,得2分,没有不得分。牧区有抓羊过道和称重小型磅秤得2分	2		
		有兽医及药品、疫苗存放室,得2分;无兽医室但有药品、疫苗储藏设备的得1分,没有不得分	2		
3. 管理及防疫（30分）	(1)管理制度（4分）	有生产管理、投入品使用等管理制度,并上墙,执行良好得2分,没有不得分	2		
		有防疫消毒制度,得2分,没有不得分	2		
	(2)操作规程（5分）	有科学的配种方案,得1分;有明确的羊群周转计划,得1分;有合理的分阶段饲养、集中育肥饲养工艺方案,得1分,没有不得分	3		
		制定了科学合理的免疫程序,得2分,没有则不得分	2		
	(3)饲草与饲料（4分）	农区有自有粗饲料地或与当地农户有购销秸秆合同协议,得4分,否则不得分。牧区实行划区轮牧制度或季节性休牧制度,或有专门的饲草料基地,得4分,否则不得分	4		

验收项目	考核内容	考核具体内容及评分标准	满分	最后得分	扣分原因
3.管理及防疫（30分）	（4）生产记录与档案管理（15分）	有引羊时的动物检疫合格证明，并记录品种、来源、数量、月龄等情况，记录完整得4分，不完整适当扣分，没有则不得分	4		
		有完整的生产记录，包括配种记录、接羔记录、生长发育记录和羊群周转记录等，记录完整得4分，不完整适当扣分	4		
		有饲料、兽药使用记录，包括使用对象、使用时间和用量记录，记录完整得3分，不完整适当扣分，没有则不得分	3		
		有完整的免疫、消毒记录，记录完整得3分，不完整适当扣分，没有则不得分	3		
		保存有2年以上或建场以来的各项生产记录，专柜保存或采用计算机保存得1分，没有则不得分	1		
	（5）专业技术人员（2分）	有1名以上经过畜牧兽医专业知识培训的技术人员，持证上岗，得2分，没有则不得分	2		
4.环保要求（12分）	（1）粪污处理（5分）	有固定的羊粪储存、堆放设施和场所，储存场所要有防雨、防溢流措施，满分为3分，有不足之处适当扣分	3		
		农区粪污采用发酵或其它方式处理，作为有机肥利用或销往有机肥厂，得2分。牧区采用农牧结合良性循环措施，得2分，有不足之处适当扣分	2		
	（2）病死羊处理（5分）	配备焚尸炉或化尸池等病死羊无害化处理设施，得3分	3		
		病死羊采用深埋或焚烧等方式处理，记录完整，得2分	2		
	（3）环境卫生（2分）	垃圾集中堆放，位置合理，整体环境卫生良好，得2分	2		

续表

验收项目	考核内容	考核具体内容及评分标准	满分	最后得分	扣分原因
5.生产技术水平（10分）	(1)生产水平（8分）	农区繁殖成活率90%或羔羊成活率95%以上,牧区繁殖成活率85%或羔羊成活率90%以上,得4分,不足适当扣分	4		
		农区商品育肥羊年出栏率180%以上,牧区商品育肥羊年出栏率150%以上,得4分,不足适当扣分	4		
	(2)技术水平（2分）	采用人工授精技术得2分	2		
合计			100		

验收专家签字:

参考文献

［1］ 中华人民共和国国家监督检验检疫总局，中国国家标准化管理委员会.GB/13078—2017 饲料卫生标准［S］.北京：中国标准出版社，2017.

［2］ 中华人民共和国农业部.NY 5027—2008 无公害食品　畜禽饮用水水质［S］.北京：中国标准出版社，2008.

［3］ 中华人民共和国农业部.NY 5030—2006 无公害食品　畜禽饲养兽药使用准则［S］.北京：中国标准出版社，2006.

［4］ 中华人民共和国农业部.NY 5151—2002 无公害食品　肉羊饲养管理准则［S］.北京：中国标准出版社，2006.

［5］ 中华人民共和国农业部.NY 5032—2006 畜禽饲料和饲料添加剂使用准则［S］.北京：中国标准出版社，2006.

［6］ 中华人民共和国农业部.NY/T 816—2004 肉羊饲养标准［S］.北京：中国标准出版社，2004.

［7］ 田树军，胡万川，金东航.羊高效养殖技术［M］.石家庄：河北科学技术出版社，2009.

［8］ 田树军.羊繁殖员［M］.北京：中国农业出版社，2012.

［9］ 田树军.肉羊养殖新技术问答［M］.石家庄：河北科学技术出版社，2013.

［10］ 田树军，金东航，顾宪锐.羊病防治新技术问答［M］.石家庄：河北科学技术出版社，2013.

［11］ 敦伟涛，田树军，陈晓勇等.肉羊 60 天育肥出栏技术［M］.北京：金盾出版社，2014

［12］ 陈北亭，王建辰.兽医产科学［M］.北京：中国农业出版社，2001.

［13］ 陈秀兰，谭丽玲，荣瑞章.家畜胚胎移植［M］.上海：上海科学技术出版社，1983.

［14］ 赵兴绪.兽医产科学［M］.第三版.北京：中国农业出版社，2002.